宝石资源通论

丁莉 田政 田培学 编著

中国地质大学出版社有限责任公司
ZHONGGUO DIZHI DAXUE CHUBANSHE YOUXIAN ZEREN GONGSI

内容摘要

《宝石资源通论》论述了宇宙作用、地质作用、生物作用、人工作用成因的宝石,经鬼斧神工制成了金银首饰、珠宝玉器,作为人类精神文明和物质文明的载体,传承于世。作者从多学科全方位讲述了宝石的自然属性和社会属性。全书图文并茂、古今兼述、深入浅出、通俗易懂,具知识性、规范性和实用性。可作为大专珠宝院校专业教材,亦可为从事或热爱珠宝事业的人员提供珠宝科普知识与市场信息。

图书在版编目(CIP)数据

宝石资源通论/丁莉,田政,田培学编著. —武汉:中国地质大学出版社有限责任公司,2013.9(2017.5重印)
ISBN 978-7-5625-3183-8

Ⅰ.①宝…
Ⅱ.①丁…②田…③田…
Ⅲ.①宝石-概论
Ⅳ.①TS933

中国版本图书馆 CIP 数据核字(2013)第 196561 号

宝石资源通论		丁 莉 田 政 田培学 编著
责任编辑:周 华 张 琰	策划组稿:张 琰	责任校对:戴 莹
出版发行:中国地质大学出版社有限责任公司(武汉市洪山区鲁磨路388号)		邮政编码:430074
电话:(027)67883511	传真:(027)67883580	E-mail:cbb@cug.edu.cn
经 销:全国新华书店		http://www.cugp.cug.edu.cn
开本:787 毫米×1 092 毫米 1/16		字数:275 千字 印张:10.75
版次:2013 年 9 月第 1 版		印次:2017 年 5 月第 2 次印刷
印刷:荆州市鸿盛印务有限公司		印数:1501—2500 册
ISBN 978-7-5625-3183-8		定价:36.80 元

如有印装质量问题请与印刷厂联系调换

前　言

我国的珠宝专业，是中国实行改革开放以来，在市场经济环境下，随着珠宝市场复苏，由各地质院（系）校、地矿系统（地质、冶金、建材、轻工）为适应珠宝首饰行业需要而建立的新兴专业。经过 20 多年的教学实践，需要在新形势下对珠宝人才培养模式和课程体系建设进行改革。根据高职高专教育主要培养高技能人才的目标要求和珠宝行业岗位培训需要，教材既要反映高等教育的知识内涵，又要体现职业教育的能力素质要求，实现珠宝专业"鉴定、加工、商贸"动态教学模式。为此，本教材参阅现行的《普通地质学简明教程》、《宝玉石地质基础》、《地球科学通论》、《岩石学》、《结晶学及矿物学》、《晶体光学及光性矿物学》、《宝石学》、《系统宝石学》等教材中有关知识点，以宝石为核心，以理论为基础，以技能为目标，用科学系统、通俗易懂、图文并茂的方式，启迪学生学习珠宝的兴趣，达到够用、管用、会用的目的。

《宝石资源通论》一书，由田培学提出，我们在 3 个学年试讲中六易其稿，后经郑州信息科技职业学院宝玉石教研室、河南电大珠宝教学部、河南省产品质量监督检验院珠宝检验部和河南省岩石矿物测试中心的同仁们研讨、商榷，最后由丁莉、田政修编、审校而完稿。定稿后，承蒙中国地质大学梁志教授、中国地质大学出版社张琰主任予以审校、出版。

在此，谨向为本书付出辛勤劳动的专家、教授致谢，同时，特向书中收录资料的作者致谢，他们的研究成果是构建本书的立论依据。

编　者

2013 年春·郑州

目 录

绪论 ………………………………………………………………………… (1)

第一章 宝石释义 ………………………………………………………… (5)

  第一节 宝石定义 …………………………………………………… (6)

    一、金属饰品 ……………………………………………………… (6)

    二、珠宝饰品 ……………………………………………………… (11)

  第二节 宝石分类 …………………………………………………… (14)

    一、贵金属类宝石 ………………………………………………… (14)

    二、天然珠宝玉石 ………………………………………………… (17)

  第三节 宝石分布 …………………………………………………… (25)

    一、世界 …………………………………………………………… (26)

    二、中国 …………………………………………………………… (27)

第二章 宝石成因 ………………………………………………………… (39)

  第一节 宇宙作用 …………………………………………………… (39)

    一、星系 …………………………………………………………… (39)

    二、银河系 ………………………………………………………… (42)

    三、太阳系 ………………………………………………………… (42)

    四、宇宙成因 ……………………………………………………… (45)

  第二节 地质作用 …………………………………………………… (51)

    一、地球特性 ……………………………………………………… (51)

    二、地壳物质组成 ………………………………………………… (70)

    三、地质作用 ……………………………………………………… (89)

  第三节 生物作用 …………………………………………………… (101)

  第四节 人工作用 …………………………………………………… (102)

    一、人类起源 ……………………………………………………… (102)

    二、人工地质作用 ………………………………………………… (105)

第三章 宝石矿床 ………………………………………………………… (107)

  第一节 矿床概念 …………………………………………………… (107)

    一、矿床 …………………………………………………………… (107)

    二、矿体 …………………………………………………………… (108)

    三、围岩 …………………………………………………………… (109)

    四、矿石 …………………………………………………………… (110)

  第二节 成矿作用 …………………………………………………… (110)

    一、内生成矿作用 ………………………………………………… (110)

二、外生成矿作用……………………………………………………………(117)
　　三、生物成矿作用……………………………………………………………(117)
　　四、人工成矿作用……………………………………………………………(125)
　第三节　矿床类型………………………………………………………………(127)
　　一、二分法宝石矿床分类……………………………………………………(127)
　　二、三分法宝玉石矿床分类…………………………………………………(129)
　　三、矿床特征…………………………………………………………………(132)
第四章　宝石文化………………………………………………………………(137)
　第一节　宝石鉴评………………………………………………………………(137)
　　一、检验技术…………………………………………………………………(138)
　　二、宝石评价…………………………………………………………………(140)
　第二节　珠宝工贸………………………………………………………………(148)
　　一、宝石加工…………………………………………………………………(149)
　　二、宝石贸易…………………………………………………………………(153)
　　三、鉴赏………………………………………………………………………(156)
主要参考文献……………………………………………………………………(158)
附图………………………………………………………………………………(159)

绪 论

《宝石资源通论》以科学发展理念，从社会资源角度，用三结合（中外结合、古今结合和科学与人文结合）方式，借信息网络收集最新资料，根据我国实际，简要介绍宝石的生成与流转过程。集科学性、知识性、文化性、实用性、趣味性和可读性于一体，以期启动珠宝专业的基础理论和技能实操课程的顺利展开，着力培养高级实用型珠宝专业技能人才，竭力优化现代科教环境，健康有序发展珠宝事业。

宝石是可被人类用来美化身心和生活的装饰资源，是制作饰品材料的统称。它可以是贵金属，也可以是贱金属；可以是天然的珠宝玉石，也可以是人工珠宝玉石。宝石或成于天，或成于地，或成于生物，或成于人。因其美丽和稀少，而极为珍贵。在人类历史的长河中，由于宗教墨客渲染和历代王室权贵管控，导致天下百姓对此既渴望而又敬畏，久而久之，使宝石这个天籁之物披上了厚厚的神秘外衣。原本荒山无人问的顽石经精细雕刻变成了通灵宝物，成为权力、富贵与地位的象征。

用宝石制成的产品，称饰品。"饰品"是首饰和摆件的统称。在流通领域称作"珠宝首饰"，而在专业界则称作"珠宝"。

珠宝，自古以来，在大多数人的心目中，这些光彩夺目的宝物似乎只会在上流社会的王公贵族或者好莱坞星光大道的明星身上出现。在古今中外的童话故事中，它总是以稀世珍宝的身份出现，是皇后、公主头上的王冠、项链，是传奇英雄必备的装饰物，是遭遇了无比凶险的诡异经历的名贵宝石等，曾让无数人渴望拥有和冒险掠取。

珠宝，是奢华的艺术。它凝聚着人类复杂的情绪，象征着一种美好的归属感，它不同于那些随波逐流的时尚热品。其昂贵的价格和尊贵的身份，不仅仅是因为名流贵赫的追捧，更重要的是它具备了独特的制作工艺和悠久的文化传承，可以充分展现佩戴者不俗的品位和丰富的内涵。它是超群出众的艺术家和鬼斧神工的能工巧匠，把珠宝玉石与金、银、铂、钯贵金属融合在一起肆意地挥洒不凡的创意，在艺术的灵感启迪下，使各种宝石真正绽开美丽英姿，成为经典的世代传承之物。艺术是永恒的，具有历史传承与时间痕迹的稀世珍品，能满足人类试图与时间抗衡的欲望。

当面对黄金的奢华、白银的精致、铂钯的净洁、钻石的璀璨、珍珠的色泽和玉石的温润，无人会无动于衷，连佛爷也会心神向往。因为它们的丰富色彩、耀眼的光芒以及珍贵稀少的特质能够满足世人的种种欲望，成为个人情感的寄托，表达自我的标志。

珠宝，始终见证着人类对美的认识。数千年来，东方与西方，在对珠宝美的认识上，正如100多年前英国诗人吉卜林所云："东方是东方，西方是西方。"彼此有着明显差异：中国爱温润玉石，西方爱晶体宝石。这种差异，最初可能是由于彼此拥有的宝石品种不尽相同所致。

在东方，独领风骚的华夏文明古国，中华民族最喜爱温润艳丽的玉，因玉乃"集天地灵秀钟毓，日月精华集结"而成的物华天宝。与中华民族性格相通，所以国人爱玉的质地缜密、温润无瑕、色彩秀丽柔和和坚忍不拔。以玉之美比之以德，将玉视为精神与德行高尚的准则。

中国的玉文化，源远流长，内涵无比丰富，可谓中国文化之神。它既与中华文化融为一体，又有自己独特的内容和风格，现今我们能从玉文化理论中提炼出许许多多对社会主义两大文明建设有益的成分。

盘古以石开天辟地，女娲以彩玉补天，方使天蓝地绿、山清水秀、生机盎然。玉石就成为宝贵吉祥的象征，历代帝王把玉视为权力圣洁之物、宫廷礼器饰品。上古先民对玉虔诚崇拜，以璧为凡玉尊称。在阶级社会，玉作六器，以礼天地四方——苍璧礼天，黄琮礼地，青圭礼东方，赤璋礼南方，白琥礼西方，玄璜礼北方；玉作六瑞，以等邦国——王执镇圭，公执桓圭，侯执信圭，伯执躬圭，子执谷璧，男执蒲璧。诸侯觐见天子须执玉以朝，玉之大小有严格的尺寸标准以象征权力高下。到了孔子时代，后人秉承先人玉之定义，并睿智地强化玉的另一种属性——人格化、道德化的含义。孔子曰："夫昔者，君子比德于玉焉。温润而泽，仁也；缜密以栗，知也；廉而不刿，义也；垂之如坠，礼也；叩之，其声清越以长，其终诎然，乐也；瑕不掩瑜，瑜不掩瑕，忠也；孚尹旁达，信也；气如白虹，天也；精神见于山川，地也；圭璋特达，德也；天下莫不贵者，道也。《诗》云：'言念君子，温其如玉'，故君子贵之也。"

与孔子观点相仿的，还有管子。他说："夫玉之所以贵者，九德出焉。温润以泽，仁也；邻以理者，智也；坚而不墨，义也；廉而不纠，行也；鲜而不垢，洁也；折而不挠，勇也；取适皆见，稿也；茂华光泽并通而不相陵，容也；叩之其音清搏彻远纯而不杀，辞也。是以人主贵，藏以为宝，是以为符瑞。"此外，《五经通义》曰："玉有五德，温润而泽有似于智；锐而不害有似于仁；抑而不挠有似于义；有瑕于内必见于外有似于信；垂之如坠有似于礼。"

许慎在《说文解字》中释玉为："石之美有五德。"其对五德（即仁、义、智、勇、絜）的注解为：润泽以温，仁之方也；䚡理自外，可以知中，义之方也；其声舒扬，专以远闻，智之方也；不挠而折，勇之方也；锐廉而不忮，洁之方也。

综上述可见，把玉石与天德巧妙地融合在一起，体现出了道德与天命论的关系，体现了儒家的亲亲为仁以及孝悌等道德楷模。由此，历代哲学、史学、文学和艺术的发展无不受其影响。在传统文化中，一个"玉"字，与太多的美好品格和美好事物联系在一起，"玉"已经远远超出"美石"的含义，不再是单纯的"物"的存在，而成为一种精神、品德的象征，成为高尚、雅致的表意。这种精神内涵，成为了我国玉、玉器和玉文化传承千年而不衰的核心原因。时至今日，我们已把中国的"國"字也改成"国"了。

然而，西方则更偏爱晶体宝石。许多古老的西方国家在开发利用宝玉石方面作出了重要贡献，特别是在利用天然宝石方面。由于各国的历史发展、社会制度、文化传统、习俗及宝玉石资源分布、应用与开发上的不同，致使在宝玉石文化方面也存在着许多差异。西方宗教（基督教等）为满足信徒的无上道心，将自己的理想王国描绘得富丽堂皇、珠光宝气，天堂里"珍珠如土金如铁"，有取之不尽、用之不竭的金银珠宝，七宝（金、银、琉璃、水晶、珊瑚、赤珠、玛瑙）遍地；圣城有12根宝石柱（碧玉、蓝宝石、绿玛瑙、绿宝石、红玛瑙、红宝石、橄榄石、水苍玉、托帕石、翡翠、紫玛瑙、紫晶），门道是珍珠的，街道是黄金的；甚至在亚伦法衣胸铠上都镶有12种宝石（红宝石、红碧玺、红玉、绿宝石、蓝宝石、金刚石、紫玛瑙、白玛瑙、紫晶、水苍玉、红玛瑙、碧玉），后来并以这12种宝石定为12个月份的生辰石。总之，不同教派都视珠宝为圣灵之物。

随着16世纪的文艺复兴和18世纪60年代的工业革命，资本主义社会兴起，珠宝首饰艺术越来越体现出以人为中心，主题和形式为人服务的宗旨，追求清新、自然、简约和优美的"新艺术风格"。流行的品种有钻石、红宝石、珊瑚、珍珠、玛瑙、欧泊、玉髓、绿松石等。首饰造型优美，图案新颖，托架轻巧，做工细腻，色彩艳丽。到了20世纪，珠宝生产由规模化、集团化、时装化开始走向美术化、产业化和国际化的道路。

东西方珠宝文化差异由来已久，成书于公元前15世纪至公元1世纪——历时1 600余年的巨著《圣经》（《旧约全书》）涉及古埃及、古巴比伦、古印度、古罗马、古希腊等文明古国，记述了金银、宝石、玉石和彩石的用途：敬神、财富、礼物、贸易和装饰等。可见在对金银珠宝的应用上，中外几乎一样，从人类文明伊始，便与珠宝玉石结缘，而且宝石文明远早于文字的出现，我国传统"四宝"中的珍珠、玛瑙、水晶在外国也较早被利用；金银与宝玉结缘，自古中外都有；金刚石、红宝石作为宝石，西方比我国早了上千年（我国发现宝石矿物较晚）。

综上可知，东西方珠宝文化有差异，也有共同之处。这种反差，深刻地反映了中外历史文化、人文精神与宗教信仰的差异。看来，东西方宝玉石文化的融合尚需时日，但是，随着经济全球化、网络全球化的发展，珠宝首饰及其文化在各自传承独具特性的同时，必将逐步融入全球的轨道。

宝石之所以人见人爱，在于宝石具有无与伦比的美。宝石的美，在于它是具有丰富审美性质的并具有高度审美价值的物体。宝石的耐久性、稀少性和装饰性，再加上美丽诱人的丰富颜色，晶莹剔透的质地和强烈或柔和的光泽等固有的自然属性构成了宝石固有的"审美潜能"。这种内在的美转化为具有可审视性质的属性，则其内在价值也就转化成为具有可审视性质的价值，构成了科学鉴赏和科学美的主要内容。对宝石的科学欣赏，除了确定其名称、品级以及成因（天然的或是人工的），主要是恒古的悠久性、万里难寻的稀罕性、坚韧耐磨的恒久性和光华无常的神奇性。

宝石具有内在固有美（即美的艺术）和奇特造型的装饰美（工艺美术）的双重特性，凝聚了比其他艺术形式更丰富的历史、文化、艺术信息。因此，珠宝是艺术与科学，人文与自然和谐结合的特殊形体。这种具有丰富审美内涵的艺术形式，色彩美和形体美是其最基本的审美意蕴。当你面对清新悦目、鲜艳欲滴的祖母绿时，一定会联想到生机盎然的春天，翠绿丛中的花季少女，联想到爱情、忠诚、纯洁……给人以愉悦和快感，这是人们对珠宝色彩美的享受。当你面对精明的艺术家和精灵的工匠运用丰富的创造力，把宝石原料的内在美感通过艺术创造使其成为具有更高审美价值的艺术品时，就会感叹"仅一颗宝石就足以表现天地万物之优美"，这就是珠宝形体美给人们带来的美好想象的无限空间。

宝石的科学美和艺术美是决定宝石经济价值的重要因素。美是爱的根本。所以珠宝首饰不同于一切随波逐流的时尚热品，它是永远与人类相伴的特殊商品。

我国是最早开发利用金银和宝玉石的国家，但现代化珠宝专业则起步较晚。自20世纪70年代改革开放以来，特别是入世后的30年来，我国已逐步成为世界珠宝消费大国和生产大国。但是我们还应看到来自各个方面的全新挑战。因此，我们的首要任务是加快培养首饰设计人才和企业管理人才，培养高素质的珠宝研发和珠宝首饰加工人才，立足国内，瞄准世界，充分利用和分享全球经济一体化带来的商机和机遇，超越历史，开创未来，使之成为与中国相匹配的珠宝大国、强国。

河南地处中原腹地，是中华民族和中华文化发祥地。"一部河南史，半部中国史。"曾统领中华民族开创3 000年丰功伟业，传承有无数精美绝世的珠宝杰作。今天，历史的辉煌，仍催生着遍布全国的百万珠宝大军，河南成为全国最大的宝玉石集散地。世界各国的宝石原料流进来，精美饰品流向全国和全世界。在中原崛起，经济腾飞的时代，需要更多的高素质的优秀珠宝人才，更好更快地发展盛况空前的珠宝事业。《宝石资源通论》愿为它铺路搭桥，同舟共济。

第一章　宝石释义

何谓宝石？人们为何挚爱宝石？

"女娲盘古，金石开天"，这是天中地心的华夏之邦古老的传说。既是传说，那就是自人类有史以来，一代传一代的冥古真言。当地球在太阳系孕育初期、还处于星云密布遮天蔽日的混顿世界时，是盘古石斧拨散尘埃，女娲彩石补天，始有阳光雨露，生物繁衍。在生物大爆发后的五亿多年间，人类成为了世界的主宰。自此，这些物华天宝便世代传承，深入人心，铸造着人们圣洁的灵魂。

"宝石"一词亦曾出现于许仲琳《封神演义》名著"玛瑙砌就栏杆，宝石妆成梁栋"之中。而"宝"字，从汉字的起源和形成来看，"寳"字形成的背景和基础均为家有美玉和金银之意，在西周金文里，又加上一个声符"缶"，将"寳"字改写成"寶"，意即珍宝。今天我们"中國"的"國"字改写为"国"，进一步说明，中华民族对金银宝玉的挚爱。金银宝玉铸造了中华神圣文明，同时也成就了中华民族永远立足于民族之林的万古青史。

就《说文解字》而论，从"寶"字结构可知，"宝"意为可直接或间接用来制作珠宝首饰的美丽稀珍的宝贵材料。这就是今天珠宝市场上仍在流通的金、银、铂、钯和珠宝玉石。

由于金、银、铂、钯、珠、宝、玉、石，均产于岩石之中，故统称"宝石"。按制作饰品的工艺流程，凡可直接制作饰品的珠宝玉石简称"宝石"，而间接用来制作饰品的金银铂钯称为"贵金属"。

随着社会发展，人们观念不断更新，用传统饰品材料来展示拥有者的权利、地位和财富的观念开始向个性化、艺术化、自由化形式转变，材料是否贵重已不再是唯一的需求。所以，到了20世纪末，市场上出现了"贱金属"与"贵金属"、"人工宝石"与"天然宝石"并驾齐驱相互搭配的新潮饰品。宝石分类表见表1-1。

表1-1　宝石分类表

类	组	种	亚种
宝石	天然珠宝玉石	天然宝石	贵金属宝石
			非金属宝石
		天然玉石	岩浆型玉石
			变质型玉石
			沉积型玉石
		天然有机宝石	动物型有机宝石
			植物型有机宝石
			石化型有机宝石

续表 1-1

类	组	种	亚种
宝石	人工珠宝玉石	合成宝石	矿物类合成宝石
			岩石类合成宝石
			有机类合成宝石
		人造宝石	人造晶质宝石
			人造非晶质宝石
		拼合宝石	二层拼合石
			三层拼合石
			底衬拼合石
		再造宝石	再造晶质宝石
			再造玉石
			再造有机宝石
		改善宝石	改善晶质宝石
			改善玉石
			改善有机宝石
	仿宝石	天然珠宝玉石仿天然珠宝玉石	
		人工珠宝玉石仿天然珠宝玉石	

无论是贵金属，还是贱金属（非贵金属），也无论是天然珠宝玉石，抑或人工珠宝玉石，都是一种社会资源，是矿产资源的组成部分。

第一节 宝石定义

关于"宝石"的定义，古今中外尚无统一说法，一般来说，可以用作饰品的装饰材料，统称作宝石。从饰品装饰效果而论，可分为金属饰品和珠宝饰品2大系列4个类型。饰品是首饰和摆件的总称。

一、金属饰品

由金属及其合金制作的首饰和摆件称为金属饰品。目前用作饰品的金属分为2类：一是贵金属；一是非贵金属。

（一）贵金属

在金属元素中，金（Au）、银（Ag）、铂（Pt）、钯（Pd）、铑（Rh）、铱（Ir）、锇（Os）、钌（Ru）这8种元素被称为贵金属元素。目前只有金、银、钯、铂4种元素可单独用来制作首饰，而且多是其合金。合金中贵金属的质量含量以千分数计量为该元素的纯度。纯度以最低值表示，不得有负公差。贵金属及其合金的纯度范围见表1-2。

在贵金属饰品中，首饰配件材料的纯度应与主体一致。因强度和弹性的需要，配件材料应符合以下规定：

表1-2 贵金属及其合金的纯度范围（摘自GB11887—2008）

贵金属及其合金	纯度千分数最小值（‰）	纯度的其他表示方法
金及其合金	375 585 750 916 990 (999)	9K 14K 18K 22K 足金 （千足金）
铂及其合金	850 900 950 990 (999)	—— —— —— 足铂、足铂金、足白金 （千足铂、千足铂金、千足白金）
钯及其合金	500 950 990 (999)	—— —— 足钯、足钯金 （千足钯、千足钯金）
银及其合金	800 925 990 (999)	—— —— 足银 （千足银）

注：1. 不在括号内的值和表示方法将优先考虑。
　　2. 24K理论纯度为1 000‰。

金含量不低于916‰（22K）的金首饰，其配件的金含量不得低于900‰。

铂含量不低于950‰的铂首饰，其配件的铂含量不得低于900‰。

钯含量不低于950‰的钯首饰，其配件的钯含量不得低于900‰。

足银、千足银首饰，其配件的银含量不得低于925‰。

贵金属及其合金首饰中所含元素不得对人体健康有害。即首饰中铅、汞、镉、六价铬、砷等有害元素的含量都必须小于1‰。含镍首饰（包括非贵金属首饰）应符合以下规定：用于耳朵或人体的任何其他部位穿孔，在穿孔伤口愈合过程中摘除或保留的制品，其镍释放量必须小于$0.2\mu g/(cm^2·星期)$；与人体皮肤长期接触的制品中镍的释放量必须小于$0.5\mu g/(cm^2·星期)$；如首饰表面有镀层，其镀层必须保证与皮肤长期接触部分在正常使用的2年内，镍释放量小于$0.5\mu g/(cm^2·星期)$。其他同类制品，必须达到同样的要求，否则不得进入市场。

1. 金

颜色金黄，金属光泽，高熔点（1 064.43℃），低硬度（2.5），密度大（19.32 g/cm³），延展性强（1g金可拉成3 420m长的细丝，可轧成$0.23×10^{-8}$mm厚的薄片）。化学性质稳定，不氧化，不溶于酸。金既可作饰品，又可作货币。在自然界已知的金矿物约30种，主要以单质的自然金产出。

以金为主要成分的饰品，种类较多，常见的有：

（1）合金。金的合金可以改善和使其获得新的有益的性能。改善的性质有机械强度和电性能等，获得新的性质有超导性、铁磁性、悦目的色彩等。这些性能由金合金的配件种类、含量以及所采用适宜的熔炼、浇铸、加工条件和方法来实现，其纯度规定见表1-2。

（2）彩金。彩金是在金的基质中融入其他金属元素后形成的K金，常为不同的民族或国家所喜爱。如中国人喜欢黄色，欧洲人喜欢偏红色，而美国人则喜欢偏淡的黄色。目前，已能配制各种不同颜色的金合金（表1-3）。现今最流行的彩金是玫瑰金，其色比K黄金少了许多黄色，因而略带粉红色，这种特有的色彩可以使女性的肌肤显得白皙，更具风采与活力。需要注意的是，有些彩色K金是用表面镀色法，不是冶炼制成的，其色易磨损。

表1-3 国际上流行的彩色K金配方（%）

彩金颜色		成色	Au	Ag	Cu	Cd	Al	Fe	Pd
红色	红色	18K	75	0	25	0	0	0	0
		14K	58.5	7	34.5	0	0	0	0
		9K	37.5	5	57.5	0	0	0	0
	浅红	18K	75	8	17	0	0	0	0
		9K	37.5	7.5	55	0	0	0	0
	亮红	18K	75	0	0	0	25	0	0
	棕色	18K	75	6.25	0	0	0	0	18.75
	棕红色	11K	50	25	25	0	0	0	0
橙色	红黄	22K	91.7	0	8.3	0	0	0	0
		14K	58.5	0	41.5	0	0	0	0
		18K	75	12.5	12.5	0	0	0	0
	深黄	14K	58.5	15	26.5	0	0	0	0
		9K	37.5	11	51.5	0	0	0	0
黄色	金黄	22K	91.7	4.2	4.1	0	0	0	0
		22K	91.7	8.3	0	0	0	0	0
	淡黄	14K	58.5	20.5	21	0	0	0	0
		9K	37.5	31	31.5	0	0	0	0
绿色	淡绿	14K	58.5	35.5	6	0	0	0	0
	绿色	18K	75	15	6	4	0	0	0
蓝色	蓝色	18K	75	0	0	0	25	0	0
青色	青色	18K	75	22	3	0	0	0	0
紫色	紫色	19K	79	0	0	21	0	0	0
白色	白色	9K	37.5	58	4.5	0	0	0	0
灰色	灰色	18K	75	0	8	0	0	17	0
黑色	黑色	14K	58.5	0	0	0	41.5	0	0

（3）镀金。镀金覆盖层的金含量千分数不小于585，覆盖层（镀层）厚度不得小于0.5um，薄层镀金覆盖层厚度应等于或大于0.05um。镀金印记为"P-Au"，薄层镀金制品不允许打印记。

(4) 包金。包金覆盖层的金含量不得低于375‰,覆盖层厚度不小于0.5um。包金覆盖层标记为"L-Au"。

在任何制品上都不必打上镀层的含金千分值的标记。

2. 银

银白色,强金属光泽,硬度2.7,密度10.5g/cm³,延展性好,1g银可拉成长1 800～2 000m长的细丝,可轧成1×10^{-4}cm厚的银箔,熔点为960.8℃,化学性质较稳定,银化合物对光敏感性极强。银在自然界有呈单质自然银矿物存在的,但主要的是以化合物状态产出,如辉银矿、硫铜银矿、角银矿等数十种。

银以其独有的光亮洁白的色泽和象征纯洁无瑕的高尚情操,自古就受到人们的喜爱并被广泛应用。当今,赤、橙、黄、绿、青、蓝、紫七色无所顾忌地与白银相匹配组成新活银饰,与冷酷纯白银色相纳相容、相得益彰,让越来越多的时髦女孩酷爱,搭配简洁、轻柔、飘逸的时装,真是水柔俏娇颜、花舞美人装,更显高贵典雅。

(1) 饰品银。银饰品中白银种类比较复杂。过去称成色在98%以上的白银为银、纹银或白锭;成色在98%以下的称为色银、次银和潮银。1995年中国人民银行总行规定:"凡经中国人民银行指定熔炼厂提炼的白银为'成品银',其余无论成色高低均为'杂色银'。""成品银"的成色也不尽相同,依其成色高低分为"高成色首饰银"和"普通首饰银"。2008年GB11887将银及其合金首饰的最低纯度定为800,银含量低于800‰的首饰不能称为银首饰;银及其银合金首饰的最高纯度为999,银含量高于999‰的首饰也只能称为千足银首饰。

(2) 镀(包)银。镀银首饰覆盖层厚度不小于2um,含银量千分数不小于925,印记为"PnAg";包银首饰覆盖层厚度不小于2um,含银量千分数不小于925,印记为"LnAg"(n为厚度)。

(3) 低铂银。低铂银是指银与少量铂(铑、铱)的合金。

(4) 无氧化银合金/无硅银合金。银合金内含脱氧剂,具较少微孔结构,具有良好的抗氧化性。加入五成混合物,银合金可不断重新使用。

(5) 苗银。这是我国苗族特有的银金属,为银、白铜、镍等的合金,银含量一般为20%～60%。苗银饰品的成分以铜为主,通过电镀、加蜡、上色的工艺处理,形成颇具特色的苗银首饰。

(6) 藏银。传统上的藏银为30%银加上70%铜的合金,经常采用在白铜中掺入少量的银制成的。目前市场出现的藏银一般不含银的成分,是白铜(铜镍合金)的雅称,并常与绿松石、珊瑚等相配制成首饰,红红绿绿煞是好看。

(7) 拉丝银制品。拉丝银制品指与银的密度相接近的合金为一层,银为一层,两层通过拉丝技术吻合在一起,加工成银饰品后,控制银层在表面,合金层在内侧。

(8) 泰银。又称"乌银"。是利用千足银遇硫酸发黑的特性,再经过特殊的做旧处理,不仅长期不变色,而且表面硬度也比普通银大很多。泰银饰品精美绝伦,别具一格,粗犷古朴,美观大方,深受时尚一族喜爱。

3. 铂

铂有很好的延展性和可锻性(可轧成0.002mm厚的铂箔),具良好的导电性。

铂属重金属,密度高,硬度低,色白鲜亮,金属光泽强,给人的感觉是水样的纯净和清新。铂金首饰优雅纯净的动人魅力,是被其纯净、稀有、永恒的物理特性所赋予。怡情清凉的气质是铂金的灵魂所在。铂金配以钻石，突显高贵典雅，更深得无数情人的钟爱。

首饰铂的品种有千足铂、足铂、950铂、900铂和850铂5种（表1-2）。

4. 钯

原子序数46，原子质量106.4，密度11.48g/cm³，熔点1 552℃。钢白色，性质稳定，耐H_2S腐蚀，高温下不晦暗。

钯是近期开发的饰品用贵金属元素，以其特有的钢白色和化学稳定性赢得人们的喜爱。物相似铂，而价格比铂更便宜，适于大众消费。

钯首饰品种有千足钯、足钯、950钯、500钯及彩钯5种（表1-2）。彩钯首饰是由钯和珐琅材料经特殊工艺技术制作而成，其优点在于色彩非常绚丽。深圳金吉盟首饰有限公司采用独特专利配方研制的彩色钯金合金首饰已达千种款式。越来越多的时尚人士成为彩色钯金的追随者，色彩绚丽的彩钯无疑满足了都市女性对珠宝色彩多样化的需求。

（二）非贵金属

传统的饰品材料中，除贵金属外，还有非贵金属材料，如常见的铜、锡、铝、锌、钛、铁等，现代又有稀土、钨（钨钢），随着科技发展、社会进步，还会有更多的一般金属用于制作造型优异的时尚饰品。只要材料色泽艳丽、性质稳定、易加工成型、价格低廉，均可成为饰材。但任何制作饰品的材料，都不允许含量超标的有害人体健康的镍、铅、汞、镉、砷和六价铬等元素。

1. 铜及铜合金

铜及其合金是饰品中重要的仿真材料，品种繁多。

（1）纯铜。铜红色，氧化后呈棕黑色、锈色，称紫铜（红铜），常用作铜公和仿真材料。

（2）铜合金。用于饰品的铜合金要求颜色美观，易加工成型和良好的表面处理性能。如黄铜、白铜、青铜等。

①黄铜。是铜锌合金，色铜黄。在黄铜中再加入1%～5%的其他元素（Sn、Pb、Al、Si、Fe、Mn、Ni等）可构成多元的特殊黄铜或复杂黄铜。常用于饰品的有：

a. 稀金：黄铜加入稀土元素冶炼而成，色泽与18K金相似，用来做仿金材料。

b. 亚金：是以铜为基体的仿金材料，外观色泽与18K金相似，但抗腐蚀性能略低于黄金。

②白铜。白铜是一种很好的仿银、仿白金材料，中国古人称其为"鋈"、"云白铜"，波斯人称为"中国石"，欧洲人称为"中国银"。其硬度与光泽极似银饰。品种有3种：

a. 普通白铜：由30%的Ni与70%的Cu构成。

b. 复杂白铜：是加有Mn、Fe、Zn、Al等元素的白铜合金。品种有：亚银（60%铜、20%镍和20%锌）、铁白铜（白铜加2%铁）、锰白铜、铝白铜和锌白铜等。

c. 工业白铜：分为结构白铜和精密电阻用合金白铜两类。

③青铜。是红铜与锡、铅等元素的合金，色灰青。青铜可分为普通青铜（铜锡二元合金）与特殊青铜（铝青铜、钛青铜、硅青铜、锆青铜、铬青铜、镉青铜等）。

④三色铜。是红铜（紫铜）、白铜和黄铜3种不同颜色的铜合金材料精心打制而成。用作首饰，深受藏族人民喜爱。

2. 锡及锡合金

锡有白锡、灰锡及脆锡3种同质异构体。用于工艺品的锡合金主要有白蜡（Al和Sn的合金）、锡基压铸合金和锡基易熔合金。

3. 锌及锌合金

锌合金是一种重要的流行饰品材料，其品种主要有锌铝合金、锌铝镁合金、锌铝铜合金等。

锌合金可分为形变锌合金和铸造锌合金两类。后者流动性和耐腐蚀性较好，适合铸造工艺饰品。常用的饰品用镁锌合金主要有A、B、C 3类：

A类适用于大光面的饰品、工艺品制作；

B类适用于有难度的中等光面的各种饰品及工艺品；

C类适用于强度大、硬度大的小光面产品的制作。

4. 钛及钛合金

钛，银白色，金属光泽，延展性、塑性与其纯度有关，具有良好的耐腐蚀性，机械强度大。钛又是唯一对人类植物神经和味觉没有任何影响的金属，医学上称为"亲生物金属"，最适于作饰品。

钛合金是一种低合金含量的钛合金，其最大优点是质量轻、耐腐蚀、能着色、不易变形和特有的银灰色调，是国际上流行的饰品用材。对于金属首饰色泽而言，可分为黄色（金）、白色（银、铂族）和银灰色（钛）。因此，钛将作为第三种金属跻身饰材，打破贵金属黄白二色一统天下的格局。

5. 不锈钢

不锈钢引入饰品材料后，使饰品突显粗犷、沉稳、含蓄、奔放的风格，冷冽金属表现，受到年轻人的钟爱，成为时尚饰品的焦点。

饰品用的不锈钢具有以下优点：具有与铂金相似的光泽，不易变形，耐磨蚀，美观，新潮，价格便宜，还具有磁疗作用的磁性。因此，该材质可以制作出高贵典雅而又时尚的戒指类、链类、耳环类、吊坠类和各种袖扣。

6. 钨钢（钨金）

用钨钢制作的饰品，有其独特的金属光泽和高硬度，永不磨损、永不褪色、永不变形的特性使其成为时尚饰品的新秀，甚受现代人酷爱。

饰品用的钨钢，是以碳化钨为主要原料，用粉末冶金方法生产的硬质合金，又称钨金。当钨钢中W含量达到87.5%时，饰品的抛光亮度最高，效果最佳。常用作戒指、手链、吊坠、手牌等系列和多种镶嵌饰品。

二、珠宝饰品

用珠宝玉石制作的首饰和摆件称为珠宝饰品。根据珠宝玉石生成条件不同，可分为天然珠宝玉石和人工珠宝玉石两类。

（一）天然珠宝玉石

截至1990年，地球上已发现的矿物为4 442种，其中用作宝石的不超过200种，而最重要的仅20余种。而德文版《宝石和首饰》列出的宝石为180种，其中主要的为28种。美国1980年第15版《大英百科全书》提到的宝石矿物约100种，亦仅列出了20种主要宝石矿物及其变种。

天然珠宝玉石是指由自然界（宇宙作用、地质作用、生物作用）产出，具有美观、耐久、稀有性，具有工艺价值，可加工成饰品的物质，分为天然宝石、天然玉石和天然有机宝石。

1. 天然宝石

天然宝石是由自然界产出，具有美观、耐久、稀有性，可加工成饰品的矿物的单晶体（可含双晶）。

在对天然宝石制作的饰品定名时，直接使用天然宝石基本名称或其矿物名称，无需加"天然"二字。天然宝石的定名规则是：

（1）产地不参与定名，如"南非钻石"、"缅甸红宝石"。

（2）禁止使用由两种或两种以上天然宝石组合名称定名某一种宝石，如"红宝石尖晶石"、"变石蓝宝石"，"猫眼变石"除外。

（3）禁止使用含混不清的商业名称，如"蓝晶"、"绿宝石"、"半宝石"。

2. 天然玉石

天然玉石是指由自然界产出的，具有美观、耐久、稀有性和工艺价值的矿物集合体，少数为非晶质体。

在对天然玉石定名时，直接使用天然玉石基本名称或其矿物（岩石）名称。在天然矿物或岩石名称后可附加"玉"字，无需加"天然"二字，"天然玻璃"除外。天然玉石的定名规则是：

（1）不用雕琢形状定名天然玉石。

（2）不能单独使用"玉"或"玉石"直接代替具体的天然玉石名称。

（3）GB/T16552—2010 中列出的带有地名的天然玉石基本名称，不具有产地意义。

3. 天然有机宝石

天然有机宝石是指由自然界生物生成，部分或全部由有机物质组成，可用于首饰及装饰品的材料。

注：养殖珍珠（简称"珍珠"）也归于此类。

在对天然有机宝石定名时，直接使用天然有机宝石基本名称，无需加"天然"二字，"天然珍珠"、"天然海水珍珠"、"天然淡水珍珠"除外。天然有机宝石的定名规则是：

（1）"养殖珍珠"可简称为"珍珠"，"海水养殖珍珠"可简称为"海水珍珠"，"淡水养殖珍珠"可简称为"淡水珍珠"。

（2）产地不参与有机宝石定名，如"波罗的海琥珀"。

（二）人工珠宝玉石

人工珠宝玉石，简称"人工宝石"，是指完全或部分由人工制造或改造，用作首饰及装饰品的晶质或非晶质固体材料。它包括合成宝石、人造宝石、拼合宝石、再造宝石和改善宝石。

注：仿宝石（赝品）也归于此类。

1. 合成宝石

合成宝石是指完全或部分由人工制造且自然界有已知对应物的晶质体、非晶质体或集合体；其物理性质、化学成分和晶体结构与所对应的天然珠宝玉石基本相同。

合成宝石的名称，必须在对应天然珠宝玉石基本名称前加"合成"二字。禁止使用生产厂、制造商的名称直接定名，如"查塔姆祖母绿"，"林德祖母绿"。禁止使用易混淆或含混不清的名称定名，如"鲁宾石"、"红刚玉"、"合成品"等。

2. 人造宝石

人造宝石是指由人工制造且自然界无已知对应物的晶质体、非晶质体或集合体。人造宝石的定名规则是：

（1）必须在材料名称前加"人造"二字，"玻璃"、"塑料"除外。

（2）禁止使用生产厂、制造商的名称直接定名。

（3）禁止使用易混淆或含混不清的名称定名，如"奥地利钻石"。

（4）禁止使用生产方法直接定名。

3. 拼合宝石

所谓拼合宝石，是指由两块或两块以上材料经人工拼合而成，且给人以整个印象的珠宝玉石，称拼合宝石，简称"拼合石"。拼合宝石的定名规则是：

（1）必须在组成材料名称之后加"拼合石"三字或在其前加"拼合"二字。

（2）可逐层写出组成材料名称，如"蓝宝石，合成蓝宝石拼合石"。

（3）可只写出主要材料名称，如："蓝宝石拼合石"或"拼合蓝宝石"。

4. 再造宝石

再造宝石是指通过人工手段将天然珠宝玉石的碎块或碎屑熔接或压结成具整体外观的珠宝玉石。再造宝石的定名规则是：

必须在所组成天然珠宝玉石基本名称前加"再造"二字，如"再造琥珀"、"再造绿松石"。

5. 改善宝石

除切磨和抛光外，经过人工优化或处理的珠宝玉石，称为改善宝石。优化是指传统的、被人们广泛接受的、能使珠宝玉石潜在的美显现出来的改善方法。处理是指非传统的、尚不被人们广泛接受的改善方法。

改善宝石的定名规则是：

（1）优化：直接使用珠宝玉石的名称，可在相关质量文件中附注说明具体优化方法。

（2）处理。

①在珠宝玉石基本名称处注明。

a. 名称前加具体处理方法，如"扩散蓝宝石"。

b. 名称后加括号注明处理方法，如"翡翠（漂白、充填）"。

c. 名称后加括号注明"处理"二字，如"蓝宝石（处理）"；应在相关质量文件中附注说明具体处理方法，如"扩散处理"。

②不能确定是否处理的珠宝玉石，在名称中可不予以表示。但在相关质量文件中附注说明，"可能经过 xx 处理"或"未能确定是否经过 xx 处理"。

③经多种方法处理的珠宝玉石按①或②进行定名。也可在相关质量文件中附注说明，"xx 经过人工处理"，如钻石（处理），附注说明"钻石颜色经人工处理"。

④经处理的人工珠宝玉石可直接使用人工珠宝玉石基本名称定名。

6. 仿宝石

仿宝石，亦称"赝品"，是指用于模仿某一种天然珠宝玉石的颜色、特殊光学效应等外观特征的珠宝玉石或其他材料。"仿宝石"不代表珠宝玉石的具体类别。

仿宝石的定名规则是：

（1）在所仿的天然珠宝玉石基本名称前加"仿"字。

(2) 应尽量确定具体珠宝玉石名称,且采用下列表示方式,如"仿水晶(玻璃)"。
(3) 确定具体珠宝玉石名称时,应遵循 GB/T16552—2010 规定的有关定名规则。
(4) "仿宝石"一词不应单独作为珠宝玉石名称。

使用"仿某种珠宝玉石"表示珠宝玉石名称时,意味着该珠宝玉石:
(1) 不是所仿的珠宝玉石(如"仿钻石"不是钻石)。
(2) 所用的材料有多种可能性。(如"仿钻石"可能是玻璃、合成立方氧化锆或水晶等)。

第二节 宝石分类

一、贵金属类宝石

长期以来,用做饰品的金属类宝石,主要是贵金属矿物原料经过选冶所获的金属及其合金,浇铸或模压成各种首饰和摆件。

(一) 金

金在地壳中的丰度极低,克拉克值 $(3\sim4)\times10^{-8}$,富集成矿的几率相对很小,因具有较大的化学活性,可与 59 种元素生成 1~8 个简单化合物,但常以单质分散在矿物中。据不完全统计,已经研究过的金的单质化合物超过 210 个,有 42 种元素合金生成 1~4 种共晶体。在 5 个二元系(金和镍、铜、钯、银、铂)中有连续固溶体形成,其中金和银的二元系在任何条件下均为连续固溶体。金与其他元素相互有限固溶的二元系已经明确下来的已达 50 个。

自然界已发现的金矿物,可分为 3 种类型。

1. 以单质状态产出

以金为主成分(>10%)的金-银系列矿物:自然金、银金矿。金-铂族组合的矿物:铂金矿 (Au, Pt)、铑金矿 (Au, Rh)、钯金矿 (Au, Pd)、铱金矿 (Au, Ir),钯-银金矿 (Au, Ag, Pd),金、银、铂矿 (Au, Ag, Pt) 等矿物系列。

2. 以化合物状态产出

与碲相结合的金矿:碲金矿 (Au, Te_2)、针碲金矿 (Au, Ag, Te_4)、叶碲金矿 $[Au(Pb, Sb, Fe)_8(S, Te)]$、斜方碲金矿 (Au, Te_2)、二三碲金矿 (Au_2Te_3),碲铜金矿 (Au, Cu, Te_4),与硫相结合的矿物有硫金银矿等。

3. 金属互化物

金属互化物主要有铜金矿 (Au, Cu)、金钯铜矿 (Au, Pd, Cu)、银铜金矿 (Au, Ag, Cu, Rh, Pb)、等轴金锇铱银矿、含钯铑银铜金矿 (Au, Cu, Ag)、方金锑矿 (Au, Sb_2)、黑铋金矿 (Au_2Bi)、锑铂金矿 (Au, Pt, Sb)、四方铜金矿、方锑金矿、锑金铂矿、围山矿 $[(Au, Ag)_2Hg_3]$ 等。

金的化合物很不稳定,容易分解出金属金,所以在自然界中金多呈游离状态存在。在金的化合物中,通常见到的是一价和三价的金,三价金的化合物比一价金的化合物稳定。

(二) 银

银早在 4000 年前就被中国发现和使用。以银为原料,经过各种加工工艺制作而成的器

第一章 宝石释义

皿、饰件称为银器。在历史上，白银一度比黄金贵两倍，银以其独有的光亮洁白的色泽和象征纯洁无瑕的高尚情操，自古就受到人们的喜爱并被人们广泛应用。

银在自然界中有呈单质自然银矿物存在的，但主要的是以化合物状态产出。

1. 银与贵金属互化物

自然银（Ag）、金银矿（Ag，Au）、碲金银矿（Ag_3AuTe_4）。

2. 化合物

1）硫化物

辉银矿（Ag_2S）、硫铜银矿（AgCuS）、硫砷银矿（$3Ag_2S \cdot As_2S_3$）或[$Ag_3(As,Sb)S_6$]、淡红银矿（Ag_3AsS_2）或（$3As_2S \cdot As_2S_3$）、深红银矿（Ag_2SbS_3）、辉锑银矿（$AgSbS_2$）、火硫锑银矿（Ag_3SbS_3）、富硫银铁矿（$Ag_2Fe_5S_8$）、轻硫锑银矿（AgAsS）、硫锑铜银矿[$(Ag,Cu)_{16}Sb_2S_{11}$]、脆银矿（Ag_5SbS_4）、红铊银矿[$(Tl,Pb)_2AgAs_5S_{10}$]（?）、黄银矿（Ag_3AsS_3）、辉锑银矿（$AgSbS_2$）、加斯塔维矿（$Bi_{11}Pb_5Ag_3S_{24}$）、硫银铋矿（$AgBiS_2$）、轻硫砷银矿（$AgAsS_2$）（六方晶系）、斜硫砷银矿（$AgAsS_2$）（单斜晶系）、脆硫锑银矿（$5PbS \cdot Ag_2S \cdot 3Sb_2S_3$）、赤鲁夫斯基矿[$6(Pb_{0.88}Bi_{0.08})(Ag,Cu)_{0.04}S \cdot Bi_2S_3$]、硫银铁矿（$AgFe_2S_3$）、少银黄铁矿（$AgFe_3S_5$）、中银黄铁矿（$Ag_3Fe_7S_{11}$）、富银硫铁矿（$Ag_2Fe_5S_8$）、富银铜银铅铋矿[$Pb(Cu,Ag)_{2.2}Bi_{4.6}S_{7.6}$]、辉锑铅银矿（$4PbS \cdot 3Ag_2S \cdot 3Sb_2S_3$）或（$Pb_4Ag_6Sb_6S_{16}$）、银镍黄铁矿（$Ag_{0.81}Ni_{2.82}Fe_{5.41}S_8$）、林根巴矿（$Pb_{37}Ag_7Cu_6As_{23}S_{78}$）、麦金斯特里矿（$Cu_{0.8+x}Ag_{1.2}S$）、柱硫锑铅银矿（$AgPbSbS_3$）、辉硒银矿（$Ag_4SeS$）、硒银矿（$\beta-Ag_2Se \simeq Ag_2S$）、辉锑银矿（$Ag_2S \cdot Sb_2S_3$）、斜辉铋银矿[$Ag_2S \cdot (Sb,Bi)_2S_3$]、硫锑铜银矿[$(Ag,Cu)_{16}Sb_2S_{11}$]、巴仑干矿（$Cu_9Ag_5HgS_8$）、硫砷银铅矿（$PbAgAsS_3$）、贺硫铋铜矿[$CuBi_5(Bi,Pb,Ag)S_{11}$]、拉罗矿[$(Cu_{7.7}Ag_{3.3})(Pb_{1.0}Bi_{1.0})S_{13}$]、螺状硫银矿-辉银矿（$Ag_2S$）、浓红银矿（$3Ag_2S \cdot Sb_2S_3$）、脆银矿（$5Ag_2S \cdot Sb_2S_3$）、硫锑铅银矿（$Pb_2Ag_2Sb_6S_{12}$）、辉铜银矿（$Ag_3CuS_2$）（?）、硒铜银矿（AgCuSe）、黄银矿-火硫锑银矿（$3Ag_2S \cdot As_7S_6 \simeq 3Ag_2S \cdot Sb_2S_3$）、硫铜银矿（$Cu_{1+x}Ag_{1-x}S$）、沙姆森矿（$2Ag_2S \cdot MnS \cdot Sb_2S_3$）、黑银锰矿[$(Ag,Ba,Ca,Mn\cdots)Mn_{307} \cdot 3H_2O$]、银黄锡矿（$Ag_2SnFeS_4$）、硫银锗矿-黑硫银锡矿（$4Ag_2SGeS_2 \simeq 4Ag_2SSnS_2$）。

2）锑化物

锑银矿（Ag,Sb）、锑银矿（Ag_3Sb）、六方锑银矿（Ag_6Sb）、矿物X（Ag,Te,S,Sb）、矿物U（Ag,Te,Sb,S）。

3）硒、碲化物

硒铜银矿（AgCuSe）、硒金银矿（Ag_3AuSe_2）、无名矿物[$(Pd,Ag_3)(Ag,Pb)(Te,Se)$]、硒铋银矿（$AgBiSe_2$）、矿物Z（Ag,Te,s）、矿物Y（Ag,Te,Cu）、沃伦斯基矿（$AgBi_{1.6}Te_2$）、粒碲银矿（AgTe）、碲银矿（Ag_2Te）、史碲银矿（六方碲银矿）（$Ag_{5-x}Te_3$）、硒铊银铜矿[$(Cu,Tl,Ag)_2Se$]。

4）铋、汞、砷化物

诺瓦克矿[$(Cu,Ag)_4As_3$]、科廷纳矿（$Cu_{2.08}Ag_{0.85}As$）、软铋银矿（$Ag_{7.3}Cu_{0.3}Bi_{2.2}$）、汞银矿[$\alpha-(Ag,Hg)$]、副夏奇纳矿（Ag_3Hg_2）、夏奇纳矿（$Ag_{1.1}Hg_{0.9}$）、莫契兰斯伯矿[$\gamma-(Ag,Hg)$]、辉砷银矿（Ag_3As）。

5）卤化物

角银矿（AgCl）、氯溴银矿（AgCl·AgBr）、黄碘银矿 [(Ag, Cu) I]、卤银矿（?）。

（三）铂族矿物

在自然界中，多数铂矿是呈铂钯矿物相赋存，少数赋存在硫化物、氧化物及硅酸盐中。世界铂族元素的总储量为3.1万吨，铂为1.4万吨。铂主要集中分布在南非和俄罗斯，美国、加拿大和哥伦比亚也有少量产出。南非的铂矿以德兰士瓦最著名，是世界上最大的铂矿床。俄罗斯的乌拉尔砂铂矿也非常有名，曾发现8～9kg的自然铂。我国已探明铂族金属储量300余吨，其中铂占2/3。这些储量90%集中在甘肃、云南、四川3省，并相对集中在3个著名矿床，即甘肃金川白家嘴子铜镍矿、云南弥渡金宝山铜镍矿和四川杨柳坪铂钯铜镍矿。目前我国铂族金属产量甚微，远不能满足工业及首饰需求，大多依赖进口。

铂族元素包括铂、钯、铑、铱、锇、钌6个元素，彼此地球化学性质相似，都产出于基性超基性岩中，它们在地球中含量甚微，并甚少形成独立矿体。在自然界铂族元素多数以锑、碲、铅、硒、硫、砷等化合物存在，少数呈单质矿物和金属互化物。

1. 单质体

自然铂（Pt）、自然钯（Pd）、自然铱（Ir>80%）、自然锇（Os）、六方钯矿（Pd）。

2. 贵金属互化物

银铂矿（$Pt_2Ir - Pt_{12}Ir$）、锇铱矿（$Ir_{1.5}Os_{0.35}Pt_{0.13}$）、铂铱矿（$Ir_4Pt$）、钌铱锇矿 [($Ru_{10-80}Os_{10-80}Ir_{10-45}$)$_{\Sigma=100}$]、Ru-锇铱矿（$Ir_6Os_2Rh$）、铂锇铱矿 [($Pt_{0-30}Ir_{10-80}Os_{10-80}$)$_{\Sigma=100}$]、铱锇矿 [($Os_{55-60}Ir_{20-45}Ru_{0-10}$)$_{\Sigma=100}$ 或 ($Os_{50-88}Ir_{50-60}Pt_{0-10}$)$_{\Sigma=100}$]、金锇铱矿（$Ir_2OsAu$）、钯铂矿（$Pd_2Pt - Pd_4Pt_9$）、铑铂矿（Pt, Rh）。

3. 化合物

1) 硫化物

钌硫砷铱矿 [(Ir, Ru, Rh, Pt) As-S]、硫镍钯矿 [(Pd, Ni) S 或 (Pd, Ni. Pt) S]、硫钌矿（RuS_2）、燕山矿 [(Pd, Pt) S]、硫铱锇钌矿 [(Ru, Os. Tr) S_2]、硫铂矿（PtS）、硫锇矿（OsS）、硫铱锇矿 [(Os, Tr) S]、布拉格矿 [(Pt, Pd, Ni) S]、硫砷铑矿（RhAsS）、钌硫砷铑矿 [(Rh, Ru, Pt) AsS]、硫砷铱矿（IrAsS）、硫砷钌锇矿 [(Os, Ru) AsS]、Pd-硫砷铑矿 [(Rh, Pd, Pt) AsS]、硫砷铂矿 [(Pt, Ir, Rn) AsS]。

2) 砷碲硒化合物

砷镍钯矿（Pd_2Ni_2As）、砷铅钯矿 [(Pd, Pb)$_3$As$_5$]、砷铂矿（$PtAs_2$）、等轴铋碲铂钯矿 [(Pd, Pt) BiTe]、黄铋碲钯矿 [Pd (Te, Bi)]、铋碲铂矿 [(Pd, Ni, Pt) (Te, Bi)]、密尔提矿 [Pd_5(Sb, As)$_2$]、硒铜钯矿 [(Pd, Cu) Se$_5$]、砷钯矿（Pd_3As）、砷铱铂矿（$Pt_{0.77}Tr_{0.08}As_2$）、砷锇铱铂矿 [Pt (Tr, Os)$_2$As$_4$]、砷镍钯矿（Pd_2Ni_2As）。

3) 铋锑化合物

锑铂矿（PtSb）、铋锑铂矿 [Pt (Sb, Bi)]、等轴锑铂矿（$PtSb_2$）、英锡察矿 [Pt (Bi, Sb)$_2$] (Bi>Sb)、尼格里矿 [Pt (Sn, Sb, Bi)]、锑铂钯矿 [(Pd, Pt, Ni)$_2$ (Sb, Sn)]、单斜铋钯矿（$PdBi_2$）、铋铅钯矿（Pd_2PbBi）、锡锑钯铂矿 [(Pt, Pd, Ni)$_5$ (Sn, Sb)$_2$]、锑钯矿（Pd_3Sb）、三铋-钯矿（$Pd_{1.0}Bi_{2.6-3.4}$）、一铋二钯矿（Pd_2Bi）、铋锑钯矿 [Pd (Sb, Bi)]、铋锑汞钯矿 [(Pd, Hg)$_x$ (Te, Bi)$_r$]、铋三铅三钯矿（Pd_3Pb_3Bi）、锑铜二钯矿（Pd_2CuSb）。

4）贱金属互化物

汞钯矿（PdHg）、铅锡铂钯矿 [$(Pd, Pt, Au)_{3+x}(Pb, Sn)$]、钯金铜矿 [$(Cu, Pd)_3Au_2$]、锡铅铂钯矿 [$(Pd, Pt)_7(Sn, Pb)_2$]、铅钯矿（$Pd_3Pb_2$）、锡钯矿（$Pd_5Sn_3$）、汞铂矿（$PtFe_2$）、粗铂矿（$Pt_4Fe-Pt_2Fe$）、铁铂矿（$ReFe_2-Pt_{<2}Fe$）、杜拉门矿（$Pt_2FeCu$）、二锡二钯三铂矿（$Pt_3Pd_2Sn_2$）、锡钯铂矿（PtPdSn）、二锡三钯三铂矿（$Pd_4Pb_3Sn_2$）、一铅四钯矿（$Pd_4Pb$）、三铅四钯矿（$Pd_4Pb_3$）、二锡二铂三钯矿（$Pd_3Pt_2Sn_2$）、二锡二铜五钯矿（$Pd_5Cu_2Sn_2$）、铋二铅三钯矿（$Pd_3Pb_2Bi$）、铜铂矿（$Pt_5Fe_4Cu-Pt_3Fe_3Cu_2$）、锡铂矿（$Pt_3Sn_2$）、镍铂矿（$Pt_3Fe_3Ni-Pt_8Fe_5Ni$）、锡铅钯矿（$Pd_3Pb_3Sn$）、锡二铜六钯矿 [$(Pd_{3.47}Pt_{0.03}Cu_{1.25}Fe_{6.01})Sn_{6.57}Sb_{0.22}$]、锡铅铜钯矿 [$Pd_3(Sn, Pb)_3$]、锡铜四钯矿（$Pd_4CuSn$）、三锡四铜四铂矿（$Pt_4Cu_4Sn_3$）。

二、天然珠宝玉石

在珠宝市场上，通常可以看到天然宝石、天然玉石、天然有机宝石和奇石 4 种类型，其中前 3 种用来制作首饰和摆件，而奇石则多用于庭院寺院。

（一）天然宝石

天然宝石种类很多，虽每种宝石（即宝石级的矿物）都有特定的化学成分、内部结构及其物理性质，但同时彼此之间又具有某些共性。为更好地了解这种规律性和提高宝石鉴别能力，可将宝石划分为族、种、亚种三级类型。"族"是指化学组成类似、晶体内部结构相同的一类类质同象系列的宝石；"种"是指主要化学组成和晶体内部结构都相同的一种宝石，它是分类的基本单位；"亚种"则是指同一种宝石，因化学组成中的微量元素不同，导致在晶型、物理性质（如颜色、透明度）等外观上有较明显变化的"亲缘"宝石（表1-4）。

1. 宝石特征

（1）天然宝石具有以下共性：

①在适当条件下可自发形成几何多面体的自限性。

②因晶体内部质点作规则排列，并往往在不同方向上晶体的性质亦随之不同的异向性。

③晶体具有格子构造，致使其结晶要素（晶面、晶棱、顶角）在晶体不同方向和部位有规律地重复出现。

④在相同的热力学条件下，晶体宝石与同种的非晶质体相比具有最小的内能和相对的晶体稳定性。

（2）每种宝石都具有固定的化学组成，常表现出各自典型的规则几何形态（晶形）。这种形态又是其内部格子构造的外观表现。

（3）天然宝石常因生成环境不同，而具有不同类型或形态的天然内含物（特别是固体包裹体）。

（4）天然宝石在地质应力作用下，常产生应力裂纹或碎裂结构，以致发生光性异常或次生变化（蚀变）。

（5）天然宝石可因晶体构造缺陷或微量组分的加入而致色或产生特殊光学效应。

（6）宝石晶体通常都很细小，而且双晶、聚晶常现。

2. 宝石分类

迄今为止，关于宝石分类尚未统一。虽然每个宝石都有其固定的名字，但宝石分类命名种类繁多，有的是根据宝石本身的特征，如化学成分、形态、物理性质等分类命名的，有的以发现该宝石的地点或人名命名，等等。常见的有：

1) 商业分类

以宝石价格（价值）相对贵贱而分为高档宝石、中档宝石、低档宝石3种。

2) 色泽分类

根据宝石颜色和光泽，将宝石分为钻石和有色宝石两大类。

3) 晶体化学分类

晶体化学分类是将同一类或亚类中晶体结构相同、化学成分类似的一组宝石归为一个宝石族。宝石分类的基本单位是"种"，对于同一物质的各同质多像变体，亦视为各自独立的"种"。据此，宝石分为以下几类：

（1）自然元素宝石，如自然金、自然铂、钻石等。

（2）硫化物及其类似化合物宝石，如辉锑矿、铜蓝等。

（3）氧化物和氢氧化物宝石，如红宝石、水晶、尖晶石、水镁石等。

（4）含氧盐宝石，如橄榄石、石榴子石、红柱石、托帕石、祖母绿、长石等。

（5）卤化物宝石，如萤石。

4) 晶体光学分类

天然宝石种类很多，但绝大多数是晶体，晶体特点是具有固定的化学成分、内部结构和光学性质，晶体的光学性质是其化学成分和内部结构的具体表现。因此，按族、种、亚种3级分类法，将晶体对称程度与晶体光轴的对应关系作为"族"：高级对称晶族为等轴晶宝石，中级对称晶族为一轴晶宝石，低级对称晶族为二轴晶宝石。"种"是二级分类单位，是晶系和晶种的对应关系的组合：等轴晶系为光性均质体宝石，四方晶系、三方晶系和六方晶系为一轴晶宝石种类，斜方晶系、单斜晶系和三斜晶系为二轴晶宝石种类。而每种宝石都有自己的折射率和光性正或负符号。"亚种"是宝石种的外观细分（表1-4）。

宝石的晶体光学分类，特别适用于珠宝首饰检测机构和检测鉴定技术人员的质检工作，只要用普通光学仪器就可快速准确进行宝石分级定名。

（二）天然玉石

玉字，甲骨文字形"象三玉之连贯也"，代表天、地、人三通与和谐之圣物，如古人所云"玉、水之精，石之美也，盖天下坚洁精美之品无有过于玉者。"孔子说玉之美有十一"德"："温润而泽，仁也；缜密而栗，知也；廉而不刿，义也；垂之如坠，礼也；叩之，其声清越以长，其终诎然，乐也；瑕不掩瑜，瑜不掩瑕，忠也；孚尹旁达，信也；气如白虹，天也；精神见于山川，地也；圭璋特达，德也；天下莫不贵，道也。"后来，许慎将玉之美德归纳为："润泽以温，仁之方也；鳃理自外，可以知中，义之方也；其声舒扬，专以远闻，智之方也；不挠而折，勇之方也；锐廉而不忮，洁之方也。"

中国自古以来，辨玉优劣是"首德而次符"。"德"指玉质，"符"指玉色。王逸正部论"符"，"以赤如鸡冠，黄如蒸栗，白如猪肪，黑如纯漆"为佳。现在人们仍常说"内行看水，外行看色"。

1. 玉石特征

玉是美丽的岩石（矿物集合体，少数为非晶质集合体）。虽有"千种宝石万种玉"之说，但所有玉石都有以下共同特征：

表 1-4 天然宝石分类鉴定表

族		种	亚种	鉴定特征		矿物名称
晶族/光轴				折射率	光性符号	
高级晶族	等轴晶系	钻石	白色系列钻石、彩色系列钻石	2.417	0	金刚石
		尖晶石	红色、黄色、蓝绿色及黑色系列尖晶石	1.718	0	尖晶石
		石榴石	镁铝、铁铝、锰铝、钙铝、钙铬、水钙铝榴石、翠榴石、黑榴石	1.71~1.888	0	石榴子石
		天然玻璃	黑耀岩、莫尔达玻璃、陨石、雷公石	1.490	0	天然玻璃
		方钠石	蓝色、灰色、绿色、黄色、白色、粉红色方钠石	1.483	0	方钠石
		萤石	绿色、蓝色、红色、紫色、黑色、白色萤石	1.438	0	萤石
中级晶族	一轴晶	白钨矿	无色、浅-中橙色、黄色白钨矿	1.91~1.934	(-)	白钨矿
		菱锌矿	绿色、蓝色、黄色、橙色、粉色、白色及无色菱锌矿	1.621~1.84	(-)	菱锌矿
		菱锰矿	粉红色、紫红色菱锰矿	1.597~1.81	(-)	菱锰矿
		红宝石	浅红色、红色、深红色、紫红色红宝石	1.76~1.770	(-)	刚玉
		蓝宝石	黄色、蓝色、绿色、蓝绿色、黑色、橙色蓝宝石	1.76~1.770	(-)	刚玉
		塔菲石	粉红-红色、蓝色、紫色、紫红色、棕色、绿色、无色塔菲石	1.71~1.723	(-)	塔菲石
		磷灰石	黄色、绿色、紫色、紫红色、粉红色、蓝色、褐色磷灰石	1.63~1.638	(-)	磷灰石
		碧玺	红色、绿色、红-绿色碧玺	1.64~1.644	(-)	电气石
		祖母绿	绿色、蓝绿色、黄绿色祖母绿	1.57~1.583	(-)	绿柱石
		海蓝宝石	绿蓝色、蓝绿色、浅蓝色海蓝宝石	1.57~1.583	(-)	绿柱石
		绿柱石	无色、黄色、黄色、浅橙色，粉色、红色、蓝色、橙色、黑色绿柱石	1.57~1.583	(-)	绿柱石
		方柱石	无色、粉红色、橙色、黄色、绿色、蓝色、紫色、紫红色方柱石	1.55~1.564	(-)	方柱石
		鱼眼石	粉红色、紫色、绿色、黄色、无色鱼眼石	1.53~1.537	(-)	鱼眼石
		符山石	黄色、棕黄色、浅蓝至绿蓝色、灰白色符山石	1.71~1.718	(±)	符山石
		金红石	浅黄色、褐橙色金红石	2.61~2.903	(+)	金红石
		锡石	暗褐色、黑色、黄褐色、黄色，无色锡石	1.99~2.093	(+)	锡石
		锆石	无色、蓝色、黄色、绿色、褐色、橙色、红色、紫色锆石	1.81~1.984	(+)	锆石
		蓝锥矿	蓝色、紫蓝色、浅蓝色、粉色、白色、无色蓝锥矿	1.75~1.804	(+)	蓝锥矿
		透视石	蓝绿色、绿色透视石	1.65~1.708	(+)	透视石
		硅铍石	无色、黄色、浅红色、褐色硅铍石	1.65~1.670	(+)	硅铍石
		水晶	水晶、紫晶、黄晶、烟晶、红水晶、绿水晶、芙蓉石	1.54~1.553	(+)	石英

续表 1-4

族		种	亚种	鉴定特征		矿物名称
晶族/光轴				折射率	光性符号	
低级晶族	二轴晶	磷铝锂石	无色、浅黄色、绿黄色、浅粉色、绿色、蓝或褐色磷铝锂石	1.61~1.636	(±)	磷铝锂石
		赛黄晶	黄色、无色、褐色、粉红色赛黄晶	1.63~1.636	(-)	赛黄晶
		橄榄石	黄绿色、绿黄色、褐绿色橄榄石	1.65~1.690	(-)	橄榄石
		天蓝石	天蓝色、蓝色、深蓝色、蓝绿色、紫蓝色、蓝白色天蓝石	1.61~1.643	(-)	天蓝石
		堇青石	深蓝色、紫色堇青石	1.54~1.557	(-)	堇青石
		奥长石	黄色、橙色、棕色、棕红色、红色、浅(灰)绿色奥长石	1.53~1.547	(-)	奥长石
		日光石	黄色、橙黄色、棕色、红色、金色日光石	1.53~1.547	(-)	日光石
		正长石	无色-白色、绿色、橙色、黄色、褐色、灰黑色正长石	1.51~1.526	(-)	正长石
		月光石	蓝色、无色、黄色月光石	1.51~1.526	(-)	正长石
		天河石	亮绿色、亮蓝色、浅蓝色天河石	1.52~1.530	(±)	微斜长石
		冰洲石	无色冰洲石	1.48~1.658	(-)	方解石
		榍石	黄色、绿色、褐色、橙色、无色、红色榍石	1.90~2.034	(+)	榍石
		金绿宝石	黄色、黄绿色、灰绿色、褐色、褐黄色、鹦鹉金绿宝石	1.74~1.755	(+)	金绿宝石
		猫眼	黄色、黄绿色、灰绿色、褐色、褐黄色猫眼	1.74~1.755	(+)	金绿宝石
		变石	日光下:黄绿色、褐绿色、灰绿色至蓝绿色；灯光下:橙红色、褐红色至紫红色	1.74~1.755	(+)	金绿宝石
		变石猫眼	蓝绿色和紫褐色	1.74~1.755	(+)	金绿宝石
		普通辉石	褐色、紫褐色、绿黑色普通辉石	1.67~1.772	(+)	普通辉石
		坦桑石	蓝色、蓝紫色、绿色、黄绿色、粉色、褐色坦桑石	1.69~1.700	(+)	黝帘石
		透辉石	蓝绿-黄绿色、褐色、黑色、紫色、白色透辉石	1.67~1.701	(+)	透辉石
		顽火辉石	红褐色、褐绿色、黄绿色、无色顽火辉石	1.66~1.673	(+)	顽火辉石
		锂辉石	粉红-蓝紫红色、翠绿-绿色、蓝色、黄色、无色锂辉石	1.66~1.676	(+)	锂辉石
		矽线石	白-灰黑色、褐色、绿色、紫蓝色、灰蓝色矽线石	1.65~1.680	(+)	矽线石
		天青石	无色、浅蓝色、黄色、橙色、绿色天青石	1.61~1.637	(+)	天青石
		拉长石	灰-灰黑色、无色、绿色、黄色、橙-棕色、棕红色拉长石	1.55~1.568	(+)	拉长石

(1) 玉石是由难以计数的一种或多种矿物质按一定的结构构造组成的工艺材料。

(2) 润泽而温,具有色相纯正的美观性。

(3) 质地缜密,具有硬韧兼备的耐久性。

2. 玉石分类

（1）我国古代把玉石分为玉和珉两类。《荀子》云："虽有珉之雕雕，不若玉之章章"。

（2）欧洲人，提出玉和玉石的二分法，又将"玉"分为软玉和硬玉两种，而把其他的玉雕石料统称为"玉石"。

（3）商业人士则以材料价值分为高档玉石、中档玉石和低档玉石3种类型。

（4）物质组成分类法。

从玉石定义中可以看出，自然界产出的天然玉石，实质上就是天然岩石中那些具有美观、耐久、稀有性和工艺价值的品种，即珍贵美观的岩石。因此，玉石的分类如同岩石的分类，按其矿物成分、结构和构造三要素进行分类命名，以结构构造划分"族"（如沉积岩、变质岩、岩浆岩玉），以矿物组成划分"种"，以色相将"种"划分出"亚种"。

为便于玉石种属鉴定，可将玉石划分为单质玉与复质玉两大"族"，玉石品名为"种"。并列出玉石"种"中主要矿物的光学性质（表1-5）。

（三）天然有机宝石

如果说五光十色的天然宝石极具阳刚浓烈之美，而有机宝石则显示出阴柔温顺之德，此种美德备受世人宠爱。如圆润的珍珠尊称"宝石皇后"；外射精光内含生气的琥珀被誉为恩泽万物的"小太阳"；晶光夺凡目、奇彩照九州的珊瑚，号称"无叶果绛火树"；质地细腻、肃穆凝重的黑色煤精，充作"未亡人"寄托哀思的首饰，象牙制品，更是在古代作为地位、身份的象征和生活用品。国内外的古代统治阶级，都将有机宝石装饰王冠、官服、官帽、朝珠等以显示自己的权力、王位和官级。此外，有机宝石还具有美容、保健、医疗作用，延年益寿、永葆青春。如清朝末期的慈禧太后，日服珍珠精粉一两，洗浴涂面数次，年逾七旬以后，仍然红光满面，光润如春。

1. 特征

有机宝石是由有机质与无机质组成的固态混合体。虽种类不同，各具特质，但却都有着许多共同特征。

（1）遇酸起泡（溶解、放出气体），高温下灰化。

（2）具生物组织的结构、构造。

（3）受热时有芳香气味（硅化木除外）。

（4）除硅化木外，硬度一般小于4，密度小于$3g/cm^3$。

（5）熔点低，易老化。

2. 分类

按生物学分类原则，可分为动物类有机宝石和植物类有机宝石两大类。此外还有一类是动物或植物石化物。石化物内不含有机质，但保留有生物组织假象。因此，根据石化物（亦称"化石"）内部组织结构可分辨出生物种属，故常将这类石化物分别归入相应有机宝石中去，而不单列（表1-6）。

（四）奇石

神形兼备的奇石，以其千姿百态的奇丽造型，姹紫嫣红的色彩，变幻无穷的图纹和坚贞沉静、孤高竹节的气魄，被誉为"立体的画，无声的诗"，素有"园无石不秀，斋无石不雅"之说。

表 1-5　天然玉石分类鉴定表

族	种	亚种	鉴定特征		主要组成矿物
			折射率	光性	
单质玉	蔷薇辉石	粉红色、褐红色	1.733～1.747	2（±）	蔷薇辉石集合体
	孔雀石	蓝绿色、绿色、褐色、黑色	1.655～1.909	2（±）	孔雀石集合体
	水钙铝榴石	绿色、蓝绿色、粉色、白色、无色	1.720	0	水钙铝榴石集合体
	硅硼钙石	浅绿色、浅黄色、粉色、紫色、褐色、白色	1.626～1.670	2（-）	硅硼钙石集合体
	赤铁矿	深灰色、黑色	2.940～3.220	0	赤铁矿集合体
	菱锰矿	粉红色、深红色、花纹状	1.597～1.817	1（-）	菱锰矿集合体
	菱锌矿	绿色、蓝色、棕色、粉色、无色	1.621～1.849	1（-）	菱锌矿集合体
	绿松石	蓝色、绿蓝色、绿色、白色	1.610～1.650	1（+）	绿松石集合体
	白云石	无色、白色、浅黄色、浅褐色	1.486～1.658		白云石集合体
	方解石	白色、无色、黑色、各种花色	1.486～1.658	1（-）	方解石集合体
	木变石	虎睛石、鹰眼石、木变石	1.544～1.553	1（+）	石英集合体
	玉髓	玉髓、绿玉髓、玛瑙、碧玉、天珠（磁性玛瑙）	1.535～1.539	0	玉髓隐晶质集合体
	葡萄石	白色、浅黄色、肉红色、绿色、浅绿色	1.616～1.649	2（+）	葡萄石集合体
	欧泊	黑欧泊、白欧泊、火欧泊	1.450	0	蛋白石集合体
	天然玻璃	黄色、灰绿色、黑色、褐色、红色、蓝色	1.490	0	陨石玻璃、火山玻璃
	萤石	绿色、蓝色、棕色、粉色、紫色、蓝色、黑色、无色	1.438	0	萤石集合体
复质玉	翡翠	白色、绿色、黄色、红色、紫色、蓝色、黑色	1.666～1.680	2（-）	硬石、钠铬辉石、透辉石、角闪石、长石
	和田玉	白色、青白色、青色、绿色、黄色、黑色	1.606～1.632	2（-）	透闪石、阳起石、方解石、滑石、石墨
	独山玉	白色、绿色、紫色、黄色、蓝色、红色、黑色、花色	1.560～1.700	2（-）	斜长石、黝帘石、辉石、云母、葡萄石等
	蛇纹石玉	绿-黄绿色、白色、棕色、黑色	1.50～1.573	2（±）	蛇纹石、方解石、滑石、绿泥石
	石英岩玉	密玉、东陵石	1.544～1.553	1（+）	石英、云母、绿泥石、赤铁矿、电气石
	青金石	绿蓝色、浅绿色、蓝绿色	1.50	0	青金石、方解石、黄铁矿
	蓝田玉	灰绿色、浅绿色、蓝绿色	1.486～1.658	1（-）	方解石、蛇纹石、绿泥石、滑石

注：光性栏中的数字，表示光轴多少，括号中的"+""-"表示光性正负，"0"表示为均质体。

表 1-6 天然有机宝石分类与特征

族	种	亚种	材料	特征
动物类	天然珍珠	天然海水珍珠	文石、方解石、硬蛋白质	核心：微生物或生物碎屑、沙粒、病灶
		天然淡水珍珠		
		天然珍珠		
	珍珠	海水珍珠	文石、方解石、蛋白石、硬蛋白质	核心：空腔（无核），贝壳圆珠（有核）
		淡水珍珠		
		养殖珍珠		
	玳瑁	龟甲、玳瑁	硬蛋白质	多珠状色素的斑纹
	贝壳	车磲	文石、方解石、硬蛋白质	层状结构，"火焰"结构
	象牙	非洲象牙、亚洲象牙	含羟基碳酸磷灰石	同心分层结构，"勒兹构造"
		海象牙、鲸牙	有机质	同心分层结构
	珊瑚	红色、白色、黑色色、蓝色	方解石、白云石、文石	同心结构，小丘疹状外观
		金珊瑚、黑珊瑚	有机质	层纹结构，木纹结构
植物类	琥珀	血珀、金珀、花珀、水珀、虫珀、蜜蜡琥珀	石化松脂、硫化氢	三相包体、动植物碎屑。旋涡纹、裂纹。密度：1.05～1.09 g/cm³
	煤精	黑煤精、褐黑煤精	腐殖质、腐泥质矿物，有机质	具可燃性，性韧
	硅化木	黄色、褐色、红色、黑色、灰-灰白色等	石英、蛋白石、玉髓、有机质	隐晶质集合体、纤维状集合体
	百鹤石	五花石、百鹤玉	方解石、石英	假象

在"珠、宝、玉、石"四大家族中，以其辈分应是石、玉、珠、宝为序。以亲缘性，石、玉相亲，珠、宝相近。虽玉与石相亲，但彼此以美、奇各秀其姿。玉美在圣洁温润，石奇在鬼斧神工。奇石，孕育于宇宙洪荒之年，惊天动地而生，复经水火熔炼，历万难千劫而立；它胸怀坦荡，性灵超逸，独具神韵，魅力无穷；奇石有石德，或以其坚，或以其雅，或以其奇，或以其秀，或以其神，或以其雄。奇石以其巨大的吸引力牵动着无数收藏家和鉴赏家的心。

我国素有爱石、玩石、采石、藏石、赏石之美德，开发利用奇石历史悠久。早在石器时代，我们的祖先就不满足于石器的实用功能，已懂得收集美丽的石头作为吉祥物来装饰自己。郑州裴李岗文化层中就出土有石珠、玉器，安阳殷墟中玉器、石品更甚。经三皇五帝，到了封建王朝，汉代大兴赏石藏石之风，宋徽宗在汴京（今开封市）建"垠岳"造"寿山"，广征天下奇石，引发全国奇石采集热潮。清朝乾隆皇帝曾御笔亲书灵璧石为"天下第一奇石"，之后又大肆兴建宫廷御园，更是挑起了奇石收藏高峰。一时间，赏石、观石变成一件很高雅的事，成为身份和金钱的象征。随着我国社会经济发展和精神文明建设的提高，奇石的采集、收藏、鉴赏愈加浩瀚滔滔。

1. 定义

对于玩味无穷的奇石，雅名极多，诸如雅石、美石、怪石、趣石、玩石、供石、珍品、几石、观赏石、造型石、画面石等等，这些都是由于奇石有许多特异性质所致。这些特异性质主要表现在：

(1) 天然性。奇石是鬼斧神工浑然天成的自然石质景观品。允许人工稍许修整，但不准精雕细刻。这是奇石与宝玉石的区别。

(2) 稀奇性。奇石具有独一无二、罕见难求、构体趣妙、玩味无穷的天然属性。这是奇石与其他珍宝的区别。

(3) 史诗性。奇石是地质事件、历史事件的产物，诗画式的记录了各种事件的真实过程。包含着深奥难测的科学哲理，给人以美感、联想、激情、启迪和求索。

(4) 收藏性。奇石来自大自然，鉴赏于股掌之间，陈列于庭院堂阁，或存放于盆盒厘箱，稀世珍品具增值性，值得收藏。这是奇石与巍峨的自然景观的区别。

古往今来，如何定义奇石尚无统一公认。但一块奇石，必须具备一定的形状、质地、纹理、色彩等诸多方面的特殊品质，它来自多种地质作用所形成的矿物、岩石和古生物化石。对于奇石的鉴赏因不同人的心情、经历、文化素养、审美情趣、个人爱好、价值取向而不同。各人所产生的感受、认识、结论不会相同或不会完全相同。根据古今中外著名的鉴赏家所云，作者认为，奇石是由自然界产出，具有收藏价值的石质景观品。

2. 奇石分类

审视大自然，奇石必须具备这样的灵气：寓神于形，神形兼备，栩栩如生，诱人遐想。令人爱不释手，甚至达到"待之如宾友，视之如贤哲，重之如珠宝，爱之如子孙"的与石为伍的境地。

因此，首先应视奇石为天然珠宝玉石家族成员，但它又不同于天然宝石、天然玉石和天然有机宝石；其次，奇石虽属自然石质景观之列，但又不同于不可移动的奇峰伟岳之庞然。总之，奇石是奇美异彩之石，它既无固定的矿物或岩石属性，又无随机的人工造化。如李祖佑（1990）所说，奇石艺术是发现的艺术，石头是纸，思维是笔，关键是善于发现。玩石头就是玩文化。奇石之所以美，美的奇特之处，就在于奇石是一种不定形和天然的蕴含丰富的艺术欣赏因素。

对于奇石的分类命名方案很多，既然奇石属天然珠宝玉石之列，其本身跟珠宝玉石一样可分出族、种和亚种（表1-7）。

3. 奇石评价

奇石种类繁多，形态各异，质地不同，内涵丰富。因此，奇石既是价值的客体，又是价值的载体。由于影响奇石价值评价的因素众多，时至今日，国内尚无统一的评价标准。宋代米芾对灵璧石造型提出"瘦、皱、漏、透"评价标准；张家志（2011）主张从精神（文化）、物质（经济）两方面进行评价。对岩石类奇石评价依据是：构图的天然美（40%），人文意蕴美（30%），石皮或石肤美（20%），总体效果（10%）；对矿物/化石/特种石类奇石评价依据为：天然性（真实性）美（40%），完整性美（30%），质地（20%），珍稀性（10%）。

就目前国内市场来看，鉴赏与收藏界，对奇石认同性尚有差异，收藏界多以岩石类奇石为藏品主体，而鉴赏界（如科技界、博物馆、学院）则以矿物、古生物等奇石为研究观赏的主要对象。

随着经济发展和科技进步，运用岩石学、矿物学（宝石学）和古生物学等科学方法，在欣赏奇石形状、纹理、色彩、质地的同时，进行深入的研究，如探求科学的名称、岩石类型、矿物晶体结构、古生物种属以及它们的特点、时代、形成环境和成因，自然界分布规律

表1-7 奇石分类

族	种	亚种
晶彩石	彩石	萤石、雄黄、雌黄、电气石、芙蓉石、黄铁矿、自然金、自然银、蓝铜矿、鸡血石、发晶
	变石	欧泊、变石、猫眼石、虎晶石、变色蓝宝石、星光宝石、月光石
	晶石	水晶、晶族、晶穗、晶花、晶体
形纹石	造型石	灵璧石、太湖石、黄河石、红河石、钟乳石、姜石、响石、寿山石
	图纹石	雨花石、玛瑙石、蛇纹石、孔雀石、锦江石、水胆
化石	植物化石	迭层石、硅化木、银杏、煤精
	动物化石	三叶虫、石燕、珊瑚、角石、海百合、鱼、恐龙蛋、龟化石
	猿人化石	北京猿人、蓝田猿人、许昌人
特种石	天文石	宙公墨、陨石、月球石
	地文石	构造岩、片麻岩、页岩、板岩、花岗岩、火山弹、冰川石、凤棱石
	人文石	古石器、古玉器、名人石、事件石、文房石
	特种石	牛鸣石、泛香石、变温石、保鲜石、醉石

和稀珍性等，以提高对奇石的理性认知能力。施加辛（2011）以趣味地质学的视角对奇石的价值评价提出了3条标准：

（1）石质评价：根据奇石石质在矿业、珠宝界的经济价值，在美学特征相近的情况下，予以评价。

（2）美学评价：奇石奇在美学价值，按美学价值，予以评价。形式美的六条法则是：单纯齐一律、对称均衡律、调和对比律、匀称比例律（含黄金分隔律：长∶宽＝1∶0.618）、节奏韵律律和多样统一律。

（3）对特种石奇石，可在石质、美学、历史价值的基础上加分。

审美鉴美活动具有强烈的主体性特征，丰富的感性特征，对于奇石的审美评价，仁者见仁，智者见智。通常在鉴赏、收藏、评价奇石的时候，千万不要将人工修饰的工艺品当作天然奇石。

奇石是纯天然的物品，它本身不是艺术品，但奇石中所蕴含的艺术不像人为的艺术品那样，其中的艺术不是单纯的，其主题不统一、不一致是奇石艺术价值的自然属性。因此，奇石鉴赏与评价应从多视角、多方位及不同的观点、不同的艺术流派、不同的取景来欣赏、来鉴别、来取舍、来评价。

奇石的鉴赏价值大，收藏价值亦大，奇石的鉴赏价值决定其收藏价值。奇石的鉴赏价值，是以其独特的质、形、色、纹、声的存在形式展现，并由人们去品其奇、巧、怪、美、韵的味。由此获得玩石的审美体验和美的享受，并由此奠定了奇石的收藏价值。

第三节 宝石分布

宝石作为一种珍贵的资源，在地壳中的分布是极不均匀的。据不完全统计，世界上发现和开采的宝石玉石和彩石约600余种，主要分布在亚洲的东南部、欧洲的俄罗斯、非洲的南部、澳大利亚和美洲南部的某些特定地区内。

一、世界

1. 亚洲

亚洲的宝玉石主要分布在东南亚地区，这里是世界上优质宝石的主要产地，如缅甸抹谷和泰国博温等地是优质鸽血红红宝石的唯一产地，缅甸北部乌龙江流域是优质翡翠的世界唯一产地，印度克什米尔（Kashmir）的优质蓝宝石，阿富汗萨雷散格的青金石和潘吉舍尔的大型祖母绿，泰国占他武里的红宝石和蓝宝石，巴基斯坦罕萨的红宝石和贵尖晶石，斯里兰卡的红宝石、蓝宝石、金绿宝石、变石、碧玺、锆石、尖晶石，伊朗的优质祖母绿，俄罗斯亚洲部分的金绿宝石、翠榴石、卡拉石、钻石等，以及中国东部的蓝宝石和新疆和田玉等，均在世界上占有重要地位，印度更是世界上最早发现钻石的国家。

亚洲宝玉石类资源十分丰富，东起中南半岛诸国，西经印度，巴基斯坦北部的克什米尔，到尼泊尔和中国云南、西藏、新疆，以及阿富汗至伊朗东北部，沿西北—东南方向呈带状展布，与阿尔卑斯—喜马拉雅构造成矿带一致，成为世界上一个重要的宝玉石集中区。亚洲东部的环太平洋构造成矿带内，集中分布着蓝宝石、钻石、锆石、橄榄石、闪石玉等多种宝玉石矿产。

2. 非洲

非洲被誉为地球上最丰富的宝石仓库。南非阿扎尼亚、扎伊尔、博茨瓦纳、安哥拉、纳米比亚等地是世界上重要钻石产地，几内亚、塞拉利昂、科特迪瓦、加纳、中非共和国、津巴布韦、塔桑尼亚等地都在开采钻石。埃及是世界上优质绿松石的主要产地，德兰斯瓦的大型祖母绿和虎睛石矿床，金伯利地区出产的镁铝榴石，津巴布韦的大型祖母绿，铜带省的孔雀石，马达加斯加的伟晶岩中产各类宝石矿床，坦桑尼亚与肯尼亚交界处产出的红宝石、蓝宝石和坦桑石，都是很著名的。

非洲的宝玉石，基本上分布在非洲东部地区，南起南非，经津巴布韦、马达加斯加、赞比亚、塔桑尼亚、肯尼亚，北至埃及，大多处于南非—东非地盾与东非大裂谷地区。在这个地区内，分布着大面积的区域变质岩，其中马达加斯加分布着大片花岗伟晶岩，到处都有宝石产出。

3. 美洲

美洲分北、南两洲。北美洲由加拿大和美国组成。在加拿大西部的不列颠哥伦比亚省是世界软玉"加拿大碧玉"的主要供应地，而美国西部加利福尼亚州，则主要产软玉、硬玉和碧玉，新墨西哥州有世界最大的绿松石矿。南美洲由诸多国家组成，其中巴西的米那斯吉拉斯是世界著名的宝石伟晶岩区，它集中了世界上70%的海蓝宝石，95%的托帕石（最好的是玫瑰色和蓝色），50%~70%的彩色碧玺和80%的水晶类（尤其是紫晶），此外，巴西还盛产绿柱石宝石，同时又是金绿宝石类宝石的主要产地。哥伦比亚的木佐（Muzo）和契沃尔（Chivor）是世界最著名的优质祖母绿供应地，又是世界上罕见的热卤水型热液祖母绿矿床的产地，另外，哥伦比亚还盛产黄金。秘鲁的铜矿资源十分丰富。

总之，美洲的宝玉石主要集中在美洲西部环太平洋成矿带的科迪勒拉构造带—安第斯山脉一带。

4. 欧洲

欧洲的宝玉石资源和种类集中在前苏联，均居世界前列。主要分布在西伯利亚和乌拉尔一带，有3个宝玉石成矿省11个产区，其中著名的有东西伯利亚和帕米尔的青金石，东西伯利亚的软玉（中国人称之为"俄罗斯软玉"），哈萨克斯坦的硬玉，中亚的绿松石，乌拉尔的祖母绿、变石，外北加尔查罗河流域，还出产美丽的紫色查罗石（亦叫卡拉玉）。值得一提的是俄罗斯盛产钻石，为世界其他地区总储量的10倍以上。

欧洲的波罗的海沿岸国家，盛产琥珀，成为现今世界琥珀主要供应地。

5. 大洋洲

大洋洲由澳大利亚和新西兰组成。澳大利亚也称得上地球上的宝玉石仓库。东部、南部、西部到处有宝，如：欧泊产量的95%以上产在南澳明塔比至新南威尔士州的Lighting Ridge一带；澳洲东部昆士兰州的蓝宝石占世界产量的60%；1978年在金伯利地区Argyle钾镁煌斑岩中发现金刚石矿床，使澳大利亚的金刚石（尤其是彩色钻石）产量跃居世界第二位，但是颗粒细小，质量不如阿扎尼亚。同年在澳洲中部Harts Range发现大型红宝石矿床，与肯尼亚恩干加及巴基斯坦罕萨发现的红宝石矿一起被誉为20世纪70年代世界红宝石的三大重要发现。南澳Cowell大型软玉矿床，昆士兰州Marlborough和西澳的Comet Vale是著名的绿玉髓（亦称澳洲玉）产地。此外，最西部的Poona，最东部的Emmaville还产祖母绿。

新西兰，盛产软玉，是世界三大古玉雕国度之一，当地人称之为绿玉石（greenstone），以色纹分之有碧绿玉石（kawakawa），淡绿玉石（kahurangi），银鱼玉石（inanga）和泪斑玉石（tangiwate）。主要产于新西兰南岛西部海岸的山谷、湖泊、阿拉夫拉河、瓦卡提普、妙福海峡等六处。

纵观全球，世界宝玉石矿床主要分布在环太平洋和印度洋地区，以及大洋板块与大陆板块俯冲带附近构造-岩浆活动频繁的部位。

二、中国

目前我国已发现宝玉石产地300多处，品种近100种，但与国外相比，我国宝玉石资源是比较贫乏的，特别是高档宝玉石更感不足。现将各省市的珠宝资源列举如下。

1. 重庆市

(1) 天青石：分布于含川市、铜梁县、大足县，产于灰岩中。

(2) 冰洲石：分布于市郊中梁山煤矿中。

(3) 宁河玉（生物碎屑灰岩）：分布于巫溪县大宁河两岸。

2. 辽宁省

(1) 金刚石：产于瓦房店，平均品位$100\sim300mg/m^3$，钻石占70%。

(2) 蓝宝石、锆石、石榴石、橄榄石、长石：共生于宽甸一带。

(3) 水晶：分布于义县、建平、阜新、宽甸、新金等地。

(4) 煤精：分布于抚顺煤矿，露天煤矿。

(5) 琥珀：分布于抚顺煤矿，第三纪煤层中。

(6) 葡萄石：分布于锦西，与顾家石共生。

(7) 岫玉：分布于岫岩县、宽甸、凤城、丹东和海城一带。

(8) 玛瑙：主要产于辽西地区阜新，建昌凌源、建平、朝阳、彰武。

(9) 萤石：分布于阜新、义县等地。

3. 吉林省

(1) 宝石：钻石、蓝宝石、石榴石、橄榄石、透辉石、天然玻璃、辉石、水晶、冰洲石。

(2) 玉石：蔷薇辉石、玛瑙、黑曜岩、硅质鸡血石（金顶红）。

(3) 有机宝石：琥珀、煤精。

4. 黑龙江省

(1) 红宝石-蓝宝石系列：红色占45.9%，蓝色占54.01%，与之伴生的还有锆石、辉石、石榴石、尖晶石、橄榄石等。

(2) 绿柱石：分布于萝北、桦南、林口、黑河、勃利等地。

(3) 镁铁-铁铝榴石：分布于双鸭山、饶河等地。

(4) 水晶：分布于伊春、方正、东宁等地，色有茶、墨、黄、紫、绿等颜色。

(5) 玛瑙：分布于逊克、伊春、甘南、龙江等地。

(6) 碧玉：分布于饶河、虎林、宝清等地。

(7) 岫玉：产地多，由方辉橄榄岩蚀变而成，以萝北为最。

5. 内蒙古自治区

古有玛瑙，今有巴林石。已知资源25种。主要有：金刚石、红-蓝宝石、金绿宝石、绿柱石（海蓝宝石）、黄玉、电气石、水晶、石榴石、镁质尖晶石、月光石（拉长石）、天河石、芙蓉石、佘太玉（绿色石英岩）、玛瑙、蛋白石、萤石、巴林石、磷灰石等。

6. 陕西省

已知宝石8种（44处产地）、玉石15种（49处），主要分布于北秦岭东段和西段，汉南隆起构造带。品种有刚玉、绿柱石、绿帘石、蓝晶石、石榴石、翠榴石、橄榄石、绿松石、蛋白石、虎睛石、玛瑙、玉髓、桃花玉（由95%蔷薇辉石组成）、丁香紫玉、商雒翠玉（灰岩）、洛翠（孔雀石化蛇纹岩）、岫玉、萤石和大理石等。

7. 山西省

(1) 刚玉：分布于孟县、繁峙县。

(2) 绿柱石：分布于五台山，伴生电气石、黄玉、艳榴石、水晶等。

(3) 橄榄石：分布于天镇县灰窑口一带。

(4) 水晶：分布于五台山—恒山一带，色有墨、茶、紫、黄、浓茶色等颜色。

(5) 玛瑙：分布于天镇县张家山一带。

8. 河北省

(1) 橄榄石：分布于张家口汉诺坝，宝石级。

(2) 玻璃辉石：褐黑色，宝石级。

(3) 石榴石：色有深红、黑红、紫红等颜色，宝石级。

(4) 大理石：色有孔雀绿、雪花白、桃红色等颜色。

9. 山东省

(1) 金刚石：分布于蒙阴县，郯城、临沭及沂沭河中上游一带。

(2) 蓝宝石：分布于昌乐、潍城区、临朐、坊子等地。

(3) 水晶：分布于茗南、宁阳、荣城、临朐等地，色有紫、黄、烟、墨、芙蓉等颜色。

(4) 其他宝石：石榴石、绿帘石、透辉石、锆石、尖晶石等。

(5) 玉石：有泰山玉（蛇纹石）、莱州玉（包括冻石、毛公石、雪花石）、登州石（彩色滑石)、凤山石（蛇纹石）及砚石。

10. 江苏省

(1) 金刚石：分布于新沂、东海、宿迁、泗洪、宜兴等地，常伴生有含铬镁铝榴石、铬透辉石、硅灰石等。

(2) 红宝石：分布于东海榴辉岩中，色有红、紫红、鸽血红等颜色。

(3) 蓝宝石：分布于六合地区碱性玄武岩中，色有蓝、灰蓝、深蓝、蓝绿、黄绿等，伴生尖晶石、锆石、橄榄石。

(4) 水晶：分布于东海、新沂、赣榆等地。

(5) 天河石：分布于苏州。

(6) 绿辉石：产于苏北地区，翠绿色，微透明-透明，伴生有镁铝榴石、铬透辉石等。

(7) 磷灰石：橄榄色，产于东海。

(8) 天青石：产于溧水地区，色有灰蓝、天青、浅灰蓝、灰白、白等颜色。

(9) 鱼眼石：产于溧阳地区，色有无色、白色、浅红色、桃红色等，伴有伟晶方解石、多色萤石。

(10) 珍珠：培育出"夜明珍珠"、"观音"、"罗汉"附背珠，甚为名贵。

(11) 软玉：由钙镁透闪石及含钠高的透闪石组成。

(12) 蛋白石：蔷薇辉石、孔雀石、绿松石、玛瑙（雨花石）、玉髓等。此外还有太湖石、昆山石、茅山石、溧阳石、斧劈石、钟乳石、金蓝宝石、红绿星石等。

11. 浙江省

(1) 昌化鸡血石：分布于临安、昌化。

(2) 青田石：分布于青田、云和、平阳等10处。

(3) 淡水珍珠：遍及全省，主要是诸暨、德清、温岭等市县。

(4) 叶蜡石：分布于青田县山口。

(5) 欧泊：分布于江山。

12. 福建省

(1) 刚玉（蓝宝石）：分布于明溪。

(2) 镁铝榴石：分布于明溪、松溪、福鼎等地。

(3) 海蓝宝石：分布于建宁、泰宁、将乐等地。

(4) 托帕石（黄玉）：分布于龙岩、将乐。

(5) 水晶：分布于政和、漳浦、上杭、龙溪、永定、平和等地。

(6) 琥珀：分布于漳浦至龙海一带。

(7) 玉石：分布于五彩玉（九龙碧）漳浦、华安、大田、长秦等地。

(8) 寿山石：分布于长乐、寿宁、罗源、建瓯、政和、长汀等地。

(9) 玛瑙：分布于三明、上杭、建阳。

(10) 冰洲石：分布于上杭、永安、顺昌。

(11) 萤石：分布于邵武、建阳、松溪，有光泽。

(12) 闽砚：分布于将乐。

13. 江西省

(1) 刚玉（蓝）：分布于南康、新干、广丰。

(2) 绿柱石：分布于广丰、星子、修水、赣县、大余、兴国、崇义。
(3) 托帕石（黄玉）：分布于玉山。
(4) 碧玺（电气石）：分布于石城。
(5) 石榴石：分布于崇义、九江、瑞昌。
(6) 天河石：分布于龙南。
(7) 水晶：分布于高安、星子。
(8) 芙蓉石：分布于贵溪。
(9) 锡石：分布于大余、崇义、会昌、德安。
(10) 白钨矿、黑钨矿：分布于大余、崇义等地。
(11) 珍珠：分布于瑞昌、永修。
(12) 蛇纹玉、软玉、硬玉：分布于弋阳。
(13) 碧玉、翠玉：分布于德兴。
(14) 梅花玉、古铜玉：分布于上饶。
(15) 萤石：分布于德安。
(16) 玛瑙：分布于金溪余江。
(17) 矿物晶体太湖石、钟乳石：主要分布在赣北地区。
(18) 纹理石：分布在赣中及赣东北地区。
(19) 鹅卵石、菊花石：分布于永丰。
(20) 龙尾砚、金星砚、赭砚、青砚：分布于婺源、星子、修水、玉山。

14. 安徽省
(1) 红宝石：分布于霍山、金寨。
(2) 石榴石（镁铝榴石）：分布于岳西等地。
(3) 绿帘石：分布于潜山。
(4) 磷灰石：分布于宿松肥东等地。
(5) 紫晶：分布于岳西、太湖、潜山。
(6) 鬃晶：分布于潜山。
(7) 水晶：分布于金寨、太湖、黄山、岳西、霍山、广德、歙县、凤阳等地。
(8) 玉石：分布于白云山玉、凤阳城北。
(9) 凤脑石：分布于六安。
(10) 木变石：分布于潜山。
(11) 水晶：分布于岳西、凤阳、潜山、歙县等地。
(12) 萤石：分布于旌德、广德、含山等地。
(13) 孔雀石、硅孔雀石、蓝铜矿：分布于皖江一带、铜陵、池州。
(14) 绿松石：分布于马鞍山。
(15) 黄铁矿：分布于马鞍山、铜陵、池州。
(16) 灵璧石：分布于灵璧。
(17) 巢湖石：分布于巢湖地区。
(18) 楮兰石：分布于宿州。
(19) 模树石：本省南北山区均有产出。

(20) 巢湖龙鱼：分布于巢湖地区。

(21) 潜山鱼化石：分布于潜山。

(22) 植物化石：分布于淮南淮北及其他产煤区。

(23) 歙砚：分布于歙县、祁门、婺源。

(24) 乐石砚：分布于宿州。

(25) 紫金石砚：分布于淮南、寿县。

15. 河南省

(1) 红柱石（空晶石）：分布于西峡。

(2) 含钛普通辉石：分布于鹤壁。

(3) 紫晶：分布于南阳、镇平。

(4) 水晶、茶晶：分布于灵宝、卢氏、栾川、泌阳。

(5) 芙蓉石：分布于内乡、西峡。

(6) 琥珀：分布于西峡。

(7) 独山玉（南阳玉）：分布于南阳。

(8) 密玉（河南玉）：分布于密县。

(9) 梅花玉：分布于汝阳。

(10) 墨绿玉：分布于淅川。

(11) 回龙玉：分布于桐柏。

(12) 仙主玉：分布于镇平。

(13) 绿松石：分布于淅川。

(14) 工艺萤石：分布于桐柏、方城、南召、嵩县。

(15) 玉髓：分布于西峡、南召。

(16) 虎睛石、鹰睛石：分布于淅川。

(17) 息县玉：分布于息县。

(18) 米黄玉：分布于内乡、淅川。

(19) 重阳玉：分布于西峡。

(20) 墨玉：分布于淅川。

(21) 珊瑚玉：分布于淅川、内乡。

(22) 汉白玉：分布于嵩县、南召、西峡、内乡、南阳等地。

(23) 木纹玉：分布于淅川、内乡。

(24) 水镁石：分布于西峡。

(25) 辉锑矿：分布于卢氏。

(26) 牡丹石：分布于偃师。

(27) 恐龙蛋等生物化石：遍及豫西、豫南地区。

(28) 天坛砚：分布于济源。

(29) 石砚：分布于方城。

(30) 天青石：分布于西峡。

(31) 丁香紫玉：分布于卢氏。

(32) 钻石：分布于淇县、安阳、商城。

(33) 天河石：分布于西峡。

(34) 石榴石：分布于西峡、桐柏。

(35) 伊源玉（软玉）：分布于栾川。

(36) 金红石：分布于新县。

16. 湖北省

(1) 金刚石：分布于京山。

(2) 刚玉(蓝色)：分布于英山、宜昌、麻城。

(3) 绿柱石（海蓝宝石）：分布于通城等地。

(4) 水晶：分布于英山、罗田、巴东、兴山等地。

(5) 珍珠：分布于武汉市关山、鄂州、阳新等地。

(6) 绿松石：分布于郧县、竹山。

(7) 孔雀石：分布于大冶。

(8) 米黄玉：分布于郧县。

(9) 百鹤玉：分布于宜恩、鹤峰等地。

(10) 菊花石：分布于宣恩、恩施、建始。

(11) 古生物化石：分布于宜昌、松滋等地。

17. 湖南省

(1) 金刚石（钻石）：分布于常德、桃源、沅陵、黔阳。

(2) 海蓝宝石：分布于平江。

(3) 托帕石：分布于江华。

(4) 水晶：分布于宜章、临武、城步。

(5) 芙蓉石：分布于汨罗、平江、宁乡。

(6) 珍珠：分布于陵水、三亚。

18. 广西壮族自治区

(1) 绿柱石：分布于资源、钟山、昭平、平川等地。

(2) 托帕石：分布于贺山、钟山。

(3) 碧玺：分布于钟山。

(4) 橄榄石：分布于涠洲岛。

(5) 水晶：分布在50%以上的县。

(6) 珍珠：分布于合浦、防城港。

(7) 玛瑙：分布于都安、博白、崇左、宾阳。

(8) 玉髓：分布于浦北、武宣。

(9) 蛇纹石玉：分布于陆川、融水。

(10) 东兴石：分布于防城港。

(11) 木纹石玉：分布于柳州、桂林、兴安、全州等地。

(12) 萤石：分布于玉林、桂平、资源。

(13) 玻璃陨石：分布于博白、玉林、钦州。

(14) 晶体类：分布于桂西、资源、玉林。

(15) 岩石类：分布于桂林、柳州、龙胜。

(16) 古生物化石。

(17) 和田玉：分布于大化县岩滩。

19. 云南省

(1) 红宝石：分布于元江、金平、瑞丽、元阳。

(2) 蓝宝石：分布于元阳、金平、大理等地。

(3) 祖母绿：分布于马关、麻栗坡、文山。

(4) 金绿宝石：分布于腾冲、峨山。

(5) 红绿宝石：分布于云阳。

(6) 海蓝宝石：分布于元阳、红河、金平、盈江等地。

(7) 托帕石：分布于元阳、红河、福贡。

(8) 绿碧玺：分布于福贡、贡山。

(9) 黑碧玺：分布于元江、元阳、红河、福贡。

(10) 镁铝榴石：分布于马关。

(11) 铬尖晶石：分布于元江、瑞丽、大理。

(12) 锆石：分布于瑞丽。

(13) 橄榄石：分布于马关、大理、瑞丽。

(14) 绿帘石：分布于元谋、麻栗坡、红河、马关等地。

(15) 紫水晶：分布于金平、丽江、昆明、富宁。

(16) 水晶（墨、烟、黄、无色）：分布于富宁、广角、元阳、昭通、福贡。

(17) 芙蓉石：分布于芒市、盈江、云阳。

(18) 天河石：分布于元阳、金平等地。

(19) 琥珀：分布于盈江。

(20) 绿松石：分布于安宁。

(21) 孔雀石：分布于禄丰、东川。

(22) 萤石：分布于福贡、耿马、富源。

(23) 含铜文石：分布于禄丰、东川。

(24) 菱锌矿：分布于兰坪。

(25) 异极矿：分布于个旧。

(26) 玛瑙、蓝玉髓：分布于昆明、砚山、昭通、嵩明等地。

(27) 普通蛋白石：分布于师宗。

(28) 石英岩类玉石：分布于盈江、腾冲、金平、龙陵县、德钦等地。

(29) 蛇纹石质玉石：分布于丽江、武定等地。

(30) 葡萄石：分布于建水、富威、富民等地。

(31) 海蓝宝石：分布于红河、龙陵、马关、元阳等地。

(32) 紫晶：分布于金平、丽江、昆明。

(33) 工艺水晶：分布于红河等地。

(34) 碧玺：分布于元阳、红河、元江等地。

(35) 孔雀石：分布于禄丰、东川等地。

(36) 异极矿、菱锌矿：分布于个旧、兰坪。

(37) 透明石膏：分布于红河。

20. 贵州省

(1) 金刚石：分布于镇远、天柱。

(2) 碧玺：分布于印江、江口。

(3) 石榴石：分布于施秉、镇远、贞丰等地。

(4) 锡石：分布于印江、江口。

(5) 水晶（无色、茶、紫、黄）：分布于罗甸。

(6) 煤精：分布于贞丰。

(7) 贵翠：分布于晴隆。

(8) 孔雀猫眼石：分布于金沙、仁怀。

(9) 萤石：分布于沿河、仁怀、水城、安顺、郎岱、晴隆等地。

(10) 碧玉：分布于威宁。

(11) 玛瑙：分布于水城、威宁。

(12) 似黑曜岩：分布于水城。

(13) 平塘花石：分布于平塘。

(14) 紫袍玉带石：分布于印江。

(15) 辰砂：分布于铜仁、丹寨、务川、独山、兴仁等地。

(16) 晶体矿物（雄黄、辉锑矿、方解石）：分布于册亨、晴隆、罗甸等地。

(17) 岩石（出溶石花、水转石等）：分布于织金、普定、罗甸。

(18) 古生物化石（贵州龙海百合、直角石等）：分布于兴义、关岭、台江、惠水、威宁、修文、清镇、独山、罗甸等地。

(19) 思砚（金星砚）：分布于岑巩。

(20) 和田玉：分布于罗甸。

21. 四川省

(1) 刚玉（红、蓝宝石）：分布于南江、丹巴等地。

(2) 金绿宝石：分布于阿坝、丹巴等地。

(3) 海蓝宝石：分布于金川、丹巴、九龙、康定、平武、汶川等地。

(4) 托帕石：分布于小金、南江等地。

(5) 碧玺：分布于小金、汶川、康定等地。

(6) 石榴石：分布于白玉、汶川、宝兴等地。

(7) 锂辉石：分布于康定、道孚、金川等地。

(8) 水晶：分布于丹巴、康定、喜德、平武等地。

(9) 龟纹石（珊瑚石）：分布于江油等地。

(10) 琥珀：分布于忠县、奉节。

(11) 软玉：分布于汶川、南江、德荣等地。

(12) 桃花石：分布于盐边、渡口、冕宁。

(13) 蓝纹石：分布于旦苍。

(14) 似青金石：分布于康定、九龙。

(15) 玛瑙、绿玉髓：分布于喜德、彭县、甘洛、西昌等地。

(16) 碧玉：分布于汶川、乡城、会理。
(17) 东陵石：分布于会理。
(18) 蛇纹石质玉：分布于会理、汶川、喜德、德昌、南江、冕宁、宝兴等地。
(19) 雅翠：分布于宝兴、盐边、会理、石棉。
(20) 夏珠玉：分布于德荣、甘孜。
(21) 汉白玉：分布于宝兴、旺苍、丹巴、小金等地。
(22) 矿物晶体（白钨矿、锡石、雄黄、辰砂）：分布于平武、广元、南江等地。
(23) 矿物共生体（云母-白钨矿、锡石、绿柱石、水晶）：分布于平武、丹巴等地。
(24) 玛瑙：分布于喜德、彭县、普格、昭觉等。
(25) 菊花石：分布于攀西、昭觉一带。
(26) 石花：分布于大足天青石矿区。
(27) 苴却砚：分布于攀枝花。
(28) 浦江砚：分布于浦江。
(29) 其他砚石（紫石砚、黎渊砚、龙溪砚）：分布于富顺、剑阁、龙溪。

22. 宁夏回族自治区
(1) 钨钢石晶簇、菱铁矿：分布于中卫、中宁。
(2) 石膏：分布于中卫、同心。
(3) 黄河石：分布于宁夏黄河岸边。
(4) 风棱石：分布于宁夏戈壁滩中。
(5) 贺兰砚：分布于贺兰。

23. 甘肃省
(1) 水晶：分布于肃北、敦煌、安西、文县等地。
(2) 石榴石：分布于玉门。
(3) 祁连玉：分布于酒泉。
(4) 鸳鸯玉：分布于武山。
(5) 黄河石：分布于黄河的兰州段。
(6) 洮河石：分布于临洮。
(7) 庞公石：分布于清水。
(8) 风棱石：分布于甘肃河西走廊戈壁荒漠区。
(9) 古生物化石。
(10) 洮砚：分布于卓尼、岷县。

24. 青海省
(1) 刚玉（红、蓝宝石）：分布于阿尔金山六五沟。
(2) 绿柱石、碧玺：分布于乌兰。
(3) 石榴石：分布于格尔木、玉树等地。
(4) 水晶：分布于都兰等地。
(5) 格尔木玉：分布于格尔木。
(6) 翠玉：分布于祁连、乌兰、冷湖、盲崖。
(7) 桃花石：分布于祁连、乌兰等地。

(8) 绿松石：分布于乌兰。

(9) 东陵石、京白玉、玛瑙：分布于玉树等地。

(10) 祁连玉：分布于祁连。

(11) 中坝玉：分布于乐都。

(12) 叶蜡石：分布于都兰。

(13) 丹麻彩石：分布于湟中。

(14) 西宁冻石：分布于西宁。

(15) 和田玉：分布于东昆仑地区。

25. 新疆维吾尔族自治区

(1) 钻石：分布于巴楚、磨玉。

(2) 红宝石、蓝宝石：分布于阿克陶、拜城。

(3) 绿柱石：分布于富蕴、青河。

(4) 托帕石：分布于阿克陶。

(5) 碧玺：分布于福海、可可托海。

(6) 石榴石：分布于阿勒泰、青河。

(7) 水晶：分布于阿克陶地区。

(8) 贵锂辉石：分布于阿勒泰、西昆仑和东疆地区。

(9) 长石（天河石、月光石）：分布于阿勒泰、塔什库尔干、拜城。

(10) 方柱石：分布于阿克陶。

(11) 透辉石：分布于拜城。

(12) 紫磷灰石：分布于阿勒泰地区。

(14) 和田玉：西从塔什库尔干，东止若羌县境内的昆仑山和阿尔金山一带1 300多千米长的范围内。

(15) 昆仑玉：昆仑玉和和田玉关系极为密切，它们多生长在一个矿体上。

(16) 玛纳斯碧玉：分布于玛纳斯。

26. 西藏藏族自治区

(1) 金刚石（钻石）：分布于安多、曲松。

(2) 海蓝宝石、绿柱石：分布于波密、错那、乃东、那曲、扎达、聂拉木等地。

(3) 彩色碧玺：分布于错那。

(4) 石榴石：分布于曲水。

(5) 贵橄榄石：分布于日喀则地区。

(6) 紫水晶：分布于班戈。

(7) 琥珀：分布于尼玛。

(8) 仁布玉、果日阿玉：分布于仁布、班戈。

(9) 象牙玉：分布于丁青、类乌齐、改则、噶尔、波密拉玫。

(10) 文部玉：分布于文部。

27. 台湾省

(1) 水晶：遍布全省。

(2) 软玉：分布于花莲。

（3）蓝玉髓：分布于花莲—台东。

（4）紫玛瑙：分布于花莲。

（5）文石：分布于澎湖群岛。

（6）珍珠。

（7）红珊瑚。

28. 香港特别行政区

盛产珍珠。

29. 总结

综上所述，我国宝石矿产主要分布在6个成矿带：

（1）东部沿海成矿带：北起黑龙江，南至海南，是我国宝玉石集中分布的地区。有辽宁复县、山东蒙阴、安徽、江苏一带的金刚石矿床；在安徽霍邱南部发现有红宝石；海南蓬莱、福建明溪、江苏六合、山东昌乐、辽宁宽甸、黑龙江一带有蓝宝石、白锆石、尖晶石等矿床。此外，岫玉也产在这一带；寿山石、鸡血石在福建、浙江沿海一带有发现。

（2）天山-阿尔泰山成矿带：这一成矿带盛产海蓝宝石、彩色碧玺、托帕石、水晶等，还发现有水胆海蓝宝石和金绿宝石等。

（3）阴山褶皱带内部及边缘：海西期和燕山期的花岗伟晶岩、石英脉及热液蚀变带是产出宝石的主要部位，宝玉石品种有内蒙古的海蓝宝石、石榴石、绿碧玺、水晶等；乌拉山的芙蓉石、紫晶、水晶等；巴林右旗的鸡血石等。

（4）昆仑-祁连山带：在此带有和田玉、鸳鸯玉、祁连玉（翠玉）、蓝宝石等产出。

（5）喜马拉雅带：在此带上，云南发现许多宝玉石，如翡翠、红宝石。贡山伟晶岩型宝石也产在这一带上。

（6）秦岭带：有河南的独山玉、密玉、梅花玉等。特别是湖北郧阳地区的绿松石是世界著名的玉石品种之一。湖北铜录山的孔雀石在我国也很有名。

从矿种上，能达到宝石级的不足半数。主要是金刚石、蓝宝石、和田玉、独山玉、岫玉、绿松石、橄榄石和石榴子石等。

我国的金刚石，早在20世纪50年代先后在湖南沅水流域和山东临沂地区发现，并开采了金刚石砂矿；60年代在贵州和山东蒙阴找到了天然金刚石的原生矿；70年代又在辽宁瓦房店发现了第三个天然金刚石原生矿。近年来还不断有新的发现。迄今为止，我国已发现4颗质量为100克拉以上的宝石级金刚石。除常林钻石外，1982年在山东临沭又发现质量为124.27克拉的宝石级金刚石，取名陈埠一号；1993年山东蒙阴发现一颗质量为119.09克拉的宝石级金刚石，取名"蒙山一号"。

在有色宝石中，山东以蓝宝石为主，新疆以海蓝宝石为主，浙江、广西以珍珠为主，其中以合浦珍珠最为有名，河南以玉为主，河北、内蒙古则以橄榄石为主。近年来，通过勘查已发现宝玉石矿点200多处，其中玉石占2/3，宝石占1/3。在青海发现了红、蓝宝石。山东昌乐发现了一半为红宝石、一半为蓝宝石的鸳鸯宝石，为稀世珍品。据报道，在新疆、川西找到了两个翠榴石矿点，其折射性能胜过钻石。一种具有变色效应被誉为"和氏璧"的月光石，已在内蒙古找到。另一种具有猫眼效应被称为"猫眼石"的金绿宝石也在川西找到。

我国名优宝石虽不及世界其他国家的多，但玉石是我国的传统产品，有悠久的开采历史，有些玉石品种在国际市场还稍有名气。河南汝阳的梅花玉，玉质致密坚硬，在黑色底中缀有无数小气孔，气孔中充填有各种形状的石英、长石、绿帘石、方解石混合组成的小杏仁体，与棕色细脉交织在一起，其图案酷似一株含苞待放的腊梅，以红色长石、黄绿色绿帘石、白色方解石组成杏仁的梅花玉为上品。新疆的和田玉，主要品种有羊脂玉、白玉、青白玉、青玉、墨玉、糖玉、碧玉，其中羊脂玉是世界上少有的玉种之一。建国后还在新疆发现了最大的原生玉料，重达472kg。河南南阳的独山玉，玉石颜色有红、白、黄绿、青、蓝、紫等色，从工艺特性可分为芙蓉玉、水白玉、奶油白玉、橙玉、绿玉、天蓝玉、翠玉、青玉、墨玉等品种。辽宁岫岩县的岫岩玉，按颜色分为绿玉、墨玉和花玉三种，多以绿玉为主，玉质均匀细腻。甘肃的祁连玉，其品种有白色祁连玉，常带淡蓝、淡绿、淡黄色，质地细腻，水头足，为最高品级，故称"白玉之精"；绿墨祁连玉，称"赛乌添"；黄祁连玉，称"鹅黄羽绒"，以祁连玉制作的"夜光杯"享誉古今中外。甘肃武山县鸳鸯镇的鸳鸯玉，也是制作夜光杯的优质玉料。另外，广绿石与田黄石、鸡血石、寿山石、青田石合称为"中国五大印章石"。在鸡血石中，"血"的颜色以鸽血红最佳，驰名中外。还有辽宁阜新的水胆玛瑙、台湾花莲的蓝玉髓，都是珍贵的玉石。河南淅川的虎睛石以其独特的颜色和美丽的猫眼著称。湖南浏阳的菊花石，洁白晶莹，俨如活的菊花，其雕件曾获巴拿马博览会金奖。湖北郧阳的绿松石，有铁质蜘蛛网状结核的为优质佳品。广东阳春石绿的孔雀石，储量居全国第一，磨光后呈金刚光泽，具幻光性，璀璨夺目，还发现有"猫眼"孔雀石。其次还有辽宁抚顺、山西大同的煤精，颜色乌黑，质地致密细腻，轻而坚韧，是一种良好的玉雕原料。综上所述，我国玉种甚多，不胜枚举。

宝玉石是一种十分珍贵的矿产资源，是发展珠宝业的物质基础。但由于地质条件的原因，每个国家的宝玉石资源分布及品种不可能十分齐全，由于宝玉石原料运量小，随着国际大市场的融通，品种数量可以相互调剂，这将使各国宝玉石加工业在公平竞争的基础上同时获得发展的机会。

本章习题

1. 何谓宝石？宝石分哪几类？
2. 贵金属、珠宝玉石如何标识？
3. 宝石、玉石的鉴定要素有哪些？
4. 世界上宝石分布规律是什么？
5. 在我国去哪里找钻石？

第二章　宝石成因

　　这里所讲的"宝石",是珠宝玉石的统称。宝石是怎样形成的?一般认为,它是由宇宙作用、地质作用、生物作用或人工作用所形成的、具有一定的化学成分、内部结构、物理性质和装饰性与观赏性的晶质或非晶质固体(单体或集合体)。

　　由宇宙作用或地质作用形成的宝石,称天然宝石和天然玉石。由生物作用形成的宝石,叫天然有机宝石。由人工作用形成的宝石,则称为人工宝石。

　　所有这些珠宝玉石,都是人类社会的生产资料,属矿产资源的组成部分。对其形成原因和分布规律,历来是地质学家和宝石学家最感兴趣的研究课题。

第一节　宇宙作用

　　在我们生活的地球之外,是一个边际广阔的太空世界。这个世界称为"宇宙"。

　　人类认识宇宙,最早是从地球开始的,再从地球扩展到太阳系,从太阳系扩展到银河系,从银河系再扩展到河外星系、星系团(亦叫星系群)、超总星团(亦叫总星系群),乃至整个宇宙。

　　地球是太阳系中的一颗行星,形成于46亿年前;太阳系在银河星系里所占的空间直径约120亿千米,太阳是银河系中一颗恒星;银河系里有1 500多亿颗恒星。银河系的直径有10万光年;现已发现10亿颗与银河星系同样庞大的恒星系统,叫河外星系;所有星系又构成了更加庞大的总星系;总星系在宇宙中也不过只占一个微小的角落。现今用先进的天文望远镜已观察到距地球约200亿光年的特别明亮的个别星体。而且用X射线天文望远镜发现了宇宙中还存在有黑洞,黑洞是年轻星系行星的诞生之地。

　　宇宙是在创世大爆炸发生后30万年开始形成的,其雏形是一个又小又热的扁平体,在这个扁平体中布满了炽热的或冷寂的无数"斑点",这些斑点中绝大多数的直径都有几万亿千米。

　　宇宙呈扁平状,这与其物质构成有关。观测发现,宇宙是由35%的物质(其中5%为常规的物质,30%是神秘的暗物质)和65%的暗能量组成的。这种暗能量被认为是促使星系分裂,加速宇宙扩张的力量;那些物质,是形成星体和星云的基础。宇宙是一个庞大的物质集体,而我们今天能看到最远的距离只有130亿光年,更远的看不到了,这就使人联想到天空只有宇宙吗?

一、星系

　　星系是宇宙的基本单位。星系由很多恒星组成,它的存在体现了宇宙中的大物质集团的形状和运动。星系犹如宝石般闪烁着光芒,相貌各不相同。有的像漩涡,中间凸起,四周扁平，在凸起部分伸出狭长而明亮的光带（旋臂）。光带里聚集了大量的星际物质、气体和星散的星云，是孕育恒星的摇篮。而在漩涡不明显的星系中，大部分气体已转化为恒星。有的星系形貌像椭圆形宝石，它是太空中的"老寿星"。这里没有气体，也没有年轻的恒星，而且有些星系（如室女A座星系）中发生过剧烈的大爆炸。有的星系像甩着两根小辫的短棒，称为棒漩涡星系。还有奇形怪状的，称为不规则星系。该星系没有一定的形状，也没有明显的中心，含有大量气体，其中年轻的恒星很多，一般质量小，密度低，体积既小又暗。都是一些偏小的物质集团，引力对物质的约束力尚未形成规范化的控制，如大小麦哲伦星系就是这样，它们各自只有几十亿颗恒星。不规则星系有着较多的不确定的前途。目前，已知星系总数有10亿个以上。

在太空中，除了各种不同形貌、不同年龄的恒星之外，到处还弥漫着由气体和尘埃组成的云雾状天体（星云）。星云的密度非常低，但体积特别庞大，形状千姿百态。有的很不规则，呈无边的弥漫状；有的像圆盘，发着淡淡的光，好似一个大行星，叫做星状星云。弥漫状星云不发光，是暗星云，但人能看到。暗星云中最神秘的东西，是各种各样的星级分子，其中甚至可以找到生命的种子——蛋白质中的氨基酸分子。亮星云的中央有一颗温度很高的恒星，能发射出强烈的紫外线，星云吸收后，再转变为可见光辐射而发光。星状星云常呈圆盘状或环状，其中有一个体积很小温度很高的核心星。观测表明，行星状星云在不断地膨胀，密度值越来越小。

星云和恒星之间有着相互演化的"血缘"关系，也就是说在一定条件下，恒星抛射出的气体会变成星云的一部分，而星云物质在引力作用下可能收缩成为恒星。这正如恩格斯在《自然辩证法》一书中所说"一切运动的基本形式都是接近和分离、收缩和膨胀。一句话，吸引和排斥是古老而两级对立的"。

"一切天体都处在永久的产生和消灭中，处于不间断的流动中，处于无休止的运动和变化中"（恩格斯）。热是排斥的一种形式，引力收缩是吸引的一种形式。前者是能量逸散，后者为能量的集中。这就是现代天文观测已证明的新的恒星不断诞生，老的恒星不断衰亡，并转化为非恒星的物质。也就是说，恒星的演化将经历幼年期、壮年期、中年期和晚年期四个阶段。

1. 幼年期

星云里存在着质量比太阳大 0.5～20 倍的中性氢云（温度为 10～100K，密度不小于 $10^{-19}g/cm^3$）。由于自身引力作为势能，中性氢云演化为电离氢气，当温度升达 $7\times10^6℃$ 以上时，氢核聚变成氦核的热核反应使胚胎阶段的恒星向外辐射红外线加强，排斥强于吸引，恒星停止收缩进入新的稳定阶段——恒星。

2. 壮年期

即主序星阶段。原来杂乱无章分布的恒星逐渐形成几个星数较密集的序列——O、B、A、F、G、K、M 等主星序。凡属主星序的星称主星序。在该阶段，恒星主要靠氢核聚变为氦核，维持其存在和发展。恒星在主星系序停留时间的长短取决于恒星的质量。如太阳作为一颗主星序已经度过了半生，估计还能继续存在 50 亿年。

3. 中年期

即红巨星阶段。该阶段恒星内部排斥和吸引的相对平衡被破坏了，内部开始收缩，外壳急剧膨胀，体积变大，密度减小，表面温度低，但总亮度大，成为红巨星。如太阳将来也会变成红巨星，其直径为现在的 250 倍，从而把地球的轨道也含于其中。

在恒星内部开始收缩的过程中，部分位能将转化成热能，当温度升到 $1×10^8℃$ 以上时，就产生新的热核反应，3 个氦原子核骤变为一个碳原子核，同时释放伽码射线（γ）。在反复变化进程中，温度越来越高，便产生了氮、氧、氖、钙、钠、镁、硅、铁等重要的化学元素。当温度高达 $6×10^9℃$ 时，便产生极强的中微子辐射，把大量的能量带走，平衡再度遭到破坏，抛失质量，发生大爆炸，又成为比原来高几万至几亿倍光度的新星或超新星。

4. 晚年期

恒星演化末期将变为 3 类天体——白矮星、中子星和黑洞。

当恒星的质量小于太阳的 1.44 倍时，就发生新星大爆炸。结果把外层物质大量抛射，最后剩下一个密实的核，红巨星就变成了体积小（其体积比同样质量且正在燃烧的恒星要小几亿倍）、密度大（宇宙中引力使物质释放出全部能量，而自身被固缩得没有自由、没有分子的一种物质形态，如伴天狼星其密度为 $780kg/cm^3$）、总光度小的属光谱 A 型的发白光的白矮星。此时，核能枯竭，仅靠引力收缩来苟延残喘，最后剩下一堆残骨，或完全崩溃为弥漫物质。现已发现 1 000 个以上的白矮星。白矮星是价值连城的宝贝，它是一种与钻石相同的呈晶格排列的原子核。2011 年法国与美国科学家观测发现在巨蟹座星群中有一颗表面散布着钻石的行星——55Cancrie，大小是地球的 2 倍，质量为地球的 9 倍，围绕恒星 55Cancri 公转一圈只需地球上的 18 个小时，表面温度高达 2 149℃，主要成分是碳（也就是钻石和石墨）、铁、碳化硅，或许还有一些硅酸盐，这颗"钻石行星"距地球大约 40 光年。在此之前，科学家们也曾发现过表面布满钻石的星体。

推测，大约 50 亿年后，太阳就会变成这样的长满钻石的白矮星。但可惜这个白矮星是继续吸引着太阳系中剩下的行星们（包括地球）。届时已不再有地球，也就不会有人类的物欲和贪婪。

当恒星质量为太阳的 1.44～2 倍时，在演化到超新星爆发以后，外部物质被爆炸出去，内部物质急剧坍缩，形成了超高密度的中子星。中子星类似地球圈层结构的层状结构，由内向外依次是固体核——超流体中子层——固态富中子内壳——固态晶体外壳。

当恒星质量超过太阳质量 2 倍以上时，核能耗尽，平衡状态消失，它便猛烈坍缩，密度更高，引力极强，使一切辐射不能发出而形成黑暗区域，叫做黑洞（亦叫做坍缩星）。黑洞是一个空的而物质密度又是最高的天区，具有能吞噬所有靠近它的物质的强大引力场，物质一旦进入，其原子核都会被粉碎，成为宇宙物质的死穴。如此强大的引力，与其形成有关。当恒星质量超过太阳的 20 倍以上，经过超新星暴发后，剩余部分的物质一般仍要超过太阳质量的 2 倍以上，这部分物质自身引力非常强大，从而发生急剧坍缩加剧，分子、原子乃至原子核都会被挤破，最终形成极高密度的引力中心。20 世纪 70 年代霍金把量子力学与广义相对论结合起来，提出了量子宇宙论。他说，黑洞中充满了粒子和反粒子，一个粒子掉入黑洞里面去，留下它的伴侣就是黑洞发射的辐射，人称"霍金辐射"。在黑洞中时间和空间消失了，这意味着通过黑洞就可将现在的时空连接另外一个时空，实现时间旅行。宇宙时空不是四维而是十一维，黑洞可能是通过其他七维的通道。美国科学家艾斯巴赫认为，1908 年 6 月 20 日早晨，俄罗斯西北部发生的通古斯大爆炸，就是宇宙微型黑洞爆炸。这次爆炸，使近 $2 072km^2$ 的土地被烧焦，震耳欲聋，全球可听见其声响，人畜死亡无数，超过 $2 150km^2$ 的 6 000 万棵树倒下，其爆炸力相当于 100 万～150 万 tTNT 炸药。猜测依据是：若是陨石坠落，坠落后不仅没有留下踪影，也没有找到陨石坠落形成的陨石坑，所以推测为宇宙微型黑洞爆炸。虽然有科学家们经过周密调查曾认为这次爆炸是因一颗巨大的陨石坠落而造成的。

最终恒星死亡，而转化成为非恒星物质，结束了一生。经爆炸或辐射形成星际物质，为新一轮星级形成奠定了物质基础。但这样恒星生死轮回，不是简单重复，而是螺旋式发展的。如第一代恒星物质主成分为H，第二代的恒星成分除H外，还有多种重元素。如太阳就是银河系中第二代恒星。

二、银河系

遥望晴朗的星空，一条由无数星云组成的白茫茫光带，纵贯苍穹，它就是阻断"牛郎与织女"的银河。银河中线呈圆弧形，它与赤道相交成60°。它的不同部位宽度和亮度均不相同。

银河中恒星的亮度不同，是由于彼此距离不同所致。愈远愈暗，愈近则愈亮。银河约有 $1\,500\times10^8$ 颗恒星、星云和星际物质，构成一个庞大的恒星系统，称为银河系。

银河系主体部分为一个中间凸起像"铁饼"的扁圆盘状（称银盘）。银盘外围直径约10万光年，银盘直径为8万光年，银盘中心似球的核球（银核）直径亦有1万多光年。银盘中有四条悬臂，是盘内气体、尘埃和年轻恒星集中的地方。恐龙就是在我们太阳系处于银河星系悬臂外的时候灭绝的，而人类是在悬臂内诞生。我们称这个悬臂叫"猎户座"，我们可能还要在这个悬臂里穿行2 000万年。

银河系是漩涡结构，其中的天体都围绕银河中心旋转。银河系除自转外，还整体向麒麟座方向以214km/s的速度运动着。太阳是银河系中一颗普通的恒星。

像车轮转动着的银河系，经过的主要星座有：仙后、英仙、御夫、麒麟、船底、南十字、半人马、天蝎、人马、天鹰、天鹅。银河系经过的船底、南十字、半人马座的这一段，对我国大部分地区来说，由于位于地平线以下而看不到。

三、太阳系

太阳是银河系里1 500多亿颗恒星中的一颗直径约120亿千米的普通球状恒星，位于银盘中心平面（即银道面）附近，距银河系中心约33 000光年（图2-1）。它围绕银河中心运动着，其速度为250km/s，转一周要2.5亿年（称为一个宇宙年），太阳自转一周为25～30天。

太阳系是银河系里密度较大的星云，绕着银河系中心旋转。星云在旋转时，当它通过悬臂时受到压缩，密度增大，在密度达到一定值时，星云就在自身引力作用下逐渐收缩。收缩过程中，一方面使星云中央部分温度增高，最后形成了原始太阳。当原始太阳中心温度达到700万℃时，氢骤变为氦的热核反应点火，于是现代的太阳便真正诞生了。太阳系是由太阳、行星及其卫星、小行星、彗星、流星以及星际物质构成的天体系统。在太阳系中，太阳是中心天体，其他天体都在太阳的引力作用下绕太阳公转。太阳系中有八大行星，以它们距太阳的距离由近至远分别为：水星、金星、地球、火星、木星、土星、天王星与海王星（图2-2）。在这些行星周围还有61颗卫星和成千上万的小行星，另外还有少数的彗星、流星。太阳系这个运动体系，是太阳在诞生时以其引力带动了周围的零星物质围绕它转动，把重元素拉近身边形成（前4颗行星都是重金属或岩石组成），离太阳远的行星都是气体的（如木星、土星）。

太阳不仅仅是一个能量来源，它还是一个真正的造物主。虽然地球与太阳拥有相同的元

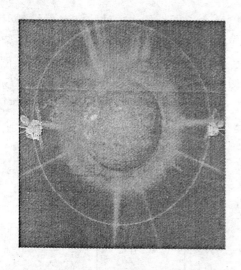

图 2-1 直观的三维模拟图（NASA 供图）

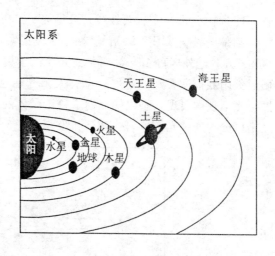

图 2-2 太阳系示意图

素，但太阳在燃烧，而地球是冰冷的（除原子核）。

太阳系里，太阳的质量占总质量（6×10^{21} t）的 99.8%，是地球的 33 万倍，太阳的平均密度是 1.41g/cm³，是地球密度的 25%。太阳对地球的引力为 2×10^{27} t。太阳是整个太阳系光和热的主要源泉。太阳的辐射是一种光量子物质，并按电磁波的形式向四周传播，在日地平均距离处，地表每分钟接受太阳辐射能约 8.25J（叫太阳常数）。而太阳表面（即光球）的平均有效温度为 5 770K，太阳中心温度可达 1 500×10⁴℃。这里的物质均呈气态，所以说太阳是一个炙热的气态大火球。太阳这个气态大火球，从里到外可分为光球、色球和日冕三层。日冕是太阳大气的最外层，可以延伸到几个太阳半径，甚至更远。它的密度又为光球的百万分之一，只在全日蚀时或用特制的日冕仪才能看到；色球位于光球外部，呈玫瑰色，厚度几千千米，它发出的光不及光球的千分之一，只有在全日蚀时或用特殊望远镜才能看到。光球是用肉眼可以观察到的太阳表面，厚度约 500km，地球上接收到的太阳光基本上都是由光球发射出来的。太阳大气活动，可使太阳表面出现一些黑斑点，称之为"太阳黑子"，这是由于黑子的温度比光球表面其他地方低，才显得暗一些。黑子活动增加的年份是耀斑频繁爆发的年份。耀斑随黑子的变化同步起落，体现了太阳活动的整体性。色球的某些区域有时突然出现大而亮的斑块，称之为"耀斑"，又叫"色球爆发"。它是太阳大气高度集中的能量释放过程。一个耀斑可以在几分钟内发出相当于 10 亿颗氢弹所产生的能量，能把很强的无线电波，大量紫外线射出并抛出大量的高能粒子。太阳活动对地球影响很大，使地球上无线电短波通讯受到影响，其发出的电磁波进入地球大气层，会引起大气扰动，使地球磁场突然出现"磁爆"现象，导致罗盘指针剧烈颤动，不能指向正确的方向。如果太阳大气抛出的高能量带电粒子高速冲进南北极地区的高空大气，并与那里的稀薄大气相互碰撞，还会出现美丽的极光。研究表明，地球上许多自然灾害发生与太阳的活动有关。太阳火球里的各种元素的原子均失去部分或全部核外电子，而成离子态。太阳能的传输，除光球有一薄层是靠对流作用外，主要是辐射作用，热核反应产生的能量主要是 γ 射线，其量子能非常强。当 γ 射线与太空中大量原子（主要是氢）碰撞时，可使原子核分裂，更多的是使绕着原子核旋转的电子在自己不同能级的轨道上震荡起来。这样 γ 射线就会被软化，形成一些波长较长、能量较小的 X 光、紫外线、可见光、红外线以及波长更长的射电波。从 γ 射线到射电波，都是电磁波（图 2-3）。这些电磁波在太阳辐射能量中的分布是：可见光占 48％，紫外区占 7％，红外区占 45％。可见光是由红、橙、黄、绿、青、蓝、紫七种色光组成的，正如雨后天晴我们所看到的彩虹一样。太阳光通过棱镜分解成七色光带度、运动速度和磁场速度。光谱仪的出现，不仅使人们了解了天体的化学成分，还可测出天体的温度。分析表明，光谱可分为连续光谱，明线光谱和吸收光谱 3 种类型。

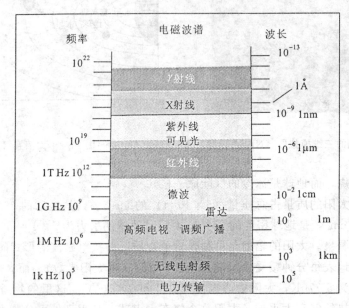

图 2-3　太阳电磁波

1. 连续光谱

炽热的固体、液体以及高温高压的气体，都发射各种波长的光波，因而形成连续光谱（如钨丝灯所发的光）。

2. 明线光谱

在低压下，稀薄炽热气体或蒸气不能产生连续光谱的全部光线，只能产生单色的分谱的明线光谱。不同的元素所产生的明线，数目和对应的波长也不同，也就是说每种元素都有它独特的，在光谱上有固定波长位置的一组明线，这种光谱叫明线光谱。如钠的蒸气所发波长为 $5890×10^{-10}$ m 和 $5896×10^{-10}$ m 的一对黄线。

3. 吸收光谱

由产生连续光谱的光源发出的光，穿过低压下稀薄气体或蒸气，就有吸收线叠加在连续光谱上，这些吸收线就是这些气体和蒸气从连续光谱的全部光线中，有选择地吸收那些它自己在低压高温状态下所能发射的对应波长的光线。比如钠可以发射一对黄色光线，当连续光谱通过时，它就在黄色区产生波长为 $5890×10^{-10}$ m 和 $5896×10^{-10}$ m 的一对黄线；同样的道理，通过其他元素就会相应地产生其他一组特定波长的黑线；这种在连续光谱的背景上具有黑色吸收线的光谱，叫做吸收光谱。既然不同元素的气体或蒸气在光谱上都有它们自己特定的明线或吸收线，那么这些明线或吸收线就成了鉴定各种元素的依据。

太阳和恒星都具有吸收光谱，从太阳光谱中几万黑色吸收线分析，太阳大气中约含有

60多种化学元素，其中氢约占71%，氦约占27%，其他为氧、碳、氮、镁、镍、硅、硫、铁和钙等，约占2%。

在茫茫的宇宙空间，除了各种天体，还充满了各种天体尘埃，稀薄的星际气体，各种宇宙射线以及粒子流，有机分子云，云中复杂的各种有机分子，如氨（NH_3）、水（H_2O）、甲醛（CH_2O）、羟基、一氧化碳、氢化氨、甲醇、乙醛、丙炔腈和甲胺等，现在已经发现的星际分子有50多种，有些星际分子在地球环境中找不到，甚至在实验室中也无法找到。这些星际分子（有机的、无机的）在适当的环境中就有可能形成各种矿物、岩石和有机生物，如宝石、玉石、有机宝石。其中白矮星就是一个巨大的钻石集合体。

四、宇宙成因

天上布满的星星是怎么形成的呢？这是人类有史以来一直在探索的大课题，是和"鸡生蛋，蛋生鸡"一样非常有趣也非常难回答的问题。

人类对宇宙的认识，在很久很久以前就开始了种种遐想，直到今天用先进的天文仪器观测，逐渐在回答这个世界上的难题。回顾历史，先前有各种说法，如天圆地方的盖天说，称雄千年的浑天说，宇宙无限的宣夜说，统治千年的地心说，突破枷锁的日心说，最有影响的大爆炸说和重放异彩的星云说等。在诸多学说中，中国人最早对宇宙进行观测并提出见解，也是至今提出的最有说服力的宇宙形成过程。

1. 盖天说

这是我国古代最早先于各国的宇宙结构学说，认为天是圆的，像一把张开的巨伞盖在呈方形的大地上，日月星辰则像爬虫一样过往天空。到了战国时期，新的盖天说认为，天像覆盖着的斗笠，地像覆盖着的盘子，天和地不相交，相距八万里，盖子的最高点是北极，太阳绕北极旋转，太阳下落并未落下地面，而是像一个人举着火把跑远了，我们看不见了一样。这种天高地远见解还绘制了太阳运行规律的示意图——七衡六间图。古代很多圭表是高8尺[①]，这和天地相聚8万里有关系。到了唐代，天文学家一行和尚等人通过精确的测量，否认了盖天说中"日影千里差一寸"的说法。

天圆地方的盖天说，是因历代帝王（称为天子）尊崇天神的一种天文学说，保存至今的阳城观星台，是古人观测天文数据的仪器。

位于河南省登封市区东南12km的告成镇（夏朝建都的地方，故称禹都阳城）的"周公测景台"，是周文王的第四个儿子为营建东都洛阳寻求天文依据而修建的，是古代祖先测量日影、验证四时的仪器。周公姬旦要找到天地的中心，以便坐中心而令四方，据此选准了嵩山之南、颍水之北这块地方。周公测景台重建于唐朝初期。元代郭守敬的观星台建于周公庙内，还保留有"周公测景台"。观星台的大门为明朝建造，清朝重修，大门两侧石柱上有清嘉庆十四年（1809年）刻制的对联一副："石表寓精心，氤氲南北变寒暑。景台留古制，会合阴阳交雨风。"此对联概括了"观星台"和"测景台"的作用与价值。

测景台分上下两部分，下部台座呈梯形，称为"圭"，台座上面呈正方平面，平面上有一石柱置于中间，称为"表"，"表"高合当时八尺，所以称为"八尺高表"。周公建立这套仪器的作用是"测土深，正日影，求地中，验四时"。也就是说通过立土圭测日影，来寻求

---

① 1尺=0.333 3m。

地中，验证四时季节的变化。周公当时修建的是土圭木表，到了唐朝，时任太史丞的天文学家南宫悦依据周公旧制改成了石圭石表，以便永世保存。当年，周公旦通过在这里的实地观测，把影子最长的一天定为冬至，北半球白天最短，夜晚最长；把影子最短的一天定为夏至，即太阳光直射北回归线，北半球白天最长，夜晚最短；把太阳的影子从最长到最短和从最短到最长的中间分别定为春分和秋分，这就划分了四时。"表"的北边距"圭"的北边缘合当时1.5尺，而夏至这天八尺高表射下的影子正好为1.5尺，所以夏至这天在石圭的周围看不到影子，正因如此，称此台为"无影台"。又因无影，我们的祖先就把这里定为地中，这就是验四时，求地中。测土深即测距离，也就是测量周王朝之老家西岐到中原的距离。因为这里是地之中，所以后来就出现了"中原"、"中州"、"中岳"、"天中"等称谓，包括中国也是从这里演变而来的，而河南话"中不中"也源于此。因为周王朝在他们老家西岐已经掌握了大量的天文数据，后来周兵打败了商纣王，建立了周王朝，为了便于统治全国，他们要移居中原，正所谓"得中原者得天下"。因此可以看出：周公搞天文测量制定历法，其目的是为了辅佐皇帝，为政治服务，正如清朝乾隆年间的一块石碑所刻："制做仰元圣，阳城观象台，建中资制辅，测影两三千，地胆依中岳，天心应上台，登临窥日表，亲授指南来。"当地流传有这样一句俗话叫做："天有心，地有胆，天心地胆在告县。"

古人认为地球南北三万里，用三尺影长做代表，影长一寸即一千里，在夏至时刻，八尺高表影长为一尺五寸，此地当为地中，同一时间，表影长度不足1.5尺的地方必定在地中之南，表影超过1.5尺的地方必定在地中之北，实际上这就是最早的地理纬度的概念。周公旦在这里用如此简单的方法怎么就能够得到与之原先在西岐测量的相一致的数据呢？虽然那时人们对地球的认识还相当模糊，还没有明确的经纬度的概念，但我们的祖先就找到了如此准确的同纬度坐标，现在我们已知，凡在地球同一纬度测量出的日影变化都是一致的。如石圭北面有一对联所云："道通天地有形外，石蕴阴阳无影中"。

到了元朝，著名天文学家郭守敬认为："历之本，在于测验，而测验之器莫先仪表"，他首先在周公测影的基础上，对测验仪器进行了扩大和改造，并在全国选择合适地点，建造了27个观测站，最北的在北海（现今的贝加尔湖以北的俄罗斯境内），最南的在南海，最东的在高骊（今韩国），最西的在滇东，阳城观星台是当时的中心观测站，也是现存保持最为完好的唯一原始的建筑。郭守敬在周公旧制的基础上改制延长了石圭，提高了石表，扩大了5倍，建成40尺高表，主要采用针孔成像的原理进行观测。在高表上面的东西耳房中间，架有一根横梁，梁上面有一道水槽，用于取水平。在石圭上面刻有两道水槽用于取水平，在两道水槽中间放一"影符"，"影符"是用金属片制成，中间有大小如针的小孔，每天午时（即现在的11：30—13：30）太阳光照在横梁上，横梁影子射在石圭上，当这个影子把"影符"上的小孔平分的时候就是当天的正午，这样就推算出了一天一夜中的12个时辰。同时郭守敬把从影子最短到最长再还原到最短（即一个回归年）确定为365.2425天，合现在的365天5时49分12秒，跟现在世界通用的阳历一个回归年365天5时48分46秒相比仅多26秒。经过三年的实地观测，郭守敬制定了《授时历》，报请皇帝颁行全国。《授时历》确认的时间与西方最先进的历法《格历高利历》相比分秒不差，但比《格历高利历》早300余年。

在观星台东北角的仪器称为"正方案"，主要用来测量方位，寻找正南正北，北方案中间有一铜座，上有一铜杆，就是平常说的"立竿见影"。西北角的仪器称为"仰仪"，它主要用来对正24节气和观测日食、月食的变化，这些都是郭守敬改制创造的仪器。

告成镇的"观星台"与"周公测景台"是我国先古天文学家的伟大创造,它不仅是我国现存最古老的天文台,也是世界上著名的天文科学建筑之一,在天文和建筑史上都有很高的科学价值。

2. 浑天说

日月星辰东升西落现象,人们思考着它们从哪里来,又到哪里去呢?到了东汉时期,著名天文学家张衡提出了完整的浑天说思想,他认为天和地就像鸡蛋中蛋白和蛋黄的关系一样,地被天包在其中,天的形状是一个南北短,东西长的椭圆球,大地也是一个球,浮在水上,回旋荡漾。后来又有人认为地球是浮在气上的。该学说认为,日月星辰都附在天球上:白天,太阳升到我们面对的这边来,星星落到地球的背面去;到了夜晚,太阳落到地球的背面去,星星升起来,如此周而复始,便有了星辰日月的出没。

浑天说把地球作为做宇宙的中心,这点与盛行欧洲古代的地心说不谋而合。支撑浑天说的有两大法宝:一是当时最先进的观天仪——浑仪,它精确观测天象,为我国制定的历法提供了科学的依据;另一法宝是浑象,它形象地演示了天地的运行。浑天说在中国古代天文领域称雄了千年。

汉安帝元初四年(117年),张衡(南阳郡西鄂人,今河南省南阳人)根据浑天学说,在前人研究的基础上,经过反复试验,终于研制出了世界上第一架利用水力自行转动并能准确地观察天象的大型天文仪器——浑天仪。这一发明,对中国天文学的研究是一个伟大的贡献。浑天仪制成后,张衡又著《浑天仪图注》,解释浑天仪的制造原理和使用方法。

东汉时期,地震时有发生,常造成无数百姓死伤,这些触目惊心的事实,促使张衡对地震进行研究,希望创制一个测知地震的仪器。汉顺帝阳嘉元年(132年),54岁的他创制出了世界上第一架测定地震的仪器——地动仪。地动仪用青铜制成,圆径8尺,状如酒樽;中有立柱,连着8个方向的机械;外面有8个龙头,口衔铜丸,下面有8个蟾蜍,口向上张。哪个方向地震,哪个方向的龙口就吐出铜丸,它落在蟾蜍口内,发出清脆的声音,看守人就可知道发生地震的方向,并推测出震源的距离。公元133年、135年、137年,京师洛阳连续三次发生地震,"地动仪"均有显示。可是到了公元138年的一天,地动仪西面的机械发动,铜丸落入蟾蜍口中,而人们没有感到地震,有人则认为地震仪不灵了。但没过几天,释使报告说,那一天陇西郡发生了地震。地动仪可以测到千里之外的地震,这真是奇迹!据英国李约瑟研究说,直到公元1880年,欧洲才制造出第一台地震仪,这已晚于张衡地动仪1700余年了。张衡发明地动仪在世界地震学史上是一件大事,具有划时代意义。因此,张衡被公认为是世界地震学的鼻祖。

3. 宣夜说

宣夜说是我国历史上最有卓见的宇宙无限论思想。该学说萌发在战国时代,到了汉代被明确提出。"宣夜"是说天文学家观测星辰,常常喧闹到深夜还不睡觉。

无论中国古代的盖天说、浑天说,还是西方古代的地心说,乃至于哥白尼的地心说,都认为天是一个坚硬的球壳,星星都固定在这个球壳上。而宣夜说则认为,宇宙是无限的,宇宙中充满了气体,所有的天体都在气体中漂浮运动。这种观点出现在两千多年前,是非常可贵的,它不仅仅认为宇宙在空间是无边无际的,在时间上也是无始无终的。它不仅认为天体漂浮在气体之中,而且还认为连天体自身包括遥远的恒星和银河系都是由气体组成的,这与现代天文学的许多结论是相近和相同的。但这一学说在中国古代未受到重视,乃至于差点失传。

4. 地心说

地心说长期盛行于古代欧洲的宇宙学说，最先由古希腊欧多克斯提出，后由亚里士多德、托勒密进一步发展建立，它认为地球处于宇宙中心，静止不动，从地球向外，其他星体在各自圆形轨道上像车轮一样围绕着地球运转。在它建立的模型中，也认为地球是圆形的。到了16世纪，哥白尼的日心说战胜了地心说。

5. 日心说

1543年，波兰天文学家哥白尼在临终时发表的《天体运行论》一书中完整地提出了"日心说"理论。该理论体系认为，太阳是行星系统的中心，一切星体都围绕着太阳旋转。地球也是一颗行星，它一面像陀螺一样自转，一面又和其他行星一样围绕太阳转动。由于日心说与基督教"上帝创造了人"的地心说相驳，日心说者为此付出了一代又一代的血的代价。如布鲁诺被烧死，伽利略被终身监禁，以及开普勒、牛顿等自然科学家都为此作出了重要贡献。

6. 大爆炸说

1929年，美国科学家哈勃公布了一个震惊科学界的重大发现。哈勃在寻找星系运动规律时利用多普勒效应，发现天体运动都带有速度和方向的标志，即颜色的变化。多普勒发现，只要是波这种物质都会随物质的运动方向不同而改变频率，物质趋近时频率密度就高，物体渐远时，其光波频率就降低，这在颜色的改变上，表现为物体趋近时光标向蓝色移动，物体渐远时光标则向红色移动，天文学上称之为"红移"与"蓝移"。就一个已知物体而言，其蓝移或红移的现象越明显，说明它的运动速度越快。因此，只要随便拿任何一个天体的光谱，就能知道它往哪里去，速度是多少。哈勃发现，宇宙中的星系（个别除外）都在向光谱的红色段移动，而且离去得非常有规律；离去的速度会随着距离的增加而加快。这一发现，彻底改变了人类对宇宙的看法：既然宇宙天体大都渐走渐远，那么过去它们一定离得比现在近，因而其现在离去的速度就可成为判断它们过去历史位置的时间依据。估计宇宙的所有物质大约在150亿年前是集中在一个点上的。也就是说在150亿年前宇宙是从一个点上生长出来的。如果宇宙是从一个点上生长出来的，那么它们以什么形式"集中"呢？

爱因斯坦解决了这个问题，这就是著名的物质与能量转换公式 $E=MC^2$。根据这一公式，无论多么巨大的物质都能被压缩成能量，并集中于一个无限小的点上。压缩得越厉害，里面的能量就越大。而能量（E）是由温度体现的，就是说在宇宙最初的那个比针尖还小的点上温度高得不可思议。他说，这个包含着宇宙中所有物质（即原子核）的点，就是能量（能量来自原子核内部的强力、弱力、电磁力和引力）。能量能创造出一切现实的物质。这个能量的点是以爆炸的方式启动的。在爆炸最初的几秒钟内宇宙就膨胀了无数万倍。宇宙中物质与能量的转换是氢原子核聚变的结果。这时，大约有99%的物质（正物质与反物质）因碰撞所导致的湮灭离开了宇宙。我们的存在是因为正物质比反物质多了一点点，因此就有了一个星光灿烂的由带负电核的原子们创造的这个拥有智慧的物质世界。

天体即宇宙在高速地膨胀着，所有的河外星系都在离我们远去。由此引起了天文学家的设想。既然宇宙在膨胀，那么可能就有一个膨胀的起点。勒梅特认为，现在的宇宙是由一个原始原子爆炸而成的，美国伽莫夫接受这一观点，于1948年正式提出了宇宙起源的大爆炸学说。他认为，宇宙最初是一个温度极高、密度极大的由基本粒子组成的原始火球，以现在物理学解释，这个火球必定迅速膨胀，这个演变过程好像一次巨大的爆发。由于迅速膨胀，宇宙密度和温度在不断降低，在这个过程中形成了一些化学元素（原子核），然后形成由原子、分子构成的气体物质。气体物质又逐渐地聚成星云，最后从星云中逐渐产生各种天体，成为现在的宇宙。到了1965年，宇宙背景辐射被发现，而且其温度与大爆炸说预言宇宙中到处都是原始火球的"余热"温度恰好相当。由此推算出宇宙膨胀年龄从原来的50亿年增加到100亿～200亿年，这个年龄与天体演化研究中新发现的最老的天体年龄是相吻合的。

爆炸的整个过程把宇宙演化分为3个阶段：

(1) 第一阶段是"基本粒子形成阶段"，即宇宙的极早期。在大爆炸后的第1秒内就进入了基本粒子的形成阶段，这时宇宙处于极高温、高密度状态，温度达100亿℃，这时没有任何元素，只有各种粒子形成的物质存在，如中子、质子、电子、光子等。

(2) 第二阶段是"辐射阶段"，也是元素起源阶段，该阶段从爆炸后的第1秒到第3分钟。温度降至10亿℃左右，到处都充满了辐射。在辐射阶段后期，这些粒子已发生了很大变化，当温度进一步下降时（时间约3分钟）中子开始失去自由，并与质子合成重氢（氘）、氦等元素，于是就形成了几种不同的化学元素。核合成结束后，氦的含量按质量计算占25%～30%，氘占1%，其余大部分是氢。这一阶段持续了近1万年。

(3) 第三阶段是"实物阶段"，随着宇宙的膨胀，温度下降至几千摄氏度，实物密度大于辐射密度，辐射减退后，宇宙间主要是气体状态，这些实物物质不再受辐射的影响。当发生某种非均匀扰动时，有些气体物质在引力作用下，凝聚成气体云，气体云再进一步收缩，就产生了各种各样的星系，成为我们今天所看到的宇宙。但我们今天看到的宇宙，全是一种"假象"，因为它们都没有时间上的真实。距地最近的星体有4.3光年，也就是说今天看到的是它4光年以前的模样。

天上有"馅饼"，所谓"幸福在天"即是其理。比地球质量大2倍以上的钻石星球有1 000多个，掉下一颗，即可在地面上布满钻石。我们佩戴的金银饰品，就是至少有一颗比太阳大8倍的恒星为此粉身碎骨的结果。无论在哪儿发现了金和银，一定可以追溯到恒星爆炸的某一刻所残留下来的金银碎片。

7. 星云说

关于太阳系是怎样产生的众说纷纭中，星云说出现最早而且也是现代最被重视的一种学说，该学说是在18世纪由德国哲学家康德和法国天文学家拉普拉斯提出来的，他们认为，太阳就是由一块星云收缩形成的，先形成的就是太阳，剩余的星云物质进一步收缩演化形成行星，但星云说对许多观测的事实难以解释，使该学说长期处于困境。

直到本世纪，随着现代天文学和物理学的发展，恒星演化论的日趋成熟，星云说焕发了新的活力。太阳系是宇宙中一个普通的星系，由星云形成是必然的结果。现在，关于星云具体是怎么演化的，观点尚有分歧。

在1972年法国尼斯城召开的国际太阳系形成的学术论坛会上，基本肯定了星云说。我国天文学家戴文赛在其《太阳系演化说》一书中提出了一种"新星云说"。是目前较全面系统的总结性论著，是集古今天文学之大成者。要点如下：

(1) 太阳和行星，彼此物质组成相似，年龄相当，因此太阳系是由同一星云演化而成的，而且是从银河系里分化出来的。

(2) 太阳星云在自身的引力作用下不断收缩，在收缩过程中位能转化成热能，使星云旋转加快；当惯性离心力与引力相等时，星云外部的质点便停留在原来轨道上再向星云中心接近；当内部继续收缩时它们便与星云分离，并在原来的轨道上继续围绕太阳转动，形成一个很扁的星云盘，类似土星的光环；云盘不断发展，其中的质点通过一系列的引力吸积，逐渐发展形成了行星系。

（3）行星系是在太阳的直接作用下形成的。当太阳星云中心部分增温达到热核反应的条件后，太阳就形成了一颗恒星，开始光和热的辐射。离太阳较近的部分，氢元素和其他挥发性物质受到太阳的辐射压力和太阳风的驱逐而逐渐跑掉，剩下的主要是一些较重的元素，如硅、氧、铁、镁等，部分物质又受太阳引力作用而落入太阳。离太阳较远的部分，原有的气体物质得以保留，其成分与太阳一样，以氢氦为主，质量大，密度小，脱离速度慢，氢元素也易跑掉，它们上面的氮、氧、碳元素较多。氢只有与氮、氧、碳化合为氨气、甲烷和水才能被保留下来。这些物质在宇宙发展演化过程中可以形成多种矿物、岩石或宝石与玉石，落入地球则称陨石。

（4）关于行星自转的快慢，卫星的形成，太阳系角动量特殊分配问题，戴文赛都作了合理的论述。

星云说，可以较好地说明星系的形成，但原始星云是怎么形成的？未能回答。

近年来，天文学家发现，金牛星里有一颗变光星，其红外线辐射相当强，是一颗还处于早期演化阶段的恒星，在这颗恒星周围的尘埃云很可能还在形成行星系列。美国的地质学家在西部沙漠地区，发现几乎全由钻石组成的陨石，应是衰亡期白矮星崩落地球的残骸。这些都说明，天空的星星与生物一样，有生有死，是有寿命的物体。

人类由于更多地了解了宇宙，所以才有了今天的文明进步，了解宇宙的组织、结构和物质与能量转换，不仅是天文学家的事，也是地质学家和宝石学家不可或缺的知识，因为所有的矿产资源都是宇宙创造的。

从目前来看，大爆炸理论与实践最为接近，然而也存在一些问题，比如该理论不能很确切地解释"所有物质和能量聚集在一点上"。

人们在探讨宇宙形成的过程中，有一个问题是不可回避的，那就是构成天体的物质从何而来，物质的质量是怎么产生的。

科学家们在长期研究和探索中，建立起称作《标准模型》的粒子物理学理论，它把构成物质的亚原子结构分成三大类：夸克、轻子和玻色子，并预言有62种基本粒子存在。但是这个模型在把各种粒子归类统合的同时，存在一个致命缺陷，那就是无法解释物质质量的来源以及为何有些粒子有质量而有些粒子没有质量。虽然已有61种粒子获得实验证实，但能解释物质质量之谜的最重要也是最后一种基本粒子希格斯玻色子至今未被发现。

由于希格斯玻色子难以寻觅，被称为"上帝的粒子"。2012年7月2日与7月3日，美国与欧洲费米实验室相继宣布他们都找到了玻色子（尚未被最终证实）。玻色子是物质的能量之源，是夸克和电子等形成质量的基础。玻色子自转为零，其他粒子在它的作用下产生质量。这就为宇宙的形式奠定了基础。

第二节 地质作用

地质作用，是指发生在地球上的自然动力所引起岩石圈（或地球）的物质组成、内部结构和地表形态变化的作用，或称动力地质作用。引起各种地质作用的自然动力称为地质营力，如吹扬的风，流动的地表水、地下水、海（湖）水、冰川以及火山喷发、地震等。

地球在漫长的地质历史中，地质作用从未停止过，并以各种形式表现出来，导致岩石圈中原有的物质组成、内部结构和地表形态遭到破坏，与此同时形成了新的物质组成、内部结构和地表形态。因此，地质作用是在破坏中再造，在再造中破坏，使岩石圈总是处于新的平衡状态。

按引起地质作用的能力来源，地质作用可分为内力地质作用（内动力地质作用）和外力地质作用（外动力地质作用）。这些地质作用，均发生于地球发展演化的过程之中。地壳中那些金、银、宝石，可能就是形成地球的星云中那些恒星爆炸的碎屑，被裹入进来的，后经地质作用而成矿的。

一、地球特性

地球是宇宙里太阳系中的一颗既普通又特殊的八大行星之一，它和其他行星一样，是由许许多多的恒星爆炸的碎片（星云物质）相互碰撞黏合出来的，而这种黏合需要有不受外界干扰的条件，即在其附近不能有过于强大的引力。地球距太阳 1.496×10^8 km，体积为 1.0832×10^{12} km³，表面积为 5.101×10^8 km²，赤道半径为 6 378.137km，两极半径为 6 356.752km。南半球略粗，南极向内凹约 30m，北半球略细，北极向外突出约 10m。状似鸭梨，故有人称为"地球梨形体"，是一个由赤道半径，极半径构成的梨形椭圆绕极轴（地轴）旋转的椭圆球体。在宇宙飞船上看，地球是一个被大气裹着的蓝色星球，如阿波罗 8 号的宇航员所说："地球是混沌广漠的宇宙中一片壮丽的绿洲"。在太阳系中，唯独地球是一个繁荣昌盛、生机勃勃的有生物的世界。究其原因，是地球在太阳系中有一些独特的优越条件（图 2-4）。

（一）地球的时空特征

（1）地球与太阳的距离适中，加上自转（一昼夜 23 小时 56 分 4 秒）和公转（365.256 年）周期适当，使得地球能均匀地接收适量的太阳辐射。地球表面平均温度约为 15℃，适于万物生长，而且能使水在大范围内保持液态，形成水圈。

（2）地球的质量虽不大，但密度较大，由重元素组成，具有一层坚硬的岩石外壳，能储存液态水。岩石上层经风化发育形成土壤层，能为动、植物生长发育提供良好的基床。

（3）在地球引力作用下，大量气体聚集在地球周围，形成包围地球的大气层。大气层对地面的物理状态和生态环境有决定性的影响（图 2-5）。

地球的大气经过长期的演化，目前主要由 N、O 组成，并含适量的水汽。地球的大气除了提供生物呼吸的氧气，还能调节地表温度，大气的循环使地面获得大范围的降水，大气还能保护地面不受流星的直接撞击。另外，地球大气中含氧丰富，高空氧在太阳紫外线作用下形成臭氧层，臭氧层吸收太阳紫外线辐射，使之不能到达地表，以防止对生物的伤害。

（4）地球有较强的偶极磁场。地球磁场在太阳风的作用下形成了磁层，它对太阳风带来的高能粒子具有阻挡及捕获的作用，使地球上的有机体免受伤害。

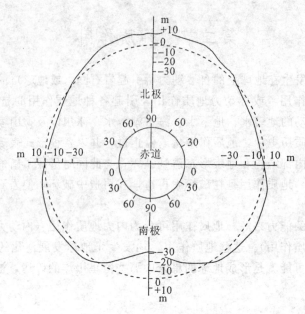

图 2-4 地球的形状示意图
(据 D. G. King-Hele 等,1969)
实线——大地水准面圈闭的形状(比例夸大);虚线——旋转椭球体形状

图 2-5 自然天文图

综上所述,在太阳系八大行星中,只有地球才具备为生命的形成和发展所必需的自然条件。地球上面形成了岩石圈、大气圈和水圈,无机质逐渐变化为有机质,进而演化成原始生命,原始生命经过长期演化又发展形成庞大的生物圈。这四个圈层互相作用,相互制约,组成一个复杂的自然综合体。是我们人类衣食住行的家园。

(二) 地球物理性质

1. 密度

地球的平均密度是指单位体积所具有的质量。地球的平均密度为 $5.516g/cm^3$。根据万有引力定律计算出地球的质量为 $5.974×10^{21}t$。地球密度分布不均：海水的平均密度为 $1.028g/cm^3$，地壳表层的密度为 $2.7g/cm^3$，地下 33km 处为 $3.32g/cm^3$，大约 2 990km 处密度由 $5.56g/cm^3$ 突增至 $9.98g/cm^3$，至 6 371km 处达 $12.51g/cm^3$。

2. 压力

地球内部压力，按静压力关系式 $P=\int_0^h gpdh$ 计算，地下 10km 处压力约为 3 000 大气压，33km 处为 12 000 大气压，2 885km 处为 1 325 000 大气压，地心压力估计已达 360 万大气压。

3. 重力

所谓重力（gravity）是指地球质量对物体产生的引力和该物体随着地球自转而引起的惯性离心力的合力。由于离心力很小，故重力方向大致是指向地心的。地质学家把地球内部及其附近存在重力作用的空间称为地球的重力场。在重力场中，物体所受重力作用的大小还与其本身的质量有关。单位质量的物体在重力场中所受的重力称为重力场强度。它在数值上（包括方向）等于重力加速度。通常将两者统称为重力。

将地球当作均一的圆滑球体，可根据其形状大小、质量、密度、自转的角速度及各点的所在位置等，运用牛顿万有引力定律和惯性离心力公式计算出地球表面上各点的重力值，这个重力值称为正常重力值，以 g_0 表示。国际地球物理及大地测量联合会 1979 年推荐的正常重力公式为：$g_0=9.780\ 327\ (1+0.005\ 302\ 4\sin^2\phi-0.000\ 005\sin^2\alpha\phi)$，式中 ϕ 为纬度，重力单位为 m/s^2。地球引力（重力值的近似值）与物体的质量成正比，与物体到地心的距离成反比。因此，地表的重力值随纬度的增加而增大（赤道处最小，两极最大），随着高度增加而减小。在地球内部，2 885km 处重力最大（因地核密度最大），约 $10.69m/s^2$，2 885km 以下重力值开始下降，至地心处重力值为零。地面的平均重力值为 $9.81m/s^2$。

由于地球各处的物质密度分布不均匀和地质构造的差异，实测重力值常常与正常重力值（理论值）不完全一致。二者差值称为重力异常。重力异常有正、负两种。实测值大于理论值叫正异常。如地下有金、铜、锌、铅、铁、钴、镍等金属或贵金属矿床，由于密度大，而呈现正异常。若地下赋存有石油、石膏、盐岩，地下水体等，由于它们密度小，而呈现负异常。根据这一原理，可用重力测量来了解地球内部结构和矿产分布情况。

4. 磁性

地球的固体部分好像一个被磁化了的磁体，在地球的周围形成了一个有磁力作用的空间，称为地磁场。地磁场分布范围广阔，从地球核心（地核）到空间磁层边缘处都有分布。地磁场近似于一个放在地心的磁棒所产生的磁偶极子磁场，偶极子磁轴与地面的交点为地磁极，它有两个磁极，磁南极（N）和磁北极（S）。磁南极位于地球南极附近。但地磁两极和地理两极是不吻合的，而且地磁极的位置不断变化。磁轴与地球旋转轴也不相重合，两者交角为 11°44′。地磁极的迁移主要是由于地球内部物质的运动以及太阳辐射、宇宙射线、大气电离层等的变化引起的。如 1970 年磁北极位于 76°06′N 和 101°W，1980 年磁北极位于

78°12′N和102°54′W。地面上地磁场（T）由稳定磁场和变化磁场两部分构成。稳定磁场（Ts）主要来源于地球内部，中心偶极子磁场 To 和非偶极磁场之和，称为地球基本磁场；变化磁场主要由外部的变化所引起。二者相比，一般变化磁场为稳定磁场的万分之几到千分之几，偶尔达到百分之几。当实际观测的磁场数据与基本磁场数据（称正常值）不相吻合时，称为地磁异常。地磁异常是叠加在地球基本磁场之上，由地壳内部的岩石矿物及地质体的磁性差异引起的磁场。若地壳中存在磁性岩体和矿体（如铁矿，镍矿，超基性岩等），测定的地磁场要素值大于地球基本磁场，叫正异常；反之，则叫负异常，若地壳中存在金矿、铜矿、盐矿、石油、花岗岩体等，就会出现负异常，即实测值小于正常值。因此，可以利用测定磁场强度的异常情况来找矿或研究地质构造，另外，根据对地质历史时期磁场（古磁场）的研究，可以了解古代的地质构造。

5. 地热

根据温泉、火山、构造运动及地震等观测，地球是一个巨大的载热体，蕴藏着丰富的热能，而且由地表至地球深处温度越来越高，地热梯度为 2～3℃/100m。1974 年普雷斯根据有关地球物理探测等资料推测：

——100km（上地幔局部熔融开始），1 000～1 200℃；

——400km（上地幔橄榄石-尖晶石的相变带），1 500℃；

——700km（尖晶——FeO，SiO$_2$ 相变带，上下地幔界面），1 900℃；

——2 900km（地幔地壳分界面），3 700℃；

——5 100km（内、外核分界面），4 300℃；

——6 371km（地心），4 500℃。

地球热能（温度）的来源，主要有两个方面：一是从太阳辐射的能量中获取，据计算，地球一年可从太阳辐射的能量中获得 5.44×10^{24}J 的能量，相当于 160 万 t 煤燃烧产生的热量；二是地球内部以各种方式产生的热能，如放射性元素衰变时产生的热能，尤其是 ^{238}U、^{235}U、^{232}Th、^{40}K 三元素是内热主要来源。在 0～100km 深度范围内，其热量约占总热量的 50%，在 100～200km 深度范围内，放射性热源占 25%。地球内放射性元素一年内衰变释放出的热能可达 2.14×10^{21}J。其次是地球的重力热，这是地球在演化过程中原始物质聚集，体积收缩时所释放出的重力能和物质碰撞动能所转换的热能。重力热能作为辐射能由地表向外空间散失，另一部分使地球加热。另外，潮汐摩擦热和化学反应释放热等，亦是地热的来源。

地球内部温度分布是不均匀的，按垂直分布情况，可分为 3 层，即变温层，常温层和增温层。

(1) 变温层。亦叫外热层，位于地球的最表层，平均厚度 15m 左右。其热量主要来源于太阳的辐射能，因此该层温度明显受地表温差变化的影响，并随季节，昼夜更替发生昼夜，季节和多年周期的变化。一般日变化的深度为 1～1.5m，年变化的深度可达 20～30m，但随着深度增加，影响逐渐减弱。

(2) 常温层。该层位于变温层之下，其深度大致为 15～20m，可达 40m，各地不一。一般是中纬度地区较深，两极及赤道较浅，内陆地区较深，海滨地区较浅。该层的地温不受季节、昼夜更替的影响，常年保持不变，是太阳辐射能影响的极限，其温度大致等于该地的年平均温度。

(3) 增温层。增温层位于常温层之下,其温度受地球内部热源的影响,因此随深度的增加而升高。地质学家规定,在常温层以下,深度增加 100m 所升高的温度称为"地温梯度"或"地热增温率"。地球表层的地温梯度平均约 3℃,即 3℃/100m(根据地球浅部实测平均值),一般只适用于 33km 地壳以内的地温分布规律。

实测资料表明,地球各地的地温梯度是不同的。如海底为 4~8℃/100m,大陆为 0.9~5℃/100m。地表地温梯度明显高于平均值的地区称为地热异常区,当地温异常达到一定程度时,就可开发利用(如用于发电、医疗、农业、日常生活等)。有人估计,目前能开发利用的地温资源约相当于 29×10^{11} t 的煤。因此,地热是一种很重要的自然资源,另外还可根据地热的分布状况来研究地质构造和指导找矿。

6. 弹性与塑性

地震波能在地球内部传播。地壳表面的岩石,在太阳、月亮等星球引力的作用下可发生如"潮汐"似的升降运动(幅度可达 7~15cm),这些都表明地球具有弹性。地球内部的弹性状况,主要是通过地震波在地球内传播的速度来确定的,地震波按传播方式分为体波和面波两种。体波又分为纵波和横波,它的质点振动都是直线运动,纵波(P 波)是质点振动方向与地震波传播方向一致,而横波(S 波)是二者方向相互垂直。由于它们都是在介质中传播故叫体波,纵波传播速度是横波的 1.73 倍。而面波是只能沿弹性体分界面传播的地震波,面波质点振动比较复杂,传播速度更慢,只有横波速度的 3/4。地震波的传播速度与介质的密度和弹性性质有关,其关系式为:

$$v_p^2 = \frac{K+\frac{4}{3}\mu}{\rho}, v_s^2 = \mu/\rho$$

式中:v_p 为纵波速度;v_s 为横波速度;ρ 为介质密度;K 为介质的体变模量(表示物体在围压下缩小的程度);μ 为介质的切变模量(表示物体在定向压力下形状改变的程度)。

体变模量中,液体 K 大,体积很难缩小;固体 K 大,可缩小。切变模量中,固体 μ 大,不易变形。如水的 μ 为零,最易变形。

因此,当地震波的波速发生变化,就意味着地球内部物质的密度和弹性等性质发生了变化,并发生反射、折射以及转换(S 转换为 P,P 转换为 S)。这样,根据地震波在地球内部的传播速度的变化情况,就可判断出地球内部的结构及物质的存在状态。因此地震波是划分地球内部圈层的主要依据。如横波在大约 2 900km 深度处突然消失,在 4 640km 处又出现,说明在两个深度之间的物质为液态,其切变模量应等于零。

(三)地球圈层结构

地球自太阳星云中诞生以来,经过 46 亿年的不停自转、公转、极移运动以及地球内部增温,使其物质组成发生沉浮分异,形成了特殊的圈层结构。地球的圈层以地表为界,分为外部圈层和内部圈层。外部圈层为大气圈、水圈和生物圈三个各自封闭而又相互影响、共同发展时复杂的自然综合体,称为地理外壳;内部圈层是由岩石圈、地幔和地核三个同心圈层组成(表 2-1)。

地球形成初期,各种物质混杂在一起,近似均质体;分层作用与地球内部热力有关。

当地球物质集聚到足够大的时候,质点之间彼此发生碰撞,动能转化为热能,同时地球收缩由位能转化为热能,加之放射性元素在蜕变中释放的热能等,使地球内部增温。物质中

表 2-1 地球的内部圈层和主要物理数据

圈层				地震波速度(km/s)		密度	重力	压力	温度
名称		代号	深度(km)	纵波v_p	横波v_s	(g/cm³)	(Gal)	(10⁶atm)	(℃)
岩石圈	地壳	A		5.6 ~ 7.0	3.4 ~ 4.0	2.6 ~ 3.0	981 ~ 984	1×10⁻⁶ ~ 0.01	14 ~ 1 000
	莫霍面		大陆33						
软流圈	地幔 上地幔	B′	60	8.0	4.4	3.32			
		B	100	8.2	4.6	3.34	984.7	0.019	500~1 100
		B″	150	7.8	4.2	3.4		0.031	700~1 300
			250	7.7	4.0	3.5		0.049	800~1 400
			400	8.2	4.55	3.6	989	0.068	1 000~1 600
		C		9.0	4.98	3.85	994	0.14	1 200~2 000
				10.2	5.65	4.1	995	0.218	1 300~2 250
地幔圈	下地幔	D	1 000	11.43 ~ 13.32	6.35 ~ 7.11	4.6 ~ 5.7	994 986 ~ 1 050	0.4 ~ 1.34	1 850~3 000 2 500~3 900 2 800~4 300
	古登堡面		2 898						2 850~4 400
外核液体圈	外核	E	3 500	8.1 8.9	0.0 0.0	9.7 10.4	880	1.93	3 700~4 700
内核固体圈	地核 过渡层	F	4 640 4 900	10.4 10.4	2.07 1.24	12.0 12.5	610	2.98 3.2	4 500~5 500 4 700~5 700
			5 155	11.0	3.6	12.7	430	3.32	4 720~5 720
	内核	G	5 500	11.2	3.7	12.9	300	3.5	4 900~5 900
			6 371	11.3 13.0	3.7	13.0	0	3.7	5 000~6 000

的铁因熔点低密度大，硅酸盐则熔点高密度小，在地球内部温度升达铁（镍）熔点时，铁镍就开始熔融，在重力作用下，渗过未熔融的硅酸盐流向地心。长此以往，地球内部开始了逐渐分层作用（图2-6）。

地球内部的增温，不仅造成地球内部圈层形成，同时也是外部圈层形成过程。地球形成之初的太阳星云中的氢和氦业已散逸。因地温升高，封存于地球物质中的气体氨、甲烷、水汽、一氧化碳、二氧化碳和含硫气体被释放出来，除氢与氦外，均难向空气中排逸，而成为地球的第二代大气。大约在20亿年前海洋中出现微生物，4亿年前绿色植物在陆地繁衍，导致地球大气成分又发生变化，叶绿素在太阳光照射下进行光合作用，吸收二氧化碳，制造有机物并放出氧气。经过长期的演变，现代大气中氮占78%，氧占21%，其他气体总共为1%，从而构成地球上的第三代大气。因此，在地壳外部就形成了大气圈、水圈和生物圈。

今天的大气圈、水圈和生物圈、岩石圈、软流圈、地幔圈和地核七大圈层，都成为国土资源形成的主导因素。

1. 大气圈

大气圈是地球的保护层，由各种气体混合物构成的环绕固体地球的连续圈层，位于星际

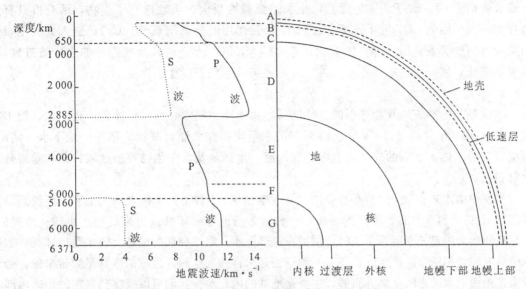

图 2-6 地球内部的结构及 v_p、v_s 分布示意图
（引自汪新文等，1999）

空间与地面之间。上至5万km，下至地下3km，总质量约 $5.136×10^{18}$ kg，占地球总质量的 $9/10^7$，其中73%聚集在距地面10km范围内。大气的物理上界（极光现象）定为1 200km，根据大气密度接近于星体密度的高度估计大气的上界在2 000~3 000km。在25km高度范围的干净空气中，氮占78.09%，氧占20.95%，氩占0.93%，CO_2 占0.03%，氖占0.001 8%。大气圈可以防止地球免遭流星的撞击以及紫外线的辐射，使地球保持恒定的温度和水分，也是促进地表形态演化的重要动力和媒介，更是人类和生物赖以生存必不可少的物质条件之一。

根据大气的温度、压力及运动特点，自下而上可分为对流层、平流层、中间层、电离层（暖层）和扩散层（逸散层）。其中与人类和地质作用最密切相关的是对流层。另外，在平流层中还分布一层臭氧层。臭氧层离地面10~15km，它能阻挡太阳紫外线射入地球表面，以保护生物的生存。现因大气环境污染，导致臭氧层分子（O_3）分解，臭氧层变薄，进而引起紫外线辐射和大气热力平衡的变化，这将给人类带来巨大灾难。有科学家认为，北极上空的臭氧层已被"击穿"，构成了一个巨大的天窗。南极上空的臭氧层也在变薄。目前各国科学家们正在检测研究中。

对流层位于大气圈底部，与固体地球直接接触，其质量占大气圈总质量的79.5%，主要成分是氮和氧（约占98.5%），此外，还有二氧化碳、水蒸气和尘埃、烟粒等固态杂质。对流层中大气的温度主要是吸收底层的辐射热，温度随高度增加而降低。由此引起热空气与冷空气的对流。大气对流是引起刮风、下雨、冰雪等天气现象的重要原因。也是推动水圈循环，生物生长，改造地表面貌，气候带和风成砂矿的重要因素。

地球的大气圈层，自地球伊始至今，其大气成分处于不断的变化中。远古的大气圈以 CO_2、CH_4、NH_3 和 H_2O 为主，而不含氧（O_2），是一个还原圈，大量的 CO_2 使 Fe、Mn 等元素以 $Fe(HCO_3)_2$ 和 $Mn(HCO_3)_2$ 的形式存在与迁移。由于没有氧化作用，地壳中的硫化物分布十分广泛，而且主要是以FeS的形式存在，加之原始地壳水中K、Na、Ca、Mg

元素大大高于 Cl、S、P、V 等元素,地面呈强碱性反应。当地球有了生物,活有机具有光合作用,大气圈的 CO_2 与叶绿素中的 H_2O 相互作用而分离出氧气(O_2),进入大气中,逐渐使大气圈变为氧化圈。但自工业化以来,CO_2、SO_2 大量进入大气圈,加之植被被破坏,地表沙漠化,使得大气成分正在返古,自然灾害日趋频繁发生。

2. 水圈

水圈是与地球表层互相连通的连续圈层,由海水、湖水、河水、冰雪、地下水、雨水构成,总体积约为 $1.386 \times 10^9 km^3$,约 97% 的水量集中在海洋,其次为冰川、地下水、湖泊、河流等各种水体。水圈的成分,温度,含盐度,水循环及水中生物等的区域特征和垂直分带性都很明显。

水圈中的水来自何方,有种种说法。诗人李白说:"君不见黄河之水天上来,奔流到海不复回"。目前,科学界有着不同的看法:一种认为是地球内部释放出来的初生水转化而来的。地球从原始太阳星云中凝聚出来时,便携带这部分水;第二种认为地球上的水是地球吸收太阳风中的氢和氧相结合而产生的;还有一种说法是来自外太空闯入地球的冰彗星雨带来的。今天看来,地面上水的来源是多方面的,主要是地球的内含水。我们可以观察到现在的地球内部和外部(地表)都有水。这是地球经历 46 亿年演化的结果。可以设想,在地球刚形成时,温度很高,地壳很薄而且不稳定,地球上的水很少,形成蒸汽于空气中,多数的水存在于炽热的地心中呈结构水、结晶水等形式赋存于矿物中。随着地热的增高,地球内部的水蒸气及其他气体,越聚越高,终于胀破地壳,喷射出来,而地表温度逐渐降低冷却成液态水。大约在 20 亿到 30 亿年前,浓云化作倾盆雨落到地表,这样经过几百万年不停的下雨,使地面温度降到 100℃以下,雨水慢慢汇集起来,形成滔滔洪水,通过千川万壑汇集成巨大的水体,形成了原始海洋,同时一部分氢、CO_2、氨和甲烷,还有许多矿物质等亦被带入原始的海洋。原始海洋中的水量,约为现在的十分之一。原始海洋中的水不断蒸发,反复地形云致雨,雨水冲刷地表岩石,从中溶出盐分流入海洋。经过几亿年的积累融合,使海水逐渐变咸。

可是海洋形成初期,地球上缺氧,经过几十亿年发展才使海洋中氧气有了足够的浓度。但氧气几乎全被许多金属类的无机物吸取了,早期的氧气基本上轮不到动物享用。所以在地球的某个时期,海洋一定是红的(氧化铁浸染),天空中到处是 CO_2。大气圈中没有臭氧层,紫外线直射地表。氧气大约在寒武纪时(5 亿年)注满了海洋,生物出现了,海水也渐渐变蓝了,植物吸收 CO_2 吐出 O_2,动物吸收 O_2 吐出 CO_2。经过 35 亿年,氧气覆盖了整个地球,天空晴朗了。水是陆源碎屑的最大搬运者,沉积矿床的奠定者。

水圈中最大的水体是海洋。所谓海洋是地球上广大连续的咸水体的总称,由海和洋两部分组成。主体是海水,包括海内生物、临近海面的大气、围绕海洋边缘的海岸以及海底几部分。

1)洋

洋是海洋的中心部分,是海洋的主体(占 89%)。面积辽阔,水深 3 000m 以上,最深处可达 1 万多米。水温和盐度变化不大。

每个洋都有自己独特的洋流和潮汐系统,透明度很高,水中杂质很少。

现已认定,全世界有 5 个大洋,即太平洋、印度洋、大西洋、北冰洋和南大洋。在这些蔚蓝色的大洋中,太平洋是最古老的海洋,是泛大洋演化发展的结果。大西洋、印度洋是年轻的新生海洋,大西洋形成到现在这样的面貌,只有五六千万年的历史,而印度洋的形成年龄更小一些。随着时间的发展,大陆海洋在地球深部运动的作用下,仍在不断地变化之中。

分布地球南、北两极的大洋分别称南大洋和北冰洋。南大洋是2 000年国际水文地理组织认定的，它是围绕南极洲的海洋，故又称南极洋。

(1) 太平洋。名字由费尔南多·麦哲伦所起。

1519年9月21日因受政府迫害逃到西班牙的麦哲伦，率船以绕过好望角，横渡印度洋，穿过马六甲海峡到达菲律宾棉兰老岛。这么一条新航路，困难无法形容。终于在1520年10月21日发现了一条水道，但这里气候十分恶劣，经过28天战风斗浪，经受510km航程，闯出这条被后人命名为"麦哲伦海峡"的航道，眼前茫茫一片的大海烟波浩渺，风平浪静，灿烂的阳光照耀着天空，绚丽多彩，一派宁静太平景象。百感交集的麦哲伦于是在海图上把眼前这块洋面标明为"太平洋"。说来也巧，在太平洋航行的3个月，未遇风险，一路顺风，终于在1521年3月28日船队抵达菲律宾棉兰老岛。太平洋为世界所公认。

太平洋位于亚洲、大洋洲、南极洲与美洲之间，东西宽19 000km，南北最长16 000km，面积达1.8亿km^2，占全球面积的35%，占全球海洋面积的50%，超过了全球陆地面积的总和。它是地球上五大洋中最大、最深和岛屿、珊瑚礁最多的海洋，平均水深4 028m，最深的马里亚纳海沟最深达11 034m，为世界之最。有趣的是在西印度群岛中有一个无人的小岛，其上布满着大片沼泽地，这个小岛会自转，每242时转一周，而且都按照同一个方向进行有规律的自转，至今不知何故。

太平洋是最温暖的大洋，有"太平洋火圈"之称。海面均温19℃（全球水温平均17.5℃），这是由于很窄的白令海峡阻碍了北冰洋冰水流。这里，热带水面宽，储存的热量多，所以台风多（占全球70%），活火山多（占85%），地震多（占80%），东西两岸有环形山系和岛屿火山活动，地震频繁，太平洋是个"热圈"。

(2) 大西洋。它位于直布罗陀以西，原名"西方大洋"（Atlantic）。Atlantic是根据古希腊神话中的大力士Atlas的名字而来。Atlas的哥哥普罗米修斯因盗取天火给人间犯了天条而受株连，神王迪斯令他支撑石柱使天地分开，于是成了众人心目中顶天立地的英雄。希腊人最初以其名命名非洲西北部的土地，后因传说他住在遥远的地方，以为是一望无际的大西洋，故有了"大西洋"这个称谓。

大西洋位于欧洲、非洲、美洲和南极洲四洲之间，整个轮廓略呈S形。海龄距今约1亿年。它南接南极洲，北以冰岛—格陵兰一带蒂斯海峡—拉布拉多半岛的伯韦尔港与北冰洋分界，西南通过南美合恩角的经线同太平洋分界，东南通过南非厄加勒斯角的经线同印度洋分界。平均深度3 627m，最深9 219m，面积9 336.3万km^2（占总洋面25.4%）。现在正在扩张，把两岸分开，将来会赶上或超过太平洋。

传说大西洋中曾经消失了一个神秘文明的亚特兰蒂斯帝国的古老大陆——大西洲。传说大西洲沿岸多山，中央为一开阔肥沃的大平原，环形的运河和陆地把整个岛屿分成五个同心圆似的行政区，另一条运河则可以从中心贯穿各区，直到海洋。在9 000年前，与雅典的一场战争中突遭地震和水灾，不到一天就全沉海底。无论如何，今天大西洋周围几乎都是世界上各大洲最为发达的国家和地区，凡是与它有关的航海业、海底采矿业、渔业、海上航运业等都非常发达。

在加拿大东部的北大西洋上有一个长120km、宽16km的小岛（沙洲）会向东快速移动，已使500多艘船只在这里沉没，5 000多人丧生于海底。其速度之快令人无法躲避，附近的海域被称为"大西洋坟场"。

(3) 印度洋。中国古称"西洋",古希腊曾称为"厄立特里亚海"(意即红色的海),到了公元 1515 年欧洲地理学家舍纳画的地图上改为"东方之印度洋"(当时欧洲知道东方有个印度)。15 世纪末葡萄牙航海家达·伽马,绕过好望角进入这个洋,并找到了印度,就正式把"通往印度的洋"称为印度洋了。

印度洋位于亚洲、非洲、大洋洲与南极洲四洲之间,面积 7 491 万 km^2(占总洋面 1/5),平均深度 3 897m,最深处爪哇海沟 7 729m。它的北部是封闭的,南段敞开。西南使好望角与大西洋相通,东部通过马六甲海峡和许多水道等流入太平洋,西北通过红海、苏伊士运河,通往地中海。因地处热带故又称热带的洋。

印度洋是地球上最年轻的海洋。在 1.3 亿年前,北大西洋就从一个很窄的内海裂开扩大,它的东部与古地中海相连,西部与古太平洋相通,那时南美洲与北美洲还是彼此分开的。随后南方古陆开始分裂,南美洲与非洲分开,两块大陆开裂漂移形成海洋。海水从南面进出,形成非洲与南美洲之间的一个大海盆。南方古陆的东部也开始破碎分开,使非洲同澳大利亚、印度、南极洲分开,于是就出现了最原始的印度洋。这个大洋上有许多美丽的岛屿,奇特无比。印度洋北部的波斯湾盛产石油,霍尔木兹海峡是石油海峡,每年 3 万多艘油轮从这里通过。这里被看作是油库的总阀门。

(4) 北冰洋。在地球的最北部,以北极为中心的周围地区是一片辽阔的水域,这就是北冰洋。"北冰洋"希腊语意为正对着大熊星座(即北斗七星)的海洋,1650 年荷兰探险家威廉·巴伦支把它划为独立大洋,1845 年在英国伦敦地理学会上正式定名。

北冰洋被欧洲大陆和北美大陆环抱着,有白令海峡与太平洋相通。它是最小、最浅的大洋。面积 1 479 万 km^2,体积 1 698 万 km^3,平均深度 1 300m,故又称"北极海"。水温 $-1.7℃$,洋面上有常年不化的冰层(厚度 2~4m,北极点厚达 30m)。

每当这里的海水向南流进大西洋时,随处可见随波逐流的一簇簇巨大的冰山,给航运业带来了一定的威胁。

因位于地球最北部,每年都有独特的极昼与极夜现象出现,半年昼半年夜,还有五颜六色的极光现象,像飘舞在半空中的彩条。

在这样恶劣的环境里仍有人居住,那就是爱斯基摩人,没有文字,没有货币,自由自在地生活。现已开始接受现代文明,生活发生了巨大的变化。

(5) 南大洋(南极洋)。又叫南冰洋,就是围绕南极洲的海洋,是太平洋、大西洋和印度洋南部的海域。

南极洋在地球上有着非常特殊的位置。其北界为南极辐合带——水温、盐度急剧变化的界限,位于南纬 48°~62°之间,这条线也是南大洋冰缘平均分布的界线。重要的是其面积 7 500万 km^2,是世界上独一环绕地球而没有被任何大陆分割的大洋。它具有独特的水文特征,不但生物丰富,而且对全球的气候亦有举足轻重的影响。在这个美丽的大洋上有许多可爱的动物,其中最突出的是打洞专家——威德尔海豹,它需要不断浮出水面进行呼吸,每次间隔时间为 10~20min,最长可达 70min,它为此打个冰洞才能进出水面,呼吸和进行活动。打洞过程中,嘴磨破了,鲜血直流,牙齿磨短了、磨掉了,再也不能进食,无法打洞了,因此,其寿命只能活 8~10 年,有的活 4~5 年就丧生了,最严重的是有的威德尔海豹还没有钻出洞口,就因缺氧和体力耗尽而死亡。

2) 海

海是大洋边缘靠近大陆部分的海域，面积小（占海洋面积11%），深度较浅（1～3 000m）。受大陆、河流、气候和季节的影响。水温、盐度和透明度都受陆地影响，出现明显的变化：盐度大，透明度差。和大洋相比，海没有自己独立的潮汐与海流。

现在，根据国际水道测量局的海名汇录，全世界共有54个海。按照它们所处地理位置不同，可分为边缘海（位于大陆边缘，以岛屿、群岛或半岛与大洋分隔，以海峡、水道与大洋相连，如东海、南海）、陆间海（位于大陆之间，以狭窄海峡与大洋或其他海相通，如地中海）和内海（位于大陆内部，如波罗的海、黑海）。

(1) 南海。是世界第三大陆缘海，通过巴士海峡、苏禄海和马六甲海峡与太平洋和印度洋相连，面积约有356万km²，相当于16个广东省那么大。我国最南边的曾母暗沙距大陆达2 000km以上，是邻接我国大陆最深、最大的海，平均水深约1 212m，中部深海平原中最深处达5 567m，比大陆上西藏高原的高度还要深。另外，南海位于太平洋和印度洋之间的航运要冲，因此具有重要的战略意义。

(2) 地中海。介于亚洲、非洲、欧洲三洲之间的广阔水域，是世界上最大的陆间海，也是古代文明的发祥地之一。因处于亚欧大陆与非洲大陆的交界处，是世界强烈地震带之一。此外还有著名的火山（维苏威火山、埃特纳火山等）。由于它的特殊地理构造，有与众不同的气候特点：夏季干热少雨，冬季温暖湿润。同时具有重要的陆间海交通作用。但是它曾经干涸过，在不同深度的海底沉积物中的石膏，盐岩和其他矿物的蒸发岩，经测定，其年龄距今500万～700万年，证明其间曾是一片干涸荒芜的沙漠。

(3) 黑海。因海水的颜色深黑而得名。它原是古地中海的一个残留的，很大、很孤立的海盆，海底有大量有机质腐化淤泥。黑海面积约420 300km²，东西长1 180km。它是一个很大的缺氧海洋系统，常释放出有毒的H_2S与CO_2，其深海区和海底几乎是一个死寂的世界。由于黑海是连接东欧内陆和中亚高加索地区出地中海的主要海路，故其在航运、贸易和战略上的地位非常重要。

另外同属内海的波罗的海，盛产琥珀，名扬天下。

3) 水的循环

水循环是指自然界的水在水圈、大气圈、生物圈和岩石圈四大圈层中通过各个环节连续运动的过程。自然界的水循环运动时刻都在全球范围内进行着。它发生的领域有海洋与大陆之间，陆地与陆地上空之间，海洋与海洋上空之间。

水在地球环境中，以气态、液态和固态三种形式相互转化形成各种水体，共同构成了一个连续但不规则的圈层。在水的三态中，气态水数量最少，但分布最广；液态水数量最大，分布其次；固态水仅在高山、高纬度或特殊条件下，才能存在。

分布在陆地上的各种水体，其数量虽然只占全球水储量的3.04%，但在自然环境中的作用非常巨大，它供应了人类生产和生活所需要的淡水。在地球淡水中，冰川是主体，全球冰川面积约占陆地总面积的1/10，水量约占淡水总量的2/3，但目前利用的还不多。从水的运动和更新的角度看，陆地上各种水体之间具有水源相互补给的关系。

水在海陆间循环是指海洋水与陆地水之间通过一系列过程所进行的相互转换运动。广阔的海洋表面的水经过蒸发变成水气，水气上升到空气中随着气流运行，被输送到大陆上空，其中一部分水气在适当条件下凝结形成降水，降落在地面上，一部分沿地面流动形成地表径流，一部分渗入地下形成地下径流。二者经过江河汇集，最后又回到海洋。降落到大陆的水,其中一部分或全部回流,水面蒸发和植物蒸腾形成水气,被气流带到上空,冷却凝结形成降水仍降落到大陆上,这就是陆地内循环。海上内循环,是指海洋面上的水蒸发形成水气,进入大气后在海洋上空凝结形成降水,又降落到海面的过程。

水循环是一个庞大的系统,在这个系统中水在连续不断的运动、转换,使地球上的各种水体处于不断更新状态,它维持了全球水的动态平衡。即从总体来看,海洋水、陆地水和大气水不会增加,也不会减少。

水循环是地球上最活跃的能量和物质转移过程之一。它对到达地表的太阳辐射能起着吸收、转化和传输作用,缓解了不同纬度热量收支不平衡的矛盾;水循环又是海陆间联系的主要纽带,陆地径流源源不断地向海洋输送大量的泥、沙、有机物和无机盐;水循环还是自然界最富动力作用的循环运动,不断地塑造地表形态。

水的循环,使水成为一个动态系统,它以地质营力塑造蔚为壮观的自然地貌景观,促使地表化学元素及其化合物的迁移和富集,并为人类提供取之不尽的动能和饮食。

3. 生物圈

地球是太阳系中唯一有生命的星球,因为地球具有生命繁衍的优良环境。关于生命的起源有两种说法,即所谓的石生说和海生说。

石生说认为,绝对有机发生元素只有八种,即 H、C、O、N、P、S、K、Mg。这些元素是形成原始生命的基础。大约在 30 亿年前就形成了细菌和藻类。活有机体具有特有的光合作用,它们能够利用太阳的光能来合成有机质,并促使大气圈由还原圈逐渐变为氧化圈。光合作用的反应式如下:

$$6CO_2 + 6H_2O + 2\ 820J \xrightarrow[\text{叶绿素}]{\text{光能}} C_6H_{12}O_6 + 6O_2$$

上式表明,来自大气圈的 CO_2 与叶绿素中的水分子相互作用合成为可溶性的糖($C_6H_{12}O_6$),而且从叶面分离出 O_2,进入大气中。这一反应需要 2 820J 的能量,它是由太阳提供的。

氧化圈的形成使表生地球化学作用发展到一个新阶段。许多原来被"禁锢"的元素在氧化作用下大量地被释放、迁移,随之而来的是地球上活有机质的蓬勃发展。它们不断地改变着表生地球化学环境,促进了元素的生物循环。地球化学环境又促进了生物的发展与进化,直到人类的出现。这一过程大约经历了 30 亿年,在地球表面形成了环绕地球的生物圈。

生命起源的海生假说认为,生命起源于海洋(水体)。大气中的 H_2S、NH_3、CH_4 气体分子和水蒸气在太阳能与核聚变的轰击下产生了简单的有机物。这些有机物与无机化合物相互反应,逐步生成了单个的生物化学分子,如氨基酸、核苷酸和糖类。继而生成生物高聚物:蛋白质、多糖核酸。最终生成了原始细胞。由原始细胞发展到现代的人类,大约经历了 35 亿年。由单个的生物化学分子发展为生物高聚物,这一系列的反应必须在海洋里和海滩上进行。因为这些反应不仅需要较高化学浓度的海水,而且还需要干燥无水的条件。这样,生物起源的潮汐理论就更加符合生命起源的海生假说的逻辑了。

赖以证明海生说的是,海洋中各种动物血液的主要化学成分与海水的化学成分相类似;脊椎动物的祖先起源于海洋,所以现代动物血液的化学成分也与当时海水的化学成分相似。而海蜇和章鱼的体液成分与现代海水成分相似,因为海蜇和章鱼是晚期的生命产物。

根据历史地质学的研究和地壳中同位素的测定,多数科学家认为,离地球 1 亿千米的地方,许多原子核在过去的50亿年中不停地碰撞,产生了生命。在日地组合中,生命的进化是分阶段的。最简单的生命40亿年前出现在地球上,约在35亿年前的时间里,仅有细菌和微生物存在。只在距今53 500万年这个阶段,突然地甚至是爆炸性的出现了比微生物大的动物。这个时期恰好是在寒武纪,所以就称为"寒武纪生物大爆炸"。我国云南省澄江县的帽天山是生物的真正开山鼻祖。地质学家在寒武纪海相地层中发现了30多个动物门(动物之间最大区别叫门)。其中有一种叫"云南虫"的节肢门动物,最终造就了我们这个庞大的脊柱动物群。我们身上的最原始的基因,就是这个长不足3cm、一天游不到几米的小虫子。

在我们研究生命体的时候,它的基本组成是由碳-氢-氧组成的分子构成的。其中碳元素起着主导作用。这种分子组成时需要能量(光子)激发它们的链结,而链结好后又必须保护这种链结。阳光中有许多射线,尤其是紫外线对早期的生命分子的链结起了决定性的作用。但这些射线同时又会破坏链结好的分子。所以,地球上必须有这样的地方:分子能在能量中尝试各种组合,而一旦组合出生命的雏形,又能够躲开组合过它们的过分强烈的能量。这个地方就是海洋。水对于生命是至关重要的;同时,地球的生命是唯一能够制造氧气的机器,然而地球上氧气是后来才有的,因为有了生命活动才丰富了。氧气还能形成臭氧层来保护生命免受紫外线侵害。

在地球40亿年的生命进程中,无数存在过的生命尸体构成了我们立足的基石碳酸钙,地球上若无生命,是一个充满CO_2的星球。地球有过的CO_2是今天的20万倍。这意味着地球早期的温度比现在高100多摄氏度,而阳光就是使它们能够消化CO_2的酵母片。在光子的光合作用下CO_2分解为被早期生命需要的碳和不要的氧。正是这种简单的分离,40亿年后宇宙中的智慧生命就诞生了。生命吞噬的CO_2如今都成了石灰岩($CaCO_3$),遍布世界。我们就是站在由CO_2形成的$CaCO_3$地面上,眺望蓝天、白云、高山、海洋。

在这里,还不能忘记月亮对地球生命系统的功劳。月亮的引力制动着地球的转速,平均每天使地球转速减少0.02s;月亮还使地球旋转姿势稍有偏斜,使地球上有了季节的区分;月亮在夜晚起到照明作用,人人皆知;月亮给人类的最大贡献是它有一个最稳定的月壳,从不向地球喷洒东西,给地球一个平安环境。月亮使地球转速减缓,使得地球对月亮的控制加强。在30亿年前,月亮距地球只有10万千米,再过大约10亿年后,月亮将彻底脱离地球而去。届时地球的夜晚就真正黑暗了。今天,月面直径与太阳视角直径相同,故在日蚀时,人们可精细观测太阳。氢弹就是从太阳能量机制中得到启发的。

洪荒寂寞的地球,在寒武纪发生了惊天动地的生物大爆发,比先前的微生物大的动物、植物相继出现,宣告了一个不平凡的开始——地球外部生物圈的诞生,细菌、微生物、动物、植物、人类五大生灵,从浩瀚的海洋到广阔的天空,从葱翠的平原到荒芜的沙漠,从赤日炎炎的非洲内陆到冰雪覆盖的南极大陆……到处都有生物的踪迹,特别是动物们,它们或披鳞带甲,或裹着厚厚的皮毛,共同演绎着这个世界的五光十色和盎然生机。生物圈有宇宙中其他天体所没有的特殊物质——能量转换系统。

生物圈是生物及生命活动的地壳表层所构成的连续圈层,它没有自己独有的空间,生物大多生活在地表以上200m高空和水下200m水域范围内,但在地面以上10km及地下3km仍有生物存在。因此,生物圈与大气圈、水圈、岩石圈是互相渗透交错分布的,没有截然的界限。生物圈总质量约为11.4×10^{12}t,为地球总质量的$1/10^5$。地球上的生物大约自35亿年前开始出现,现已定名的约有200万种,其中动物约150万种(包括无脊椎动物与脊椎动物两大类），植物约 50 万种（分为低等植物和高等植物）。动物是以植物、动物或微生物为食，植物可进行光合作用。

地球是太阳系中唯一有生命的星球，因为地球具有生命繁衍的优良环境。据地质学家的地史学研究，距今 6～8 亿年新元古代全球性大冰期后的早寒武纪时代，由于大气含氧量大幅度的增加和"超级温室效应"，发生了一次原始生物大爆炸，无脊椎动物和孢子植物大量出现，它们的种类几倍、几十倍地增加，终于在地球表面形成了生机勃勃的生物圈，它与水圈、大气圈共同建造了地球外部圈层。生物活动对地表岩石的风化与破坏、地貌的改造、元素的集中与分散、宝玉石的形成起着重要的作用，并对大气圈、水圈进行改造，参与成岩、成矿过程和对宇宙的探索，特别是人类的出现，标志着地球演化到了一个新阶段。

4. 岩石圈

岩石圈（亦叫地壳）是固体地球的最外层，位于软流层之上，厚度约 100km。岩石圈内部以莫霍面和康拉德面分为硅铝层、硅镁层和地幔硅镁层的三层结构。岩石圈厚度在不同地区变化很大。大洋岩石圈厚度一般为 60km 左右，洋中脊仅 20km 左右，中脊两侧则近 100km；而大陆地区，大部分都超过 100km，平均约为 120km。

地壳是岩石圈上部次级圈层（A 层），它以莫霍面与上地幔顶部（B 层）相分割。地壳可分为大陆型地壳和大洋型地壳。

（1）大陆型地壳（简称陆壳）是指大陆和大陆架部分的地壳。它具有上部为硅铝层和下部为硅镁层的双层结构。硅铝层密度为 2.6～2.7g/cm³，一般厚度为 10km，其物质组成与出露地表的花岗岩成分近似（故称花岗岩层）；硅镁层密度为 2.9～3.0g/cm³，厚度一般在 15～20km，其物质组成与玄武岩成分相似（故称玄武岩层）。硅铝层与硅镁层之间的界面，称康拉德面。

（2）大洋型地壳（简称洋壳）往往缺失硅铝层，仅发育硅镁层，不具双层结构。除上部覆盖着极薄的沉积外，几乎全由富含铁镁的火山岩、橄榄岩（硅镁层）组成，而且洋壳岩一般较年轻，最老的形成于 2 亿年前，多在 1 亿年前。洋壳厚度不一，平均 6～8km。太平洋均厚 6km，西厚（8.3km）东薄（5.8km），洋隆厚度可达 10km 以上。

（3）地壳地形。大陆型地壳是在原始古老地壳基础上发展起来的，最古老的岩石估计形成于 41 亿年以前，由于经历了多期次的地壳运动，大部分岩石发生了变形（褶皱，断裂）。大陆地貌十分复杂，以高度和起伏变化可分为山地（低山——海拔 500～1 000m，中山——海拔 1 000～3 500m，高山——海拔 3 500～5 000m）、丘陵（海拔 5 000m 以下）、平原（海拔小于 200m）和盆地（中间低、四周高）。海底地形按其特征亦可分为大陆边缘，洋中脊和大洋盆地 3 个主要单元（表 2－2）。

①山地。是指海拔高度在 500m 以上的隆起地形。山地大多数呈线状或弧形延展，成为

表 2－2 大型海底地形单元的面积

名称	面积（10^6 km²）	占海洋面积百分比（%）	占地球面积百分比（%）
大陆边缘	80.1	22.3	15.8
大洋盆地	162.6	44.9	31.8
大洋中脊	118.6	32.8	23.2

山脉。而山系是由在成因上有关系的若干相邻山脉连接组成的,如具全球性的山系有环太平洋山系(沿太平洋两侧展布)和阿尔卑斯-喜马拉雅山系(横贯亚欧非三大洲)。这两条山系是现代火山活动和地震活动的强烈地带。

②丘陵。是具有一定起伏的低矮地区。相对高差只有几十米而不超过200m,如我国的中、南部地区。

③高原。是海拔大于600m、面积较宽广、地面起伏较小的地区。如海拔4 000m以上的青藏高原。

④盆地。规模大小不一,如塔里木盆地,是世界上最低的盆地,其面积达$50 \times 10^4 km^2$。

⑤大陆边缘。是指大陆与大洋盆地之间的地带,它包括大陆架、大陆坡和大陆基,还有海沟和岛弧(图2-7)。

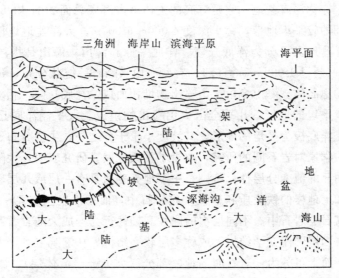

图2-7 大陆边缘地形示意图
(据叶俊林,1996)

大陆架,是海与陆地相接的浅海平台。其范围是从海岸线起一直向海延伸到坡度显著增大的地域。这里地势平坦,坡度一般小于0.3°,水深一般不超过200m(少数边缘可达550~600m),平均宽度为75km(1~1 000km),我国东海大陆架最宽处约为560km,平均水深76m;南海大陆架最宽处为278km,平均水深55m。

大陆坡,是大陆架外缘。坡度明显转折变陡的地带,水深一般不超过2 000m,平均坡度为4.25°,平均宽度为28km(20~100km)。大陆坡是大陆与海洋的真正分界。横切大陆坡常发育许多两壁陡峭,深度可达几百米至数千米的峡谷,这种深切的"V"型谷称为海底峡谷。

大陆基,是大陆坡与大洋盆地之间的缓倾斜地带,坡度通常为5°~35°,多分布于水深2 000~5 000m的海底。它主要分布在大西洋和印度洋。地球物理测量表明,许多大陆基下面过去曾经是海沟,由于海沟被沉积物充填则形成大陆基。

岛弧,是延伸距离很长,呈带状分布的弧形火山列岛。弧状列岛凸向大洋,凹向大陆。如西太平洋的阿留申、千岛、日本、琉球、所罗门、马里亚纳等群岛,大西洋加勒比海的安德列斯群岛。岛弧有强烈的火山活动和地震。靠近大洋一侧常发育长条形海底深渊的海沟(深6 000m,宽100km,长大于1 000km)。海沟与岛弧相伴生构成岛弧-海沟系。

⑦大洋中脊,海底的山脉泛称海岭,其中最主要的一条呈线状延伸于大洋盆地。地震、火山活动强烈的海岭,称为大洋中脊或洋中脊。它通常高出海底2 000～3 000m,宽度可达2 000～4 000km。各大洋中的洋中脊首尾相连,全长大约65 000km。大西洋洋中脊位于其中部,呈南北向的"S"形分布,其北端进入北冰洋,在西伯利亚地区潜入大陆,南端则绕过非洲南部进入印度洋,呈横卧的"Y"字形,北支经亚丁湾进入红海与东非大裂谷相连,南支向东澳大利亚向南伸入南太平洋再转向北,经东太平洋伸入加利福尼亚湾,潜没于北美大陆西海岸。洋中脊的轴部常发育有巨大的中央裂谷,谷深可达1～2km,谷宽为数十至数百千米。

⑧大洋盆地,亦称深海盆地,它是海底的主体(占海底总面积的43.5%),介于大陆边缘与大洋中脊之间的较平坦地带,海水深度4 000～6 000m。大洋盆地地形总体较平坦,但仍有起伏,故大洋盆地又可分为洋底丘陵、洋底平原和海山。海山是指洋底相对高度超过500m的孤立高地(超过1 000m称海峰)。有些海山(峰)呈链状分布,延伸数千千米,称海岭,露出海面的称岛屿。海山多由火山喷出物堆积而成。洋底丘陵,相对高差几十至几百米,分布于洋底较平坦的地形,几乎全由火山喷出物组成。太平洋洋底丘陵占洋底面积的80%。洋底平原是洋底极为平坦的地形,其坡度小于千分之一,主要分布于大西洋。

近年来,地质学家对岩石圈的研究,取得了重大进展。研究表明,大陆岩石圈内部结构在垂直方向具有明显的流变分层性,特别是中下地壳普遍具有一层或几层软弱层。通常脆性出现在中下地壳和上地幔的铁镁质和超铁镁质岩石中,而韧性发生在5～10km之下(取决于地热梯度)的富石英岩石中。不同层次的脆性和韧性行为构成大陆岩石圈不同于大洋岩石圈的"三层"或"四层"流变学结构,或称多层软心结构。从宏观上看,大陆岩石圈深部根据流变学特点下而上可分为:岩石圈的地幔部分(大大强于流体层)、固态下地壳(铁镁质,比上部流体层强硬得多)、流体地壳层(或称壳内软层,韧性层)、上地壳。壳内软层在大陆变形中起着重要作用。在挤压造山期间,厚地壳、高热流的地区(如青藏高原)往往通过壳内软层来容纳其岩石圈地幔和固态下地壳中的应变,并导致上地壳出现宽阔的弥散性变形。壳内软层及深部的软流圈在岩石圈变形过程中共同起到滑脱层的作用。

从地球内部圈层结构中可以看出,岩石圈在侧面上可分为物理性质显著不同,大小不一的若干个板块(如亚欧板块、非洲板块、印度洋板块、太平洋板块、南极洲板块、美洲板块),它们"漂浮"在塑性较强的软流圈之上,随着地球的旋转、重力能、地热能以及地幔物质对流的驱动,作大规模的运动。板块内部是相对稳定的,但板块边缘则由于相邻板块的相互作用而成为构造活动强烈的地带,是发生构造运动、地震、岩浆活动及变质作用的主要场所,同时也从根本上控制着各种地质作用的过程(图2-8)。

5. 软流层

软流圈位于岩石圈与地幔圈之间,是地下60～250km厚度的地震波速度减低的地带,其平均密度为3.5g/cm³,物质成分相当于陨石。它位于布伦的B层之中。在软流圈内由于温度增高,接近岩石熔点(并未熔化),使岩石的塑性和活动性增加。软流圈在全球范围内普遍存在,厚度不一。刚性的岩石圈和柔性的软流圈之间,界限是渐变的,这个界限可能代表着当岩石达到熔点时的一种物理性质的变化。一般认为,存在于软流圈中的熔融物质是炽

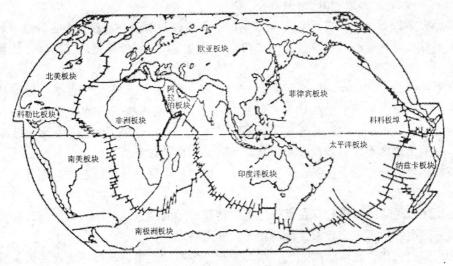

图 2-8 全球 12 个主要板块的分布
(引自金性春,1984)

热的和熔融的,是能够发生某种形式的对流运动的。

软流圈实际上是大规模岩浆活动的发源地。中源地震(70~300km)就发生于此。全球性洋底扩张运动最明显地表现出软流圈在这方面的作用。软流圈不断地向地表喷出巨量熔岩来形成岩石圈,又由于岩石圈物质的运动和演化,岩石圈物质又不断地回到软流圈之中。岩石圈是在软流圈上漂浮着和运动着,犹如水上之舟,漂移或碰撞,为板块学说提供了依据。

但近年来大陆深部地球物理研究表明,一些大陆的古老地块下面又往往缺失软流圈或发育不好,地壳之下的地幔被牢固地贴在上覆的大陆上,构成一个深深的大陆根(北美大陆之下的大陆根厚达 400km)。这一发现,使得软流圈在全球的连续性、软流圈对其上的大陆岩石圈运动的驱动作用以及大陆岩石圈概念等问题尚需进一步研究。

6. 地幔圈

地幔圈是指莫霍面以下,古登堡面以上的地球圈层,即软流层之下、地核之上的厚约 2 650km,相当于布伦的 C 层和 D 层,即上地幔与下地幔。

软流层之下的 C 层厚度约为 750km,地震波速迅速增高,密度高达 $4.1g/cm^3$,表明物质状态发生了显著变化,其成分与陨石相当,主要由铁镁硅酸盐矿物组成。实验证明,这里的高温高压使橄榄石和辉石发生晶格结构上的变化,橄榄石晶体的原子结构由疏堆集相变为密堆集相,再进而分离成氧化物,如方镁石(MgO)、方铁矿(FeO)和超石英(SiO_2),它们属高压型矿物,所以 C 层叫相变带。这种相变过程所产生的能量,成为地球内部能源之一。

D 层厚 1 900km,平均密度 $5.1g/cm^3$。成分比较均匀,物质结构没有变化,只是铁的含量更多一些,相当于石铁陨石。地震波速度平缓增加,只是在 2 752~2 899km 时 100 多千米范围内波速较低而密度较高,是向地核转化的表现。

7. 地核

地核是指自地下 2 898km 处至地心的部分,即古登堡面以下至地球中心部分的地球圈层,厚度为 3 500km,体积占地球的 16.2%,而质量却占地球的 31.8%。地核根据地震波的传播特点，可划分为外核和内核两部分。

外核厚度 1 742km，平均密度约为 10.4g/cm³ 左右，由于 P 波速度急速降低，S 波不能通过，证明外核的地震波吸收系数很小，切变模量为零，说明外核是液体圈层，故称为外核液体圈。

内核厚度约为 1 200km，平均密度为 12.9g/cm³，P 波与 S 波都能通过，而且 P 波进入内核时可转换为 S 波，穿过内核后又可转换成 P 波，证明内核是固体，故将其称为内核固体圈。地震资料还表示，内核与外核之间有一个只有 515km 的过渡层。因为在过渡层内波速复杂，可测出速度不大的 S 波，说明从液体开始向固体过渡。

地核的物质成分相当于铁陨石，主要由铁、镍组成，而外核除液态铁、镍外还混有一些如硫或硅的轻元素。

综上所述，地球的圈层是其在运行过程中物质分异的结果。地球内部圈层目前了解涉及甚少。而外部圈层由于直接与人类活动相关，知之甚多。

众所周知，地球表面环境由大气、水、岩石、生物、土壤、地形等地理要素组成。这些要素并非简单地汇聚在一起或偶然地在空间上结合起来，而是通过水循环、生物循环和岩石圈物质循环等过程进行着物质迁移和能量交换。形成了一个相互渗透、相互制约和互相联系的整体。

生物既是自然地理环境的产物，又是地理环境的创造者。生物对自然地理环境的作用，归根结底是由于绿色植物能够进行光合作用。现今地球大气组成是生物生命活动参与的结果。一般认为，大气中的氧主要来源于植物的光合作用，大气中的氮也有一部分来自生物的作用。

陆地水的化学成分相当程度上也为生物生命活动所制约。生物在新陈代谢过程中从水体吸收某些化学元素和化合物，从而改变了陆地水的化学成分。绿色植物参与水循环，改善了陆地水的水分状况。

有些沉积岩是在生物的参与下形成的，并且有一部分是由生物残骸堆积形成的，如煤、石油等。陆地上生物的出现还加快了岩石的风化，促进了土壤的形成。

显然，自然地理环境中的物质已多次被大气、水、生物所加工改造，使地球面貌也发生了很大的变化，从而形成了适宜生存的自然地理环境，其中地球最后形成的生物圈中的生物，是联系有机界和无机界的主体（图 2-9）。

（四）地球发展史

地球在发展过程中发生了许多地质事件，这些地质事件是地球上某一时期重大地质作用所产生的事件。确定地质事件发生的次序及年代，是研究地球、岩石圈发展历史最重要也是最基础的工作。表示地质年代的方法有两种：一是相对地质年代；二是同位素地质年龄。

1. 相对地质年代

相对地质年代的确定主要根据地层层序律、生物演化律和地质体之间的切割律等。

（1）地层层序律。在一定地质年代内形成的岩层称为地层。在正常情况下，地层的顺序总是上新下老，这种地层叠置关系称为地层层序律。据此，人们便可将地层的先后顺序确定下来。

（2）生物演化律。地质历史上的生物称为古生物。保存在沉积岩层中被石化了的古生物的遗体和遗迹称为化石。生物演化的总趋势是从简单到复杂，从低级到高级的阶段性向前不

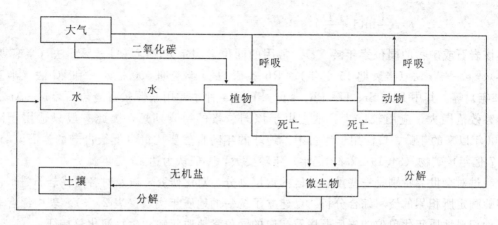

图 2-9 地球外部圈层物质环境示意图

可逆发展的。而且在同一地质历史时期中生物的总体面貌具有明显的一致性,不同地质历史时期有不同的生物种属,因此生物演化律可以确定地层的相对年代。而且生物演化的阶段性与岩石圈发展演变所具有的阶段性和周期性密切相关。

(3) 地质体之间的切割律。构造运动和岩浆活动的结果,使不同时代的岩层与岩层之间、岩层与岩体之间出现彼此切割(交切)关系,如岩体与岩层之间的沉积接触关系和侵入接触关系、岩层与岩层之间的不整合关系、岩体之间的切割关系等,利用这些关系也可确定这些岩层形成的先后顺序和地质年代。

根据上述对比方法,可把地质历史划分为四大阶段,每个大阶段叫宙,即冥古宙、太古宙、元古宙和显生宙。宙以下分为代,太古宙分为古太古代和新太古代;元古宙分为古元古代、中元古代和新元古代;显生宙分为古生代、中生代和新生代。代以下分为纪,如中生代分为三叠纪、侏罗纪、白垩纪。纪以下分为世,每个纪一般分为早、中、晚 3 个世,但是震旦纪、石炭纪、二叠纪、白垩纪按早、晚二分。最小的地质时代单位是期。宙、代、纪、世、期是国际上统一规定的相对地质年代单位。每个年代单位有相应的时间地层单位,表示在一定年代中形成的地层。地质年代单位与时间地层单位具有一一对应关系:

地质年代单位　　时间地层单位
　　宙────────────宇
　　　代──────────界
　　　　纪────────系
　　　　　世──────统

如显生宙时期形成的地层称为显生宇;古生代形成的地层称为古生界;奥陶纪时期形成的地层称为奥陶系等,如此类推。

2. 同位素地质年龄

自然界中某些元素在自然界可自动地放射出 α(粒子)、β(电子)或 γ(电磁辐射量子)射线而蜕变成另一种新元素。所谓半衰期是指放射性元素蜕变一半所需的时间,每种放射性同位素都有一定的衰变常数,即每年每克母同位素能产生的子元素的克数。如果能取得岩石或矿物中母同位素(P)及其子元素(D)的数值,又能测出母同位素的衰变常数(λ),即可利用公式

$$t = \frac{1}{\lambda}\ln(1 + \frac{D}{P})$$

求得该岩石或矿物的同位素年龄（t）。常用的同位素测年方法有 ^{238}U -^{206}Pb 法（半衰期 45 亿年）、^{40}K -^{40}Ar 法（半衰期 15 亿年）、^{87}Rb -^{87}Sr 法（半衰期 500 亿年）和 ^{14}C 法（半衰期 5 692年）等。其中 Rb-Sr、U-Pb、Th-Pb 等 4 种主要用来测较古老岩石，K-Ar 法测量的有效范围大，应用较广。^{14}C 法，由于该同位素的半衰期短，因此一般只适用于测定 50 000年以来的年龄，广泛用于考古中。地球的年龄自然要比世界上最古老的岩石（41.30±1.7亿年）矿物（34.19±2.42亿年）年龄要大，一般认为达 46 亿年。

经过对全世界特别是一些重要地区的地层划分、对比研究，以及对各时代岩石进行同位素年龄测定所积累的资料综合分析，已建立了统一的地质年代表（表 2-3）。表中综合表示了各种相对地质年代单位的先后顺序及相应的同位素地质年龄和生物演化总特征。

二、地壳物质组成

人类寻找和开采的宝石，主要产自固体地球的岩石圈。岩石圈是由固体岩石组成的，岩石是由矿物组成的，矿物是由化学元素组成的单质或化合物，而宝石就是那些具有美观、耐久、稀少性，具有工艺价值可加工成饰品的矿物、岩石（矿石）。

岩石或矿物是成岩成矿作用形成的，它们在地壳演化过程中不断产生和破坏，元素由一种存在形式变为另一种存在形式，从而使得地壳乃至整个岩石圈的物质组成不断演化变异。正如恩格斯在《自然辩证法》所说："一切天体都在永久的产生和消灭中，处于不间断的流动中，处于无休止的运动和变化中"。地壳中的物质演化模式一般是：元素组成矿物——矿物组成岩石——岩石消亡分解为矿物——矿物消亡分解为元素——元素再组成矿物——矿物组成岩石……这种螺旋式往复演变，使地球——太阳系——银河系——宇宙处于永恒变化之中。

1. 元素

化学元素是指同种原子组成的物质。目前已知的元素有 108 种，自然界为 92 种。元素由原子核和核外电子层组成，原子核包含有质子和中子。元素有固定的原子序数，在周期表中有固定位置。每种元素原子核中的质子数相同，但同种元素的中子数可以不同，因而具有不同原子量。具有不同原子量的同种元素的变种叫同位素；除 21 种元素外，其余的元素都是具有 2 个或 2 个以上的同位素混合物。有些同位素的原子核不稳定，可自行放射出能量即具有放射性。具放射性的同位素称放射性同位素。天然存在的同位素共有 300 多种，其中不具放射性的同位素叫稳定同位素。天然的放射性同位素有几十种，重要的有 ^{238}U（铀）、^{234}U（铀）、^{235}U（铀）、^{232}Th（钍）、^{87}Rb（镭）、^{40}K（钾）等；不具放射性的同位素占多数，重要的有 ^{16}O（氧）、^{17}O（氧）、^{18}O（氧）、^{12}C（碳）、^{13}C（碳）、^{32}S（硫）、^{36}S（硫）等。放射性同位素放射出来的能量包括 α 粒子、β 粒子和 γ 射线，这种放射能量的过程称为放射性蜕变（衰变）。放射性同位素每放出一个 α 粒子，其原子量减少 4，原子序数降低 2；β 粒子是高速运动的电子，γ 射线是波长很短的电磁辐射。放射性同位素通过蜕变不断地放射能量，最终要转变为另一种不具放射性的稳定同位素，如 ^{238}U（铀）通过蜕变最终转变为稳定同位素 ^{206}Pb（铅），^{232}Th（钍）转变为 ^{208}Pb（铅）等。某一放射性元素蜕变到它原来数量的一半所需的时间叫半衰期，是一个常数。如 ^{238}U 的半衰期为 4.49×10^9 年，^{234}Th 的半衰期为 24.1 天。由于每种放射性元素都有固定的蜕变速度，因此可以利用这一特点来测定某些矿物形成的年

表 2-3 地质年代表

地质时代、地层单位及其代号				同位素年龄(百万年)		构造阶段		生物界演化阶段	
宙(宇)	代(界)	纪(系)	世(统)	时代间距	距今年龄	大阶段	阶段	动物	植物
显生宙 PH	新生代 Kz	第四纪Q	全新世Q_4 更新世$Q_1Q_2Q_3$	约2~3	0.012 2.48(1.64)	联合古陆解体	喜马拉雅阶段 (新阿尔卑斯阶段)	人类出现 哺乳动物繁盛	被子植物繁盛
		晚第三纪N	上新世N_2	2.82	5.3				
			中新世N_1	18	23.3				
		早第三纪N	渐新世E_3	13.2	36.5				
			始新世E_2	16.5	53				
			古新世E_1	12	65				
	中生代 Mz	白垩纪K	晚白垩世K_2 早白垩世K_1	70	135(140)		燕山阶段 (老阿尔卑斯阶段)	爬行动物繁盛	裸子植物繁盛
		侏罗纪J	晚侏罗世J_3 中侏罗世J_2 早侏罗世J_1	73	208				
		三叠纪T	晚三叠世T_3 中三叠世T_2 早三叠世T_1	42	250		印支阶段		
	古生代 Pz	晚古生代 Pz_2	二叠纪P	晚二叠世P_2 早二叠世P_1	40	290	海西-印支阶段	海西阶段	两栖动物繁盛	蕨类植物繁盛
			石炭纪C	晚石炭世C_3 中石炭世C_2 早石炭世C_1	72	362(355)				
			泥盆纪D	晚泥盆世D_3 中泥盆世D_2 早泥盆世D_1	47	409			鱼类繁盛	裸蕨植物繁盛
		早古生代 Pz_1	志留纪S	晚志留世S_3 中志留世S_2 早志留世S_1	30	439		加里东阶段	海生无脊椎动物繁盛	藻类及菌类繁盛
			奥陶纪O	晚奥陶世O_3 中奥陶世O_2 早奥陶世O_1	71	510				
			寒武纪∈	晚寒武世$∈_3$ 中寒武世$∈_2$ 早寒武世$∈_1$	60	570(600)			硬壳动物出现 裸露动物出现	
元古宙 PT	新元古代Pt_3	震旦纪Z		230	800	地台形成	晋宁阶段		真核生物出现 (绿藻)
		青白口"纪"		200	1000				
	中元古代Pt_2	蓟县"纪"		400	1400				
		长城"纪"		400	1800		吕梁阶段		
	古元古代Pt_1			700	2500				
太古宙 AR	新太古代Ar_2			500	2800 3000	陆核形成		原核生物出现	
	古太古代Ar_1			800	3800			生命现象开始出现	
冥古宙 HD					4600				

注:(1)本表同位素年龄及构造阶段等基本依据王鸿祯、李光岑编《中国地层时代表》(1990)。该表中奥陶纪按四分法,石炭纪按二分法;本表均暂按三分法。
(2)本表中只列出地质时代单位。地层单位则把宙、代、纪、世改为宇、界、系、统,同时把早、中、晚或早、晚字样改为下、中、上或下、上。如早寒武纪、中寒武世、晚寒武世所形成的地层则称为下寒武统、中寒武统、上寒武统,余类推。
(3)本表中更新世可以分为早更新世Q_1,中更新世Q_2,晚更新世Q_3。
(4)本表中震旦纪、青白口"纪"、蓟县"纪"、长城"纪",只限于国内使用。

龄。另外,放射性还可以用来鉴定矿物,改善宝石的颜色等。

化学元素在岩石圈中的分布与含量是不均匀的。一切元素的活动状况,首先决定于这些元素的原子的化学性质和物理性质。元素的分布状况与原子核的结构及稳定性有关。而原子的转移则主要取决于最外电子层的结构。从周期表上可以看出，元素在化学周期表中的位置（周期率）与元素的原子中的核电荷有关。凡原子序数为偶数的元素通常比相邻的原子序数为奇数的元素占优势。如周期表中上面几列的元素分布最广。随着原子序数的增大，元素的分布照例都减少，偶数副族的元素比奇数的元素多。

过去认为，元素是地球组成的最小的不可分割的单位。现已证明，其实不然。元素是由电子、质子、正子、中子、介子、中微子等质点组成。总的说来，原子的化学性质决定于外层价电子结合的强度。这表现在原子电离的能力上，表现在它的化学活度上（化合力），也表现在它们氧化和还原的性质上等等。因此，查瓦里茨基编制出了各种元素的地球化学表，并着重指出了离子的价和半径在地球化学中的意义，前苏联科学家们将地球化学性质特别接近的元素联系起来分为 10 个族：惰性气体（He－Rn），岩石元素（Na、Mg、Si、K、Ca 等），岩浆射气元素（B、F、P、Cl、S 等），铁族元素（Ti、V、Mn、Fe、Co、Ni），稀有元素（Sc、TR、Nb、Ta 等），放射性元素（Ra、Th、u 等），金属元素（Cu、Zn、Sn、Hg、Ag、Au 等），非金属及类金属元素（As、Sb、Bi、Se 等），铂族元素和重卤族元素（Br、I）。

戈尔德史密特将电子层的结构和原子大小作为元素分类，考虑到元素族在各地圈的特征分为：亲气元素（惰性气体，N），外层具 8 个电子的原子；亲石元素（Na、Mg、Al、Si、K、Ca 等），最外层有 8 个电子的离子；亲铜元素（Cu、Zn、Ag、Hg、Pb、Sb、As 等），最外层具 18 个电子的离子；亲铁元素（Fe、Co、Ni、铂族），电子层为未填满的离子。因此，戈尔德史密特认为，地球上物质的原始分布情况主要是受力的影响，根据元素的地球化学性质使地球具圈层结构，化学元素在地球中的转移有内在因素和外在因素，转移的内在因素有各种键性、化合物的化学性、离子的动力性、原子的重力性和原子的放射性；转移的外在因素有宇宙能、氧化还原（温度、压力、PH 等），从而引起化学元素在地壳中的疏散和集中的转移。元素运集形成矿物，矿物集合就形成岩石。美丽而又稀少的矿物和岩石分别成为宝石和玉石。

人们为了探索岩石圈中化学元素的含量，科学家们在世界各地采集了大量的各种各样的岩石进行元素定量分析，国际上将地壳中化学元素平均含量的重量百分比称为克拉克值（表 2－4）。

表 2－4 地壳中主要元素的克拉克值

元素	元素符号	克拉克值	元素	元素符号	克拉克值
氧	O	46.95	钠	Na	2.78
硅	Si	27.88	钾	K	2.58
铝	Al	8.13	镁	Mg	2.06
铁	Fe	5.17	钛	Ti	0.62
钙	Ca	3.65	氢	H	0.14

以上 10 种元素占地壳总质量的 99.96%，其余 82 种元素含量的总和还不到 1%。而且有的元素克拉克值很低。如 Au（4.3×10^{-7}），Hg（8×10^{-6}），Ag（1×10^{-5}）等。但地质作用有使元素趋于集中的能力，虽然某些元素克拉克值很低，也可在有利地段形成有用的矿

产。如 Au、Ag、Cu、Pb、Zn 矿等。

那么，这些化学元素从何而来，是先天就有，还是后天所致？

本书前面已经提及，宇宙是物质－能量的转换器，物质和能量是宇宙的两个方面，根据 $E=MC^2$ 这一公式，能量能创造出一切现实的物质。现在已知宇宙有 100 多种不同元素，但在宇宙创生时，只有能量，没有元素。元素是宇宙在爆炸形成之初所产生的极大能量导致原始氢聚变而逐渐被创造出来的，我们从太阳的原子核拼接原理上知道，高温才能使原子核拼接，才能产生能量，同时产生新的元素。宇宙中能量与物质的转换是氢原子聚变的结果。元素的合成需要极高的温度，当温度低于 1 000 万摄氏度以下时，就不可能合成新元素了。

宇宙温度发展到太阳这样的温度，引力能让宇宙中最初级的元素——氢聚变成氦，氦聚变成碳，当聚变到碳时，锂、铍、硼等 10 种元素也相继出现了，其他更多的元素只能从比太阳大得多的大恒星那里创造出来，因为大恒星核心温度将达到几十亿摄氏度甚至更高。这里没有元素可以用电磁力来阻挡它们之间的相互碰撞，于是元素的聚变就不断地进行。元素从轻元素不断地聚变成更重的元素。每一颗恒星中可以产生 5~6 个聚变层，而每个聚变层都有若干种元素在聚变。如比太阳大 8 倍的红巨星就是这样。比太阳大 8 倍的恒星都将在铁元素的作用下最后形成，也就是说，宇宙中所有的元素都来自大恒星的死亡。金和银就是死亡的产物。恒星死亡后的白矮星则是碳的结晶立方体——钻石堆积物。现在已知的百种元素，在宇宙这个大氢气球中仅占极少部分。人们通过望远镜观察宇宙，发现绝大部分的物质依然是氢气，而地球上则以氧气为主。

2. 矿物

现在一般认为，矿物是由地质作用或宇宙作用所形成的，具有一定的化学成分和内部结构，在一定的物理化学条件下相对稳定的天然结晶态的单质或化合物，它们是岩石和矿石的基本组成单位。尚需提及，少数天然形成的具有一定化学成分的非晶态的单质或化合物，如蛋白石、水锆石等，则称为准矿物。经过漫长的地质时代，准矿物有自发地向结晶态的矿物转变的必然趋势。所以，作为一门独立的地质学科的矿物学，就是专门研究矿物（包括准矿物）的成分、结构、形态、性质、成因、产状、用途和它们相互间的内在联系，以及矿物的时空分布规律及其形成和变化历史的科学，可为材料科学等应用科学在理论上和应用上提供必要的基础与依据。如人工研制的合成矿物（宝石）和人造矿物（宝石）等。由此可见，矿物可分为晶质矿物、非晶质矿物和准晶质矿物三大类。从物相转变方式来看，矿物的形成过程有以下几种：气相→结晶固相，液相→结晶固相，非晶固相→结晶固相，一种结晶固相→另一种结晶固相。

矿物是自然界的天然产物，化学元素是形成矿物的物质基础。矿物的形成，除与化学元素的克拉克值有关外，还取决于元素的地球化学性质。有些元素克拉克值很低，如 Sb、Bi、Hg、Ag、Au 等，若趋于集中则可形成独立的矿物种，甚至富集成矿床；而有些元素虽其克拉克值较高，但趋于分散，很少能形成独立的矿物，常作微量的混入物赋存在主要由其他元素所组成的矿物中，如 Rb、Cs、Ga、In、Sc 等元素。

绝大多数矿物呈固态无机物，而液态矿物、气态矿物和有机矿物均为数甚少。在固态矿物中，绝大部分是结晶质，少数为非晶质。

凡结晶质矿物，其晶体内部质点（原子、离子，化合物）在三维空间作周期性的重复排列，即具有格子构造；相反，不具格子构造的矿物，为非晶体。结晶质矿物既有近程规律也有远程规律；非晶质矿物则只有近程规律。液态矿物与非晶态矿物结构相似，也只具有近程规律；而气态矿物无远程规律，也无近程规律。但是，晶体与非晶体在一定条件下是可以相互转化的。由非晶态转化为晶态，这一过程称晶化或叫脱玻化；相反，晶体也可因内部质点的规则排列遭到破坏而转化为非晶态，这个过程叫非晶化。

固态晶体矿物的基本特征是具有共同性，自限性、均一性、各向异性、对称性、最小内能性和稳定性，这是格子构造所决定的。自限性表现在适当条件下，可以自发地形成几何多面体外形的性质。矿物的形态是识别矿物的依据之一（图2-10）。均一性指同一晶体的各个不同部分所具有的物理性质和化学性质是相同的。各向异性（异向性）表现为晶体的性质会随方向的不同而有所差异（如硬度、力学、光学、热学、电学等性质）。对称性是指在晶体的外形上也常有相等的晶面、晶棱和角顶，并重复出现。对称性是

图2-10 石英的晶簇

晶体极其重要的性质，是晶体分类的基础（表2-5）。晶体的最小内能性是相对于同种物质的非晶质体、液体、气体

表2-5 晶体的对称性与光学性质的关系

晶族	晶系	对称特点	光轴	折射率	光性符号
高级晶族	等轴晶系	有4个L^3	0	1个N	0
中级晶族	四方晶系	有1个L^4或L_i^4	有1个光轴	有2个N (N_o、N_e)	有（+）或（−）
	三方晶系	有1个L^3或L_i^3			
	六方晶系	有1个L^6或L_i^6			
低级晶族（无高次轴）	斜方晶系	L^2或P多于1个	有2个光轴	有3个N (N_g、N_m、N_p)	有（+）或（−）
	单斜晶系	L^2或P不多于1个			
	三斜晶系	无L^2无P			

注：L为对称轴；L_i为旋转反映轴；P为对称面；N为折射率。

比较而言，这是由于晶体内部质点有规律地排列使得质点间的引力与斥力达到平衡的结果，因此，晶体具有一定的熔点。晶体的稳定性是晶体具有最小内能性的必然结果，晶体也决不会像非晶体可自发转变为晶体那样去自发地转变为非晶质体。

晶体矿物具有稳定的化学成分和内部结构，导致晶体矿物具有特定的形态和物理性质。

1) 矿物的化学成分

矿物的化学成分一般比较固定，一种矿物往往由一定的化学元素所组成，如刚玉由三氧

化二铝（Al_2O_3）组成，但有时还往往混入少量的杂质。如刚玉中混入铬（Cr）就成为红宝石，混入 Ti 与 Fe 就成为蓝宝石。矿物中若混入一些机械混入物，则会影响其透明度或颜色。如石英中混入金红石就成为发晶等等。

形成矿物的成分来自地壳中的化学元素，地壳中的主要元素 O、Si、Al、Fe、Ca、Na、K、Mg 等组成的含氧盐和氧化物矿物分布最广，特别是硅酸盐矿物，占矿物种总数的 24%，占地壳总质量的 75%，而氧化物矿物占矿物种总数的 14%，占地壳总质量的 17%。元素在矿物中的存在形式，根据离子的外层电子的构型可分为 3 种类型：①惰性气体型离子（最外层具 8 个电子），可与氧或卤素元素以离子键结合形成含氧盐、氧化物和卤化物。②铜型离子（外层具 18 个电子），通常以共价键与硫结合形成硫化物及其类似化合物和硫盐。③过渡型离子（最外层电子数为 9～17 个），其性质介于以上两种构型之间，最外层电子愈接近 8，亲氧愈强，易形成氧化物和含氧盐；愈接近 18 者亲硫性愈强，易形成硫化物及类似化合物。元素在矿物中存在形式，除取决于元素本身与原子和离子的化学行为，还与其所处的地质环境和物理化学条件（温度、压力、组分的浓度，介质的酸碱度 pH、氧化还原电位 E_h 和组分的化学位 μ，逸度 f_i、活度 a_i 及时间等因素）有关。

另外水在矿物中存在，会影响矿物的许多性质。根据矿物中水的存在形式及其在晶体结构中的作用，可将矿物中的水分为吸附水、结晶水、结构水、层间水和沸石水等。但在单矿物化学全分析数据中，H_2O^- 称为负水，它是不参加矿物晶格的吸附水，不属于矿物固有的组成，当加热至 110℃ 以前即全部逸出去；而正水 H_2O^+ 是指参加晶格的结构水或结晶水，其失水温度高于 110℃，然而，有些参加晶格的水（如层间水、沸石水及部分结晶水）在 110℃ 以前也可逸出晶格。因此，有些含层间水和沸石水的矿物被称为"微型水库"。

矿物学家们为了便于系统而全面地研究已知的 4 442 余种矿物，对矿物进行了分类。其中以晶体为基础的矿物分类方案较为合理（表 2-6）。根据此分类原则，可将矿物分类如下：

表 2-6 矿物的晶体化学分类体系

级序	划分依据	举例
大类	化合物类型	含氧盐大类
类	阴离子或络阴离子种类	硅酸盐类
（亚类）	络阴离子结构	链状硅酸盐亚类
族	晶体结构型和阳离子性质	辉石族
（亚族）	阳离子种类	单斜辉石亚族
种	一定的晶体结构和化学成分	普通辉石
（亚种）	在完全类质同象中根据其所含单元组分的比例划分	
变种或异种	晶体结构相同，成分相同或物性、形态稍异	钛质普通辉石（钛辉石）

摘自赵珊茸主编的《结晶学及矿物学》

第一大类 自然元素矿物。

第二大类 硫化物及其类似化合物矿物。

第三大类 氧化物和氢氧化物矿物。

第四大类 含氧盐矿物。

第五大类　卤化物矿物。

关于矿物的命名，因依据不同而有不同命名方法。有以矿物本身的特征（如化学成分、形态、物理性质）命名的，有以产地、人名而命名的。其中以前者为主（表2-7）。

表2-7　矿物命名方法

命名依据	举例
化学成分	自然金、钛铁矿
物理性质	橄榄石、方解石、重晶石
形态	石榴石、十字石、方柱石
物理性质和化学成分	方铅矿、黄铜矿、磁铁矿
物理性质和形态	绿柱石、红柱石
地名	桐柏矿、包头矿
人名	鸿钊石、张衡矿

2) 矿物的物理性质

矿物的物理性质取决于矿物本身的化学组成和内部结构。其物理性质，对于矿物种的鉴定、成因探讨具有重要意义，而且还广泛应用于国民经济建设中。

矿物的物理性质可分为光学性质、力学性质和其他性质3类。其中光学性质是矿物对光的吸收、反射、折射及光在矿物中传播的性质。具有鉴定意义的有颜色、条痕、光泽、透明度、折射率、反射率、发光性；矿物的力学性质是指矿物在外力（打、压、拉、刻）作用下所表现出来的性质，如解理、裂理、断口、硬度、弹性与挠性、脆性与延展性；矿物的其他性质，包括密度、磁性、电学性质，以及导热性、热膨胀性、熔点、易燃性、挥发性、吸水性、可塑性、放射性，及人对它的嗅觉、味觉和触觉等，它们在矿物鉴定、应用及找矿上常有重要的意义。现摘要予以叙述，为鉴定宝石打下一定的基础。

(1) 颜色。矿物的颜色是其对入射光（390~770nm）可见光中不同波长的光波选择性吸收后剩余光波的混合色。依颜色产生的原因常可分为自色、他色和假色3种。

自色，多由矿物中的原子或离子，受可见光的激发，产生电子跃迁或电荷转移而造成的，亦可由矿物内部的晶格缺陷对可见光选择性吸收而引起的色心造成。矿物的自色又可分为体色和表面色两种。透明和半透明矿物与可见光作用所产生的颜色叫体色；对于金属晶格矿物而言，入射光难以进入矿物内部，将其表层吸收的入射光再反射出来所产生的颜色叫表面色。

他色，是指矿物因含有外来带色的杂质、气液包裹体等引起的颜色，不是矿物固有的颜色，常导致矿物颜色变化。

假色，由物理光学效应（干涉、衍射、散射等）所引起的颜色。常见的有锖色、晕色、变彩、乳光等。

(2) 条痕。矿物的条痕，是矿物粉末的颜色。矿物的条痕能消除假色、减弱他色、突出自色，它比矿物颗粒的颜色更为稳定，更有鉴定意义。

尚需指出，有些矿物由于类质同象混入物的影响，其条痕和颜色会有所变化。如绿柱石混入铬离子，变为翠绿色，成为祖母绿宝石，若混入铁离子则变为海水蓝色的海蓝宝石。

(3) 透明度。矿物的透明度是指矿物允许可见光透过程度。透明度可分为透明、半透明、不透明3级。

当用偏光显微镜研究矿物时，根据厚度在0.03mm的薄片透光与否，将矿物划分为透明矿物（transparet mimeral）和不透明矿物（opaque mineral）两类。

需要提及的是，矿物中的裂隙、包裹体及矿物的集合方式、颜色深浅和表面风化程度等均会影响矿物的透明度。

(4) 光泽。矿物的光泽是指矿物表面对可见光的反射能力。矿物反射光的强弱主要取决于矿物对光的折射和吸收的程度。折射及吸收越强，矿物反光能力越强，光泽就越强。

在肉眼鉴定矿物的光泽时，根据矿物新鲜的光滑面（晶面、解理面、抛光面）反光强弱，将光泽分为4级：金属光泽、半金属光泽、金刚光泽和玻璃光泽。此外还有一些特殊光泽、如油脂光泽、树脂光泽、沥青光泽、珍珠光泽、丝绢光泽、蜡状光泽和土状光泽等。

(5) 发光性。有些矿物，在外加能量作用下，能发出可见光。致矿物发光的激发源很多，主要有紫外线、阴极射线、X射线、γ射线和高速质子流等多种高能辐射，以及加热、摩擦、可见紫光等。矿物的发光性分为两种：磷光（撤除激发源还能持续10^{-8}s以上的发光）和荧光（撤除激发源后持续发光时间小于10^{-8}s的发光）。按激发源不同，矿物的发光性可分为热发光（天然热发光与辐射热发光）、阴极发光、X-射线发光、光致发光、质子发光、摩擦发光和场致发光等。具磷光的矿物，古代称为"夜明珠"，如镧系元素替代Ca的磷灰石；含有稀土元素的萤石和方解石，通常能发荧光。红宝石在荧光灯下发红色荧光，白钨矿发特征的浅蓝色荧光，独居石发鲜绿色荧光，铜铀云母发黄绿色荧光，有的钻石也发荧光。

(6) 解理，裂理和断口。矿物在外力作用下沿一定结晶学方向破裂成一系列光滑平面的特性称为解理。光滑的面称解理面。根据解理产生难易程度及完好性，通常可分为极完全解理（如云母）、完全解理（如方解石）、中等解理（如普通辉石）、不完全解理（如橄榄石）和极不完全解理（如石榴石）。矿物的解理组数有所不同，有一组解理的，有两组解理的，也有三组解理的。如果有解理的矿物在形成过程中有外来矿物顺解理面分布时，若将矿物磨成弧面型，就会出现猫眼、星光等特殊光学效应。如猫眼石（金绿宝石）、星光红宝石、星光蓝宝石、石英猫眼等。

裂理不是矿物本身固有的特性，它是某些矿物在应力作用下，有时可沿着晶格内一定的结晶方向破裂成平面的性质。裂理不直接受晶体结构控制，而是取决于杂质的夹层及机械双晶等结构以外的非固有因素，裂理面往往沿定向排列的外来微细包裹体或固溶体离溶物的夹层及由应力作用造成的聚片双晶的接合面产生。

断口，是矿物内部若不存在由晶体结构所控制的弱结构面网，在其受力后将沿任何方向破裂而形成各种不平整的断面。根据断口形状可描述有：贝壳状断口、锯齿状断口、参差状断口、平坦状断口、土状断口、纤维状断口等。

(7) 硬度。是指矿物抵抗外来机械作用（如刻划、压入、研磨等）的能力，它是鉴定矿物的重要特征之一。目前，常用的方法是刻划法和静压法。其他方法还有压入法、研磨法、弹跳法、摇摆法等。

肉眼鉴定矿物时，常采用摩氏硬度，它是一种刻划硬度。常选用10种硬度递增的矿物为标准来测定矿物的相对硬度，以确定矿物抵抗外来刻划的能力。此即摩氏硬度（Hm）

计：滑石（1）、石膏（2）、方解石（3）、萤石（4）、磷灰石（5）、正长石（6）、石英（7）、黄玉（8）、刚玉（9）、金刚石（10）。在实际鉴定时，常可使用更简单的工具，如指甲（2.0～2.5）、小钢刀（5～6）铜针（3）、玻璃（5.5～6）。

为详细研究矿物（特别是不透明矿物）时，常采用显微硬度仪测定维氏硬度（H_v，kg/mm^2），它是一种压入硬度。M.M.赫鲁晓夫提出摩氏硬度（H_m）与维氏硬度（H_v）之间大致存在如下转换关系：

$$H_m = 0.675\sqrt[3]{H_v}$$

但需要指出，应注意矿物硬度的异向性，同一矿物晶体的不同单形的晶面上，甚至同一晶面的不同方向上的硬度均会有差异。如金刚石虽具极高的硬度，但 {111}、{110}、{100} 的晶面上的硬度依次降低。所以金刚石（砂）被广泛用做研磨及抛光等工具。

（8）密度。矿物的密度是指矿物单位的质量。其单位为 g/cm^3。密度是矿物很重要的性质之一。密度测定方法有两种。一种是根据矿物的晶胞大小及其所含的分子数和相对分子质量计算表示。如石英的密度为 $2.65g/cm^3$；4℃时纯水的密度为 $1g/cm^3$。另一种相对密度是纯净的单矿物在空气中的质量与4℃时同体积的水的质量之比。相对密度无单位，其数值与密度相同。

矿物在肉眼鉴定时，通常凭经验用手掂重，将矿物的相对密度分为3级：轻的（SD＜2.5）、中等的（SD=2.5～4）、重的（SD＞4）。

矿物的相对密度，主要取决于其组成元素的相对原子质量、原子或离子的半径及结构的紧密程度。

（9）导电性。是指矿物对电流的传导能力，它主要取决于化学键类型及内部能带结构特征。如Ⅱ型金刚石导电性介于导体与绝缘体之间，属半导体。其导电性主要受杂质元素的存在及晶格缺陷的影响，还随温度而变化，即热电效应（以热电系数 α，$\mu V/℃$ 表示），故用热导仪来鉴定钻石与非钻石。

（10）压电性。是指某些矿物，当受到定向压力或张力的作用时，能使晶体垂直于应力的两侧表面上分别带有等量的相反电荷的性质。如 α-石英，当沿晶体的极轴 L^2（即石英晶体的电轴）方向施加应力时，在垂直该方向的两侧表面就会出现数量相等符号相反的电荷；若沿 L^3（非极轴）方向施加应力，则无电荷产生。所以压电水晶具有重要的理论意义和经济价值，它不仅可以帮助正确地确定晶体的对称性，同时也广泛应用于无线电、雷达及超声波探测等现代技术和军事工业中，还可用作谐振片、滤波器和超声波发生器等。

3. 岩石

古人云"玉，石之美也"。即，玉是美丽的岩石。岩石是固体地球外层岩石圈的主要构体。它是由矿物或类似矿物的物质（非晶质、准晶质、有机质）组成的固体集合体。可由宇宙作用和地质作用形成，亦可由人工合成。前者叫天然岩石，后者称工业岩石。

自然界产出的岩石，按其成因可分为三大类：岩浆岩（火成岩）、沉积岩（水成岩）和变质岩。不同岩类的岩石，各自具有一定的矿物组合、结构和构造，而且不同岩类在一定的地质条件下是可互相转化的（图2-11）。

1）岩浆岩

是由地幔或地壳的岩石经熔融或部分熔融形成岩浆在地下或地表冷却固结的产物。岩浆是上地幔或地壳部分熔融的产物，成分以硅酸盐为主，含有挥发成分或少量固体物质（晶体

第二章 宝石成因

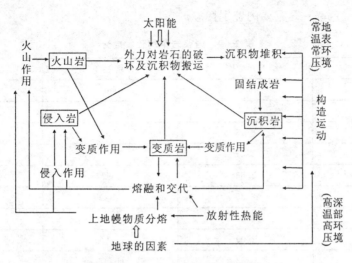

图 2-11 三大岩类相互转化路线图

岩块），是高温黏稠的熔融体。岩浆在沿构造减压由岩浆库向上侵入地壳表层时从高温炽热状态因降温而冷却结晶的过程，称为岩浆固结作用。由于岩浆固结时的化学成分、温度、压力及冷却速度不同，可形成各种不同的岩石（表 2-8）。岩浆喷溢地表形成的岩浆岩称火山岩（喷出岩）；侵入于地壳中的岩浆岩叫侵入岩（浅成岩、深成岩）。

表 2-8 岩浆岩分类简表

大类	化学成分 (SiO_2)%	矿物成分	产状 构造 结构	喷出岩	深成岩	浅成岩			
				具气孔，流纹构造	块状构造	块状或气孔构造	块状构造		
				斑状，玻璃质、隐晶质结构	全晶质中—粗粒结构	细粒、斑状结构	结晶结构	伟晶结构	煌斑结构
超基性岩	45	橄榄石、辉石		金伯利岩、岩橄岩	橄榄岩、辉岩	苦橄玢岩	×	×	×
基性岩	45~53	斜长石、辉石（角闪石）		玄武岩	辉长岩	辉绿岩	细	伟	熔
中性岩	53~66	斜长石、角闪石（辉石、黑云母）		安山岩	闪长岩	闪长玢岩	晶	晶	斑
		斜长石、角闪石（辉石、黑云母）		粗面岩	正长岩	正长斑岩			
酸性岩	66	钾长石、斜长石、石英、黑云母		英安岩、流纹岩	花岗闪长岩、花岗岩	花岗闪长斑岩、花岗斑岩	岩	岩	岩

(1) 岩浆岩的成分。包括化学成分和矿物成分两个方面。化学成分是指元素在岩浆岩中的含量（表 2-9）。

岩浆岩的矿物成分是指最常见的矿物在岩浆岩中的含量。组成岩浆岩的常见矿物共十几种，但在不同岩浆岩中的含量是不同的（表 2-10）。若有色矿物（橄榄石、辉石、角闪石、黑云母等）多，岩石色深；若无色或浅色的矿物（石英、长石等）多，颜色则浅。因此，岩浆岩的颜色深浅（色率）是重要的鉴别标志。

表 2-9 岩浆岩平均化学成分

元素	含量（WB%）	氧化物	含量（WB%）
O	46.59	SiO_2	59.12
Si	27.72	Al_2O_3	15.30
Al	8.13	CaO	5.08
Fe	5.01	Na_2O	3.84
Ca	3.63	FeO	3.80
Na	2.85	MgO	3.49
K	2.60	K_2O	3.13
Mg	2.09	Fe_2O_3	3.08
Ti	0.63	H_2O^+	1.15
P	0.15	TiO_2	1.05
H	0.13	P_2O_5	0.30
Mn	0.10	MnO	0.12
总和	99.63	总和	99.46

表 2-10 岩浆岩类平均矿物含量

矿物种类矿物（V%）岩类	花岗岩	花岗闪长岩	正长岩	闪长岩	辉长岩	辉绿岩	橄榄辉绿岩	纯橄榄岩
石英	25	21		2				
钾长石	40	15	72	3				
斜长石	26	46	12	64	65	62	63	
黑云母	5	3	2	5	1	1		
角闪石	1	13	7	12	3	1		
辉石			4	11	20	29	21	2
橄榄石					7	3	12	95
色率	9	18	16	30	35	38	37	100

（2）岩浆岩的结构、构造。结构是指组成岩石的矿物的结晶程度、颗粒大小，晶体形态、自形程度和矿物之间（包括玻璃）的相互关系。岩浆岩的构造是指岩石中不同矿物集合体之间或矿物集合体与其他组成部分之间的排列、充填方式等。它不仅与岩浆结晶时的物化环境有关，还与岩浆的侵位机制、侵位时的构造应力状态以及岩浆冷凝时是否仍在流动等因素有关。因此，岩浆岩的结构、构造是划分岩石种类的重要依据（图2-12、图2-13）。

2）沉积岩

常呈层状形成于地表，形成过程可直观地划分成3个阶段，即原始物质的生成阶段，原始物质向沉积物的转变阶段和沉积物的固结与持续演化阶段。原始物质来源于岩石圈上部，整个水圈、生物圈和大气圈下部。但最重要的来源还是母岩风化（物理风化、化学风化、生物风化）的碎屑物质、溶解物质和不溶残余物质，其次是火山喷发、宇宙物质（陨石、宇宙

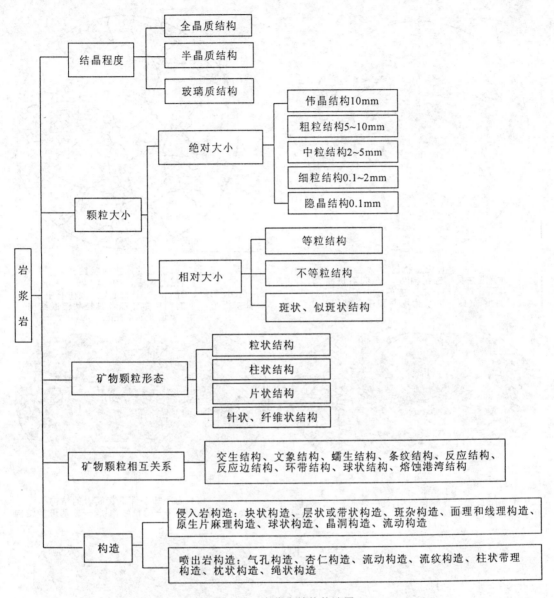

图 2-12 岩浆岩结构构造图

尘）。原始物质出现于地球表面后已开始进入向沉积物的转变阶段，离开其生成地点，经风、水、冰川、生物等向沉积盆地方向搬运（机械方式、胶体方式、真溶液方式）。无论搬运路途多么曲折、搬运过程多么复杂，被搬运物质最终还是会沉积下来形成沉积物。仍留在风化面上的就称为残积物。沉积物随着时间的推移，先形成的沉积物被后形成的沉积物埋入地下。在漫长的堆积过程中，由于所处的温度、压力随之增高，孔隙减少，有机质降解，喜氧或厌氧细菌也会以生物化学方式加入到矿物相的转化中，致使较为稳定的成分也会在压力增高的条件下调整自己的空间方位。伴随这些变化，沉积物就会逐渐固结成为致密坚硬的层状沉积岩。完成这一过程所需埋深和时间与沉积物的成分和埋藏地的温度梯度有关，大致在 1~100m 和 1 000a~1Ma 之间，特殊情况例外。固结成的岩石随埋藏深度进一步加大，温压

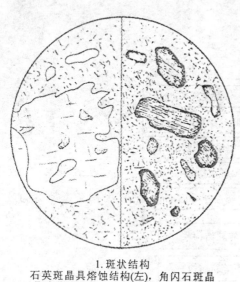

1. 斑状结构
石英斑晶具熔蚀结构(左),角闪石斑晶
具暗化边结构。右上方的角闪石为一
自形晶(右),基质为隐晶和微晶结构

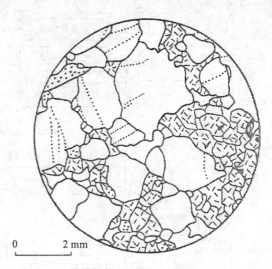

2. 地幔橄榄岩的原生粒状结构
(据路凤香,1988)
由Ol、Opx、Cpx和少量SP组成,橄榄石中发
育扭折带,小的颗粒重结晶者具粒状镶嵌结构
单偏光 $d=4.8mm$

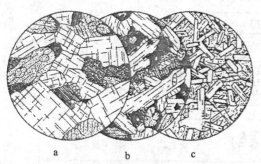

3. 辉长岩、辉绿岩
a—橄榄辉长岩,具辉长结构;b—辉长岩(富磁铁矿),
介于辉长结构和辉绿结构之间;c—辉绿岩,具辉绿结构

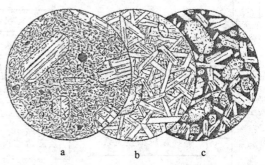

4. 不同冷却条件下玄武岩的结构
a—间隐结构;b—间粒结构;c—玻基斑状结构

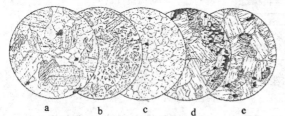

5. 花岗岩类岩石
a—花岗岩,具花岗结构;b—花斑岩,基质
中石英和钾长石规则交生,具文象结构;
c—花岗细晶岩,细晶结构;d—闪长岩;
e—石英正长岩,具半自形粒状结构

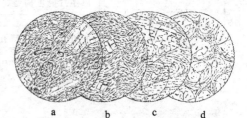

6. 安山岩、粗面岩、流纹岩和珍珠岩
a—角闪安山岩,斑晶为角闪石(具暗化边)和斜长石,
基质为安山结构;b—粗面岩,斑晶为透长石,基质具
粗面结构;c—流纹岩,含熔蚀的石英斑晶,基质为
玻璃质-隐晶质,流纹构造;d—珍珠岩,玻璃
质结构,珍珠构造

图2-13 岩浆岩结构类型

进一步提高,在地下几千公尺的深度渐渐向变质岩过渡,也可能被构造运动抬升至浅部接近地下水的淋溶或接纳新的沉淀矿物,或升到地表遭受风化成为新一代母岩。

(1) 沉积岩的分类。沉积岩可分为他生沉积岩和自生沉积岩。他生沉积岩是指主要由他生矿物构成的沉积岩,而自生沉积岩是指主要由自生矿物构成的沉积岩(图2-14)。

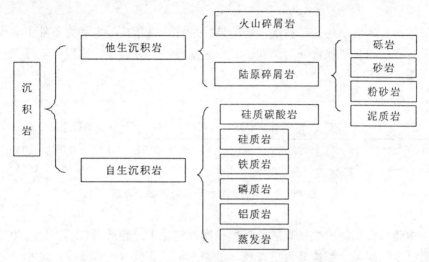

图2-14 沉积岩分类

(2) 沉积岩的成分。沉积岩中已知有160种以上的矿物,常见的有20余种,而同存于同一岩石中的矿物一般不超过5～6种,有些仅1～3种,这些矿物可分为他生与自生两类。他生矿物来自沉积岩形成之前的陆源碎屑矿物和火山碎屑矿物两类(陨石与宇宙尘埃甚少),如岩屑、晶屑、生屑等。自生矿物是在沉积岩的形成作用中以化学或生物化学方式新生成的矿物,如粘土矿物,方解石、白云石、海绿石、石膏、铁锰氧化物或其水化物等。按其成岩阶段性,自生矿物可分为风化矿物、沉积矿物和成岩矿物3类。

沉积岩的化学成分因岩石类型不同而相差极大。如石英砂岩或硅质岩可含90%以上的SiO_2,而石灰岩则高度富CaO,其他化学成分如Al_2O_3、Fe_2O_3和MgO等也可明显地富集在某些类型的岩石中,这是地球物质循环到表生带后因背景条件不同而发生分异的结果。

(3) 沉积岩的颜色。颜色是沉积岩的重要宏观特征之一,对沉积岩的成因具有重要的指示性意义。

物质成分是决定颜色的主要因素。按致色成分可分为继承色和自生色。主要由陆源碎屑矿物显现出来的颜色叫继承色,如纯净石英砂岩为灰白色,含大量钾长石的长石砂岩呈浅肉红色,含大量隐晶质岩屑的岩屑砂岩为暗灰色等。主要由自生矿物(包括有机质)表现出来的颜色称为自生色。自生色按其成因可分为原生色与次生色两类。原生色是由原生矿物或有机质显现的颜色,如海绿石砂岩的绿色,炭质页岩的黑色等;次生色是由次生矿物显现的颜色,常呈斑块状、脉状或其他不规则状分布,如海绿石砂岩因海绿石氧化变为褐铁矿而呈现的暗褐色。

(4) 沉积岩构造。指在沉积作用或成岩作用中在岩层内部或表面形成的某种形迹特征。"岩层"是沉积地层的基本单位。相邻的上下岩层之间被层面隔开。层面是一个机械薄弱面,易被外力作用剥露出来。沉积岩构造分原生沉积构造和次生沉积构造。任何构造都是物理、化学、生物或它们的复合成因。物理成因的有层理构造、水平层理、平行层理、交错层理、脉状层理、粒序层理和块状层理等;生物成因的有生物扰动构造、叠层构造;化学成因的有晶痕与假晶、结核等。

(5) 沉积岩结构。根据沉积物成因,可分为碎屑结构、化学结构、生物结构与复合结构4种类型。

①碎屑结构:碎屑结构是碎屑沉积物的结构总称,是指在一定动力条件下共生在一起的碎屑颗粒所具有的内在形状特征的总和。其中包括粒度、分选度、圆度、支撑类型和孔隙等几个方面(图2-15)。

图2-15 碎屑颗粒的自然粒级划分标准

粒度是指碎屑沉积物中粒状碎屑的粗细程度,它是决定碎屑颗粒动力学行为的基本因素之一。碎屑粒度是指单个颗粒最大视直径 d 的毫米值或 ϕ 值 ($\phi=\log_2 d$) 在粒级划分标准中所处的位置来衡量,有利于分析和作图。按粒级,碎屑结构可分为砾状结构、砂状结构、粉砂状结构和泥质结构4大类。虽碎屑结构以粒度分类为主,但并不排除依据结构的其他特征分类,如砾状结构分为角砾状结构(砾石圆度差)和狭义的砾状结构(砾石圆度中等到好)。或分成支撑结构(颗粒支撑)和漂浮状结构(基质支撑)。

②化学结构:母岩风化过程中,在化学和物理规律支配下,物质以离子状态(真溶液或胶体溶液)迁移,经化学沉积作用结合成固态物质——蒸发矿物组成的盐类以及某些硅质、磷质等沉积物或泉华、硅华、石灰华等。由于化学沉积物都是某种结晶过程的直接产物,故称为化学结构或结晶结构,类似于结晶岩(如岩浆岩),可分为非晶质结构、隐晶质结构和显晶质结构3大类。蛋白石、胶磷矿等属非晶质结构;玉髓、隐晶磷灰石、隐晶菱铁矿等为隐晶质结构,亦可排列成扇状或放射球粒状集合体,又可称为扇状(放射状)结构或球粒结构。隐晶质结构可由非晶质结构转化而来;显晶质结构可按晶粒大小划分为极粗晶、粗晶、中晶、细晶、极细晶和微晶结构,若以晶粒相对大小和自形程度,可分为等粒、不等粒、似斑状或自形、他形晶结构等。

③生物结构:较为特殊,主要由原地生物遗体、遗迹及其相关产物构成的沉积物,其结构既有机械沉积又有化学沉积和生物化学的沉积结构,是一种复合沉积作用的产物。

④复合结构:由物理、化学和生物沉积作用共同实现物质迁移和聚集的复合沉积作用形成的中间产物和由它们堆积形成的沉积物的结构特征有两个,一是泥晶;二是自生颗粒。自生颗粒结构有鲕粒、团粒、凝块石和核形石。生物碎屑(生屑)依其外形,生物显微构造。根据壳体厚薄、大小以及生物内部显微结构来鉴别生物种类。常见的生物碎屑显微结构有玻纤结构、层纤结构、柱状结构、平行片状结构、单晶结构和多晶结构等(图2-16)。

3) 变质岩

在变质作用条件下,地壳中已经存在的岩石(可以是岩浆岩、沉积岩及早已形成的变质岩)变成具有新的矿物组合及结构、构造等特征的岩石称为变质岩。变质作用以其主要因素及地质条件分为局部变质作用(接触-热变质作用、动力变质作用、冲击变质作用、交代变质作用)和区域变质作用(造山变质作用、洋底变质作用、埋藏变质作用、混合岩化作用)

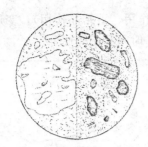
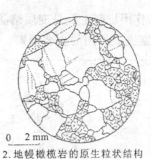

1. 斑状结构
石英斑晶具熔蚀结构(左), 角闪石斑晶具暗化边结构。右上方的角闪石为一自形晶(右), 基质为隐晶和微晶结构

2. 地幔橄榄岩的原生粒状结构
(据路凤香, 1988)
由Ol、Opx、Cpx和少量SP组成, 橄榄石中发育扭折带, 小的颗粒重结晶者具粒状镶嵌结构
单偏光 $d=4.8$ mm

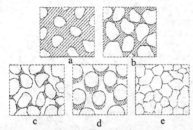
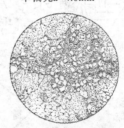

3. 不同胶结类型示意图, 画斜线者为胶结物
a—基底式胶结; b—孔隙式胶结; c—接触式胶结;
d—悬挂式胶结; e—镶嵌式胶结

4. 顺缝合线发育的环带状菱面体白云石
暗色环带为氧化后的铁白云石; 河北唐山奥陶系; 单偏光, 视域直径1.0 mm

5. 交代假象结构
a—方解石交代碎屑长石而具有长石假象; b—黏土物交代长石而具有长石假象同时残留有长石的解理; c—玉髓交代腕足碎片和鲕粒而具有腕足和鲕粒假象同时残留有原始的结构特点; d—方解石交代石膏而具有石膏假象(也可由溶解-充填形成)

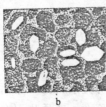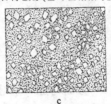

6. 漂浮自形晶结构
a—砂岩中菱面体菱铁矿交代方解石连晶胶结物; b—砂屑灰岩中六方柱状石英交代方解石; c—泥晶灰岩中菱面体白云石交代方解石

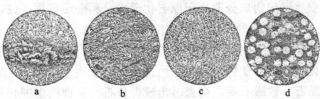

7. 几种典型硅质岩的显微结构
a—玉髓硅质岩, 四川峨眉山二叠系; b—硅藻岩, 据Raymond(1995), 美国加利福尼亚中生界; c—海绵岩, 据McBride等(1969), 美国得克萨斯泥盆系; d—放射虫岩, 由夏文臣、张宁提供, 广西钦州泥盆系; a—正交偏光, b、c、d—单偏光; 视域直径a、c—1 mm, b—0.2 mm; d—2 mm

图 2-16 沉积岩结构类型图

两大类。而变质作用机制主要是变质结晶作用（交代作用、重结晶作用）、变形和变质分异（图2-17）。引起变质作用的主要因素：温度和压力、时间和流体成分。

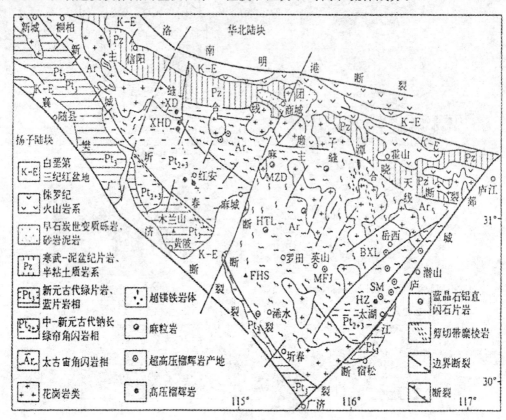

图2-17 桐柏—大别山变质地质图
（游振东等，1999）
主要高压、超高压变质岩产地：BXL—碧溪岭；FHS—峰火山；HTL—黄土岭；HZ—黄镇；
MFJ—蜜峰尖；MZD—木子店；SM—石马；XD—熊店；XHD—宣化店

(1) 变质岩特征。

①化学成分：一方面与原岩有密切关系，另一方面又和变质作用的特点有关。根据变质岩化学成分可恢复原岩类型。从原岩角度，变质岩可分为正变质岩（原岩为岩浆岩）、副变质岩（原岩为沉积岩）和复变质岩（原岩为变质岩）。

②矿物成分：变质岩矿物成分取决于原岩化学成分和变质作用条件，变质岩的矿物组合是一定P-T-X条件下化学平衡的产物。识别变质岩中热峰前矿物、热峰矿物、热峰后退变质矿物，以及流体包裹体，查明其形成P-T条件，是建立P-T轨迹的岩石学方法。就五大化学类型变质岩的化学成分与矿物成分特点而言：泥质变质岩，云母含量高，石英常见，富铝的多红柱石、蓝晶石、矽线石等，高温时出现钾长石。富钾的多钾长石，高温时出现夕线石、堇青石、石榴石等；长英质变质岩，矿物成分特点是以石英、长石为主，矿物组合与富钾泥质变质岩相同；钙质变质岩矿物成分以碳酸盐矿物（方解石、白云石等）和钙镁硅酸盐矿物（硅灰石、透辉石、阳起石、透闪石、滑石等）为主。可含一定量的钙铝硅酸盐矿物（绿帘石、方柱石、钙铝-钙铁榴石、符山石等）；基性变质岩则富含斜长石和绿帘石，绿泥

石、单斜辉石、单斜闪石、斜方辉石、钙铝-镁铝榴石及黑云母等，可含一定量的石英；镁质变质岩则缺乏长石、石英，蛇纹石、滑石、水镁石、菱镁矿、直闪石、镁铁闪石、紫苏辉石、透闪石、阳起石、绿泥石、黑云母、铁铝-镁铝榴石等镁、铁矿物。

（2）变质岩结构、构造。变质岩的结构、构造和化学成分、矿物成分一起，是变质岩分类命名的标志。化学成分反映原岩特点。矿物成分是反映变质作用的条件，而结构、构造则是反映变质作用的机制。

①变质岩结构：由变质结晶作用产生的变质矿物叫做变晶。变晶的大小、形状、相互关系反映的结构统称为变晶结构。岩石遭受变形产生的结构叫变形结构；保留原岩结构的叫变余结构（残余结构），详见图2-18、图2-19。

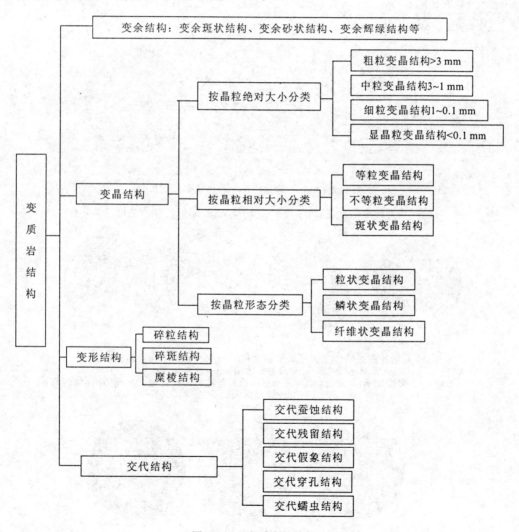

图2-18　变质岩结构简图

②变质岩构造：分为变质构造和变余构造两大类。变余构造多见于低级变质岩中。变质构造又分为定向构造和无定向构造两类。详见图2-20。

（3）变质岩类型。以岩相学分类原则，中国地质大学教授路凤香、桑隆康将变质岩分为

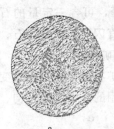  

1. 变余斑状结构a和变余砂状结构b
a—绿泥片岩，原岩中辉石斑晶为绿泥石交代呈假象，其核心部分有少量残余，基质已变为绿泥石和石英，山西五台，单偏光，$d=2$ mm(引自贺同兴等，1980)；
b—变质含砾石石英杂砂岩，碎屑为石英和石英岩，胶结物已变为细小的绢云母、黑云母和石英，北京周口店，正交偏光，$d=6.4$ mm(引自游振东、王方正，1991)

2. 花岗变晶结构
(据Passchier,1990，改编)
a—花岗变晶-多边形结构；b—花岗岩变晶多缝合结构；白色为粒状矿物(石英、长石)；灰色为柱粒状(角闪石、辉石)；黑色为片状(云母)

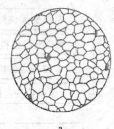 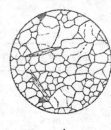 

3. 等粒结构(a),不等粒结构(b)和斑状变晶结构(c)
[据Raymond(1995)改编]
a、b—变质橄榄岩(橄榄石岩)；c—石榴子石-黑云母-斜长石-白云母-石英片岩

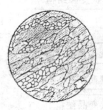  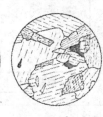 

4. 鳞片变晶结构(a)、纤状变晶结构(b)、交叉结构(c)和束状结构(d)
a—c据Raymond,1995，改编；d—取自北京西山
a—绿泥石-钠长石-石英-白云母片岩；b—斜长石普通角闪石片岩；c—透闪石-绿泥石；d—硬绿泥石角岩

5. 动力变质岩的结构
(a、b引自Raymond,1995)
a—碎裂结构(示意)，断层角砾岩，基质中含氧化锰胶结物；b—糜棱结构，Pl-Q-Ms-Ch糜棱岩；c—玻璃质碎屑结构，假玄武玻璃

图 2-19 变质岩结构类型图

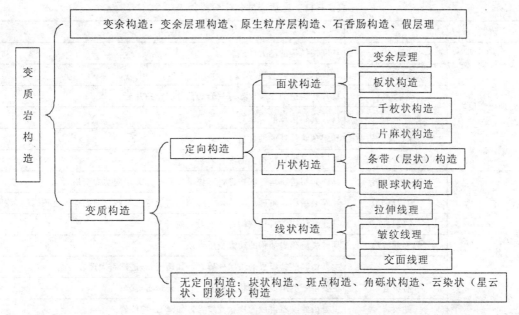

图 2-20 变质岩构造简图

面理化变质岩和无面理至弱面理化变质岩两大类（表2-11）。这里按结构构造和矿物成分特征划分基本类型。分类中保留了按变质程度划分的板岩、千枚岩、片岩、片麻岩、混合岩等基本名称的矿物成分定义。对于粒岩或××岩岩类的定义范围较宽，其中具花岗变晶结构者称粒岩。具其他结构的称××岩。如由刚玉、正长石组成的具花岗变晶结构的叫刚玉-正长石粒岩。无面理的蓝晶石-绿泥石-白云母岩可称之为蓝晶石-绿泥石-白云母岩，而不能称之为"片岩"。

三、地质作用

（一）内力作用

内力作用是指地球内部能源引起的地质作用，一般发生在地球内部。地球内部能源，主要是重力能、地热能、地球旋转能等，它们引起地球内部的物质运动、变形，主要包括构造运动、岩浆作用和变质作用。

1. 构造运动

构造运动，是指地球内部动力引起的组成岩石圈物质作永无休止的机械运动，因此又称为岩石圈运动或地壳运动。

构造运动按其运动方向，可分为垂直运动和水平运动；按其发生时间，一般又分为古构造运动（发生在新第三纪以前）、新构造运动（发生在新第三纪以后）和现代构造运动（指有人类历史记载以来发生的构造运动）。

1）垂直运动

垂直运动是指岩石圈物质发生垂直于大地水准面方向的运动，常表现为大面积的上升或下降，造成地势交差的变化，上升形成高山，下降形成平原盆地，即所谓沧海桑田的海陆变迁。

垂直运动的标志：河流阶地、海成阶地；沉积环境和沉积厚度的变化、地层的接触关

表 2-11 变质岩岩相学分类简表

岩类		说明
面理化变质岩	糜棱岩	具糜棱结构的动力变质岩
	板岩	具板状构造的变质岩
	片岩	具片状构造的变质岩如绿片岩、蓝片岩、白片岩
	片麻岩	具片麻状构造的变质岩
	眼球状混合岩	具眼球状构造的混合岩
	层（条带）状混合岩	具层（条带）状构造的混合岩
无面理至弱面理化变质岩	构造角砾岩	具碎裂结构、角砾状构造，碎块呈棱角状，无定向动力变质岩
	构造砾岩	具碎裂结构、角砾状构造，角砾圆化，无定向至弱定向的动力变质岩
	碎裂岩	具碎裂结构、具块状构造的动力变质岩
	假玄武玻璃	具碎裂质碎屑结构的动力变质岩
	大理岩	主要由碳酸盐组成的块状变质岩，如透闪石-透辉石大理岩
	石英岩	主要由石英组成的块状变质岩，如白云母石英岩
	蛇纹岩	主要由蛇纹石组成的块状变质岩，如滑石-蛇纹岩
	绿岩	主要由钠长石和绿帘石及阳起石、绿泥石组成的绿色块状区域变质岩
	角闪岩—绿帘角闪岩	主要由斜长石和普通角闪石组成的区域变质岩，如石榴石角闪岩 主要由钠长石、绿帘石和普通角闪石组成的区域变质岩
	麻粒岩	具花岗变晶结构和麻粒岩相矿物组合
	榴辉岩	主要由石榴石和绿辉石组成的无长石的区域变质岩
	粒岩或××岩钙硅酸盐粒岩	具变晶结构的无定向、块状变质岩，具花岗变晶结构者称××粒岩；由钙硅酸盐矿物组成的粒岩总称
	角岩	无定向、块状接触变质岩，如钙硅酸盐角岩，钠长-绿帘角岩、普通角闪石角岩，辉石角岩
	角砾状混合岩	具角砾状构造的混合岩，角砾状古成体分布在新成体之中
	云染状混合岩	具云染状构造的混合岩
	夕卡岩	主要由钙-镁-铁（铝）硅酸盐矿物组成的接触交代变质岩
	云英岩	主要由石英-白色云母和萤石、黄玉、电气石等组成的交代变质岩
	黄铁绢英岩	主要由石英绢云母、黄铁矿及碳酸盐组成的交代变质岩
	次生石英岩	主要由石英及绢云母、叶蜡石、高岭石、红柱石、明矾石组成的交代变质岩
	青盘岩	主要由钠长石、阳起石、绿泥石及碳酸盐组成的交代变质岩
	滑石菱镁岩	主要由石英、菱铁菱镁矿、铬云母、黄铁矿以及绿泥石、滑石、蛇纹石和铬铁组成的交代变质岩

系。河流阶地是指沿河谷分布，洪水不能淹没的台状阶地，这是由构造运动使该地区地壳升降所造成的。海（湖）成阶地是沿海（湖）岸分布，最大高潮不能到达顶面的台状地形。它是由构造运动相对稳定时期形成的波切台、波筑台被抬高形成的，若为下降运动，形成的阶地则被掩埋在地下。其他如溶洞也都是垂直运动的标志。

不同的沉积环境（海洋、大陆）形成的沉积物往往具有不同的特点，并有不同的化石组合。由此可确定其沉积环境，进而可推断构造运动的特点。同样，地层的接触关系受构造运动的控制，是记录构造运动历史的见证。

2) 水平运动

水平运动是指岩石圈物质发生平行于大地水准面的运动。常表现为岩石圈（地壳）物质的相互分离（拉张）、靠拢（挤压）、平错（剪切），造成岩石、岩层发生破裂（断层）、弯曲（褶皱）以及形成巨大的山系。

水平运动与垂直运动实际上二者不是孤立进行的，只不过是在某些地区或某一时期以某种运动方式为主导。经常可以看到，在较长的地质历史时期内，同一地质构造运动的方向常发生垂直运动与水平运动的交替。

水平运动的标志往往是多数垂直运动的标志在一定程度上的反映（如角度不整合）。但一般而言，水平运动的标志不如垂直运动标志明显。实际上水平运动的标志也是相当普遍的，如建筑物被错动，河流、山脊线等发生同步弯曲或错断，岩石圈板块运动、构造变形等。构造变形的空间范围可以小到宝石（矿物）的晶格位错，大到全球的板块构造。构造变形时构造运动的重要标志，如岩石受到水平方向的作用力可发生张性断层（如大洋中脊）、紧密褶皱、平移断层等。构造变形后留下的形迹称为构造地质（亦称地质构造），包括褶皱构造和断裂构造。

一般说来，大型平缓的隆起、坳陷和穹隆、断陷盆地构造及一些高角度倾向滑移断层是发生区域性升降运动的证据，而线形褶皱和大规模逆冲断层及一些走向滑动断层是发生水平运动的记录。

（1）褶皱构造。褶皱（fold）是地壳上最基本的构造形式。它是由岩石中的各种面（如层面、面理等）的弯曲而显示的变形。褶皱的基本类型是背斜和向斜（图 2-21）。背斜是核部由老地层、翼部由新地层组成的，岩层凸向地层变新方向弯曲的褶皱。向斜是核部由新地层、翼部由老地层组成的，岩层凸向地层变老方向弯曲的褶皱。自然界中的背斜和向斜常常相互连接、相向排列，多个连续出现。在一定范围或一定大地构造单元里，不同形态、不

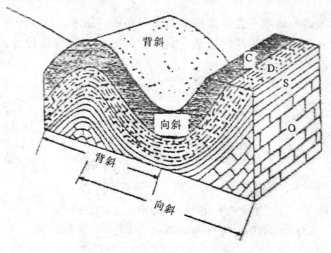

图 2-21 褶皱基本类型示意图
(引自汪新文等，1999)

同规模和不同级次的褶皱常以一定组合形式展布，它们往往是在同一构造运动时期和同一构造运动力作用下形成，并具有成因联系，按一定几何规律组合在一起，构成复背斜或复向斜。复背斜和复向斜是受垂直褶皱轴方向强烈挤压的结果。

褶皱结构要素有5个（图2-22）：

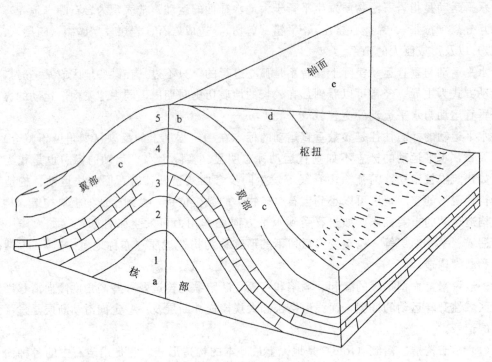

图2-22 褶皱要素示意图
（图中1、2、3、4、5代表地层从老到新的顺序）

①核：指褶皱中心部位的岩层。背斜的核是该褶皱中最老的地层，向斜的核是该褶皱中最新的地层。

②翼：泛指褶皱两侧比较平直的部位。当背斜和向斜相连时，有一翼是两者共用的。

③转折端：指褶皱面（如岩层面）从一翼过渡到另一翼的弯曲部分。其形态有圆弧状、尖棱状、箱状和扇形等（图2-23）。

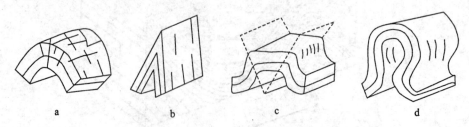

图2-23 根据转折端形态褶皱的分类
a—圆弧褶皱；b—尖棱褶皱；c—箱状褶皱；d—扇形褶皱

④枢纽：指单一褶皱面（如岩层面）上最大弯曲点的连线。枢纽可以是直线，也可以是

曲线或折线。枢纽的空间产状可以是水平的、倾斜的或直立的。

⑤轴面：各相邻褶皱面（如岩层面）的枢纽连成的面称为轴面。轴面是一个设想的标志面，它可以是平直的，也可以是曲面。轴面与地面或其他任何面的交线称轴迹。

（2）断裂构造。岩石受力作用后，在应力超过岩石的强度极限时就发生破裂，即形成断裂构造。常见的断裂构造有节理和断层两类。

①节理：节理是岩石中的裂隙，是没有明显位移的断裂。根据其形成时的应力状态可分为由剪切应力产生的剪节理和由张应力产生的张节理两种。

剪节理较平直光滑，产状稳定，节理面上常有擦痕。张节理产状不稳定，延伸不远，节理面粗糙不平，无摩擦。

②断层：断层是岩层顺破裂面发生明显位移的断裂构造。断层是地壳中重要的地质构造之一，形态多样，规模大小不一，大者可延伸数十、数百、数千千米，小的可在手标本上或岩石露头范围内观察。

断层由断层面和断盘两个几何要素组成。断层面是一个将岩块或岩层断开成两部分的破裂面，两部分岩块沿该破裂面发生位移。断面产状有水平、倾斜或直立几种形式。其空间位置由走向、倾向和倾角确定。断层面可以是产状稳定的平直面，也可以是沿走向或倾向发生产状变化的曲面。大的断层面是由一系列破裂面或次级断层组成的带，即断层（裂）带。断层规模越大，断裂带宽度越复杂。大断裂带还常常具有分带性。断层面与地面的交线称断层线。断盘是断层两侧沿断层面发生位移的岩块。若断层面是倾斜的，位于断层面上侧的一盘为上盘，位于断层面下侧的一盘为下盘；若断层面是直立的，则按断盘相对于断层走向的方向描述，如东盘、西盘或南盘、北盘。根据两盘的相对运动，相对上升的一盘叫上升盘，相对下降的一盘叫下降盘。

按断层两盘相对运动可将断层分为正断层、逆断层和平移断层3类。凡是断层上盘相对下盘沿断层面向下滑动的称正断层，若断层的上盘相对于下盘沿断层面向上滑动的称逆断层，如果断层两盘顺断层面走向相对移动的断层叫平移断层，即走向滑动断层。根据断层两盘的相对滑动方向，进一步分为右行平移断层和左行平移断层。所谓右行或左行是指垂直断层走向观察断层时，断盘向右滑动还是向左滑动，前者称为右行，后者称为左行。平移断层一般断层面陡峻，甚至直立。

断层很少独立出现，常由多条组合在一起，形成断层带，并常常同褶皱带相伴生。逆断层可组合成叠瓦式，正断层可组合成阶梯状，地堑和地垒（图2-24）。

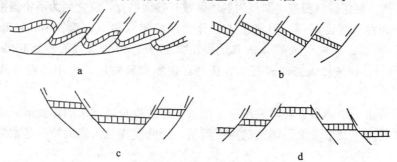

图2-24 几种断层的组合类型
a. 叠瓦式逆冲断层；b. 阶梯状正断层；c. 地堑；d. 地垒

2. 岩浆作用

岩浆作用是指岩浆活动（从其形成、位移直至冷凝的过程）引起的地质作用。岩浆作用按其活动特点（发生在地下或地表）分为岩浆的喷溢作用和侵入作用。

1）岩浆喷溢作用（火山作用）

岩浆的喷溢作用是指地下深处的岩浆沿着岩石圈中软弱地带上升并喷溢到地表形成火山的作用。冷凝形成的岩石叫火山岩。

火山喷溢前，可听到来自地下的轰鸣声，小地震增多，可出现新的地裂缝、温泉、喷气孔、电磁场发生变化等。火山喷溢时，往往先喷出大量的气体，随之喷溢大量熔浆等火山物质，并常伴有大风、暴雨、雷电。火山喷溢后，岩浆中残留的气体和液体仍可沿裂缝继续上升，在地表形成喷气孔、温泉、喷泉。

火山喷溢过程实质上是释放地下物质和热能的过程，而且释放的速度明显快于蓄积的速度，所有火山喷溢具有阶段性的特点，时喷时停。根据这一特点，可将火山分为：死火山（百年无活动）、活火山（近百年有活动）。根据火山通道的形状，火山喷溢可分为熔透式、裂隙式和中心式喷溢 3 种类型。

(1) 熔透式喷溢：是火山通道不太规则、口径很大的一种火山喷溢类型。通常是在地壳发育初期，很薄的地壳在地下岩浆的热力作用下被大面积熔透，造成岩浆大面积溢流，故又称区域喷溢。

(2) 裂隙式喷溢：这是岩浆沿一条大断裂（裂隙）或断裂带上升喷溢地表的火山活动。火山口呈长数十千米的带状，沿断裂带呈串珠状排列，但在地下则互相连通为墙状通道。

(3) 中心式喷溢：是指岩浆沿颈状管道喷溢地表，喷溢通道在平面上常为点状，故又称点状喷溢。其最大特点是常在地表形成下缓上陡的火山锥。按爆裂程度又可分为宁静式、爆裂式及递变式 3 种。根据组成火山锥的火山喷出物特征，可将火山锥进一步分为碎屑锥、熔岩锥和复合锥 3 种类型。各类锥体的火山口常遭受其后的地面流水侵蚀，新的火山活动再次爆发及重力塌陷等破坏作用，使其成为火山洼地。通常将经过破坏的火山口及其周围的洼陷称为破火山口。如河南桐柏山的破山大银矿，银洞沟大金矿就产于破火山口内。

2）岩浆侵入作用

岩浆侵入作用是指发生在地面以下的岩浆作用，包括岩浆在运移、冷凝过程中的变化及其对周围岩石的影响。形成的岩浆岩称为侵入岩，侵入岩周围的岩石称为围岩。岩浆在其侵入、冷凝的同时，对围岩也进行着破坏和改造。侵入岩与围岩的接触关系可分为协调接触和不协调接触两种。协调接触指接触面基本与围岩层理面或片理面平行，反之则为不协调接触。

根据侵入岩侵入深度不同，可将侵入岩分为深成侵入岩（深度 $>3km$）和浅成侵入岩（深度 $<3km$）两类。深成侵入岩体依其地表出露面积分为岩基（面积 $>100km^2$）和岩株（面积 $<100km^2$）。深成侵入岩的岩石学特征是：矿物颗粒较粗，大小相近，具有全晶质等粒结构。

浅成侵入岩由于距地表近，熔浆冷凝速度快，有些生长速度快的矿物形成粗大晶体，生长速度慢的矿物来不及形成大晶体就已冷凝固结，因此浅成侵入岩的特征是常常具有细粒或似斑状结构。

火山岩则由于是在地表形成，熔浆很快冷凝，以致有些矿物来不及结晶就已冷凝，因此常形成斑状结构、非晶质（玻璃质）结构，在岩石中常保留有气泡及流动的痕迹，形成气孔构造、流动构造。

3. 变质作用

变质作用是指由于物理、化学条件的改变，使原岩（沉积岩、岩浆岩或变质岩）的矿物成分、结构、构造在固体状态下发生改变形成新的岩石的作用。即地壳中原来已存在的岩石，由于受到构造运动、岩浆活动或地壳内热流变化等内力的影响，以及陨石冲击的瞬时热动力作用等，使岩石在固态（或基本保持固态）情况下发生矿物成分、结构、构造甚至化学成分的变化，这些变化总称为变质作用。

1) 变质因素

引起变质作用的主要因素有：

(1) 温度。变质温度一般在250～700℃。温度升高可使原岩发生重结晶和形成新矿物。

① 重结晶。重结晶是矿物在固体状态下，同种矿物发生部分溶解、迁移并重新结晶。重结晶作用可使矿物由非晶质变为晶质，由隐晶质变成显晶质，使矿物粒度大小趋向均一、外形趋向规则。

② 形成新的矿物。因温度高，使得一些在低温下形成的矿物被分解并转变为在高温条件下稳定的矿物。如高岭石变为红柱石。

$$Al_4[Si_4O_{10}](OH)_8 \longrightarrow 2Al_2[SiO_4]O + 2SiO_2 + 4H_2O$$
（高岭石） （红柱石） （石英） （水）

(2) 压力。压力是引起变质作用的重要因素。与变质作用有关的压力主要有：

① 静压力。静压力是指由上覆岩石产生的负荷压力。因各向均等而不压裂岩石故又称围压。静压力随深度增加而增大，引起变质作用的静压力一般在$1 \times 10^8 Pa$，约相当于地下4km至35km的深度。静压力可使岩石的体积缩小，密度增大，变得更加坚硬，如低压下形成的红柱石在高压下变为蓝晶石，而矿物化学成分不变。

② 动压力。动压力是由构造运动或岩浆活动产生的压力。动压力具有一定的方向性，可使岩石变形、破裂，甚至被压溶，故又称之为定向压力。压溶是在平行压力的方向上溶解度增大，使矿物被溶解、变薄，而在垂直动压力的方向上发生沉淀，结果使岩石中的片状、柱状矿物呈定向排列。

(3) 化学活动性流体。这是指存在于岩石空隙中具有挥发性的流体，主要是H_2O、CO_2以及F、Cl、B、P等在地下HTHP时常以不稳定的气-液混合物状态存在，起助溶剂的作用，使矿物组分发生溶解和迁移，使原岩矿物组分发生变化，另外，还会降低岩石的重熔温度。

化学活动性流体的来源，可源于岩石空隙中的地下水，亦可来自岩浆活动分离出来的挥发性组分、地下深处分异上升的深部热流以及变质过程中析出的液体。

2) 变质作用类型

根据变质作用发生的地质环境，变质因素及变质特征，变质作用可分为以下5种基本类型（图2-25）。

(1) 动力变质作用。是指在构造运动中所产生的定向压力的变质作用，它使原岩发生变形、破碎以及重结晶，主要发生在大断裂带附近，呈狭长的带状分布。在地下较浅部位以脆性破裂为主，在地下较深部分则以塑性变形为主。由此形成的变质岩叫断层角砾岩、糜棱岩等。

(2) 接触变质作用。是指发生在侵入岩体与围岩接触的带上，主要由岩浆活动带来的热量及化学活动性流体所引起的变质作用。常形成以侵入体为中心，向外变质程度减弱的环状

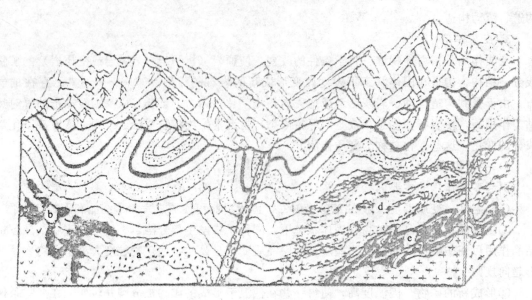

图 2-25 变质作用类型示意图
（据李尚宽，1982）
图例：①—动力变质作用；a—接触热变质作用；b—接触交代变质作用；d—区域变质作用；e—混合岩化作用

接触变质带。引起接触变质作用的温度一般为300～800℃。接触变质作用有两种类型：

①接触热变质作用：是因岩浆的高温使围岩发生变质的作用。其特点是：引起重结晶，改变了岩石的结构构造，形成新的岩石，但总体化学成分未发生变化。如石灰岩变成大理岩。

②接触交代变质作用：是指除热力作用外，岩浆析出的挥发分和热液还与围岩发生交代所引起的变质作用。因交代作用引起物质成分的带入和带出，导致原岩的总体化学成分发生显著改变，产生大量新矿物。这种变质作用最易发生在中、酸性侵入体与碳酸盐岩的接触带附近。如石灰岩变成矽卡岩并产生新矿物（蔷薇辉石、透辉石、石榴石等宝石），新疆和田玉也是由此形成的。

（3）气-液变质作用。具有化学活动性的热气及热水溶液对围岩进行交代所引起的变质作用。主要因素是化学活动性流体和温度。它们来自岩浆，少部分来自围岩及地下热水。该变质作用通常发育在构造破碎带及矿脉边缘，故又称为围岩蚀变。许多玉石由此形成，如岫玉、独山玉、东陵玉等。

（4）区域变质作用。发生在广大区域内，由温度、压力、化学活动性流体等因素综合作用引起的变质作用。分布范围广，持续时间长。区域变质作用发生的时间和空间常与岩浆活动、构造运动密切相关。

（5）混合岩化作用。这是一个介于变质作用向岩浆作用过渡的超深变质作用。这种变质作用由于温度升高，原岩中某些熔点较低的组分发生重熔（如长石、石英等），并广泛地渗透、交代、贯入其周围未被熔融的岩石中，混合形成新的岩石，称为混合岩。若温度继续升高，原岩全部融化，就成为花岗质岩浆。混合岩由原变质岩基体与长英质脉体两部分组成。基体通常由暗色矿物组成，颜色较深，脉体由浅色（无色）矿物组成。根据基体与脉体的含量比例，可将混合岩分为混合岩类、混合片麻岩类及混合花岗岩类，进而可根据岩石构造和矿物成分再细分，如角砾状混合岩、眼球状混合岩、云雾状黑云母混合花岗岩等等。

（二）外力地质作用

外力地质作用，是沉积型宝玉石矿床和有机宝石形成的重要成矿因素。它是由太阳能和重力所驱动的各种外动力（包括太阳辐射能、流动的空气及循环运动的水）作用于岩石圈所产生的地质作用，如引起地球表层的物质成分、地表形态等发生变化的地质作用。外力地质作用按地质营力可分为风、地表水、地下水、湖泊、海洋和冰川等地质作用。虽营力不同，但它们都将按照剥蚀、搬运、沉积三大程序进行，并最终固结成岩。

1. 风化作用

风化作用是指在地表或近地表的环境中，由于温度、大气、水和水溶液、生物作用等因素，使岩石、矿物等遭受到破坏的产物基本残留在原地的作用。它可使坚硬的岩石碎裂，以至转变成松散的沙土。风化作用在进行破坏的同时，也可使某些耐风化的成分富集形成有用的矿产，如绿松石、绿玉髓、孔雀石、欧泊等。

风化作用按其性质及方式又可分为物理风化、化学风化和生物风化3种类型。生物风化是生物作用的表现，另叙。

1）物理风化作用

物理风化作用是指由于（大气）温度变化等自然因素的影响，使岩石在原地发生崩解，而不改变化学成分的一种风化作用。常见的物理风化作用方式有温差风化、冰劈作用、盐类的结晶与潮解作用。物理风化作用可形成坡积型宝玉石矿床。

（1）温差风化：是指由于（昼夜）温度的变化，岩石反复热胀冷缩，导致岩石崩解的作用。它首先在岩石表面产生垂直的微裂隙，日久天长，出现"层状剥落"和单矿物的散落。在干旱气候带温差风化尤甚。

（2）冰劈作用：由于温度变化，岩石裂隙中的水反复结冰和融化，从而造成岩石裂隙不断扩大，使岩石发生崩解。

（3）盐类的结晶与潮解作用：在干旱和半干旱气候带，充填在岩石裂隙中的盐类因温度变化反复结晶、潮解引起其体积膨胀与收缩，使岩石原有裂隙扩大并增加新的裂隙。

2）化学风化作用

矿物、岩石与大气圈、水圈中的化学成分发生反应，使其分解的作用，称为化学风化作用。在化学风化作用过程中，水、水溶液、氧、二氧化碳起着重要作用。自然界化学风化最有利的环境是温暖、潮湿的热带、亚热带气候。其风化方式常见的有以下4种。

（1）溶解作用。所有矿物，特别是离子键型化合物，与偶极性水分子接触后相互吸引而溶解，溶解的物质随水溶液带走，同时那些难溶的物质残留原地，相对富集。

矿物在水中的溶解度，取决于组成矿物元素的离子半径、原子价、极化度、化学键类型，同时也取决于水的温度、压力、浓度、pH、Eh 值等。自然界的石灰岩地区，常可见到溶洞以及溶洞中的钟乳石，就是溶解和再富集的天然景观。

（2）氧化作用。氧化作用是指矿物与大气或水中的游离氧反应，生成氧化物的作用过程。如白银首饰佩戴一段时间就变暗，黄铁矿变成褐铁矿和硫酸，都是氧化作用造成的。氧化作用所能达到的地带称为氧化带，一般位于地下水的潜水面以上。

（3）水化作用。是指把水分子结合到矿物晶格中的作用，如硬石膏经水化作用变成**石膏**。

$$CaSO_4 + 2H_2O \longrightarrow CaSO_4 \cdot 2H_2O$$

（硬石膏）（水）（石膏，体积增大30%）

由此可以看出，水化作用不但形成含水的新矿物，同时体积也常常发生膨胀，对周围产生压力，促进了物理风化作用的进行。

(4) 水解作用。

是指水中离解出来的 H^+ 和 OH^- 离子与矿物在水中离解出来的阴离子或阳离子（如 K^+、Na^+、Ca^{2+}）相结合（置换反应），生成难电离的弱电解质新矿物，而使矿物遭受破坏的作用。发生水解作用的矿物主要是一些由弱酸强碱盐组成的矿物。如钾长石变成高岭石，高岭石在温热气候条件下又进一步水解为铝土矿。河南省郑州至三门峡一带的大型铝土矿就是这样形成的。

自然界里化学风化的结果形成两部分产物，一部分是成为溶液可被迁移的物质（真溶液与胶体溶液），另一种是难以迁移的物质残留在原地的残积物，可形成残积型矿床。

3) 生物风化作用

生物风化作用是指由于生物（动物、植物）的生命活动引起岩石、矿物破坏的作用。生物的活动可通过物理的和化学的两个方面对地表的矿物、岩石发生作用，使之遭受破坏。

(1) 生物物理风化作用。

生物物理风化作用是指由于生物活动使岩石、矿物发生机械破坏的作用。例如，生长在岩石、矿物裂隙中的植物，随着植物的长大，其根系也不断长大增粗。植物根系的生长可对围岩产生 $10\sim15kg/cm^2$ 的压力，促使岩石裂隙扩大，最终导致岩石崩解，这种作用在植被茂盛、岩石裂隙发育地区是很常见的。

另外，穴居的动物在挖掘巢穴和其他活动过程中，常常撞击、践踏周边的岩土，引起岩石的破坏。

(2) 生物化学风化作用。

生物化学风化作用，是指生物的新陈代谢分泌物和生物死亡后的遗体分解腐烂形成腐殖酸、硝酸、碳酸、亚硝酸和氢氧化铵等物质，作用于岩石、矿物，使岩石、矿物被分解破坏。

生物，特别是微生物的化学风化作用十分强烈，并广泛分布。据统计，每克土壤中可含几百万个微生物，它们都在不停地制造各种酸，从而强烈破坏岩石和矿物。

生物风化作用形成的重要产物是土壤。土壤一般为灰黑色，结构松散，富含腐殖质，具有一定的肥力，可使土壤形成团粒结构。土壤与残积物的主要区别是其中含有大量腐殖质，利于植物生长。生物遗体在地质成矿作用条件下，还可生成煤炭、石油、天然气等矿产。

2. 剥蚀作用

剥蚀作用是指外地质应力在对地表的矿物、岩石进行破坏的同时并将其破坏产物带离原地的作用。这是洼地上十分常见的地质作用，按其破坏方式可分为机械剥蚀和化学剥蚀两种基本类型。其中地面流水的剥蚀作用最为强烈。

1) 地面流水剥蚀作用

地面流水是指沿陆地表面向低处流动的水体，包括片流、洪流和河流。片流是指沿斜坡呈片状或细网状向低处流动的雨水、雪水等暂时性地面流水。洪流是指沿地表沟、谷中流动的线状流水，由片流汇集而成。河流则是沿河道流动的常年性流水，河水流经的狭长谷地称河谷，河谷主要由河床、谷底及谷坡等几部分组成（图 2-26）。地面流水在重力作用下最终归入湖泊或海洋。

地面流水剥蚀作用，可分为下蚀与侧蚀两种。

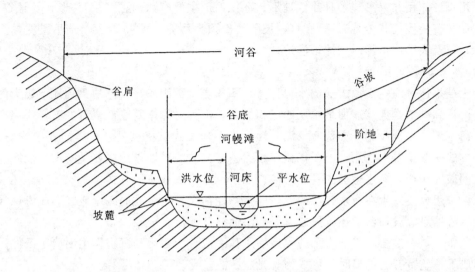

图 2-26 河谷形态刨面示意图

(1) 下蚀作用：是指河水在其流动过程中，对河床底部的破坏，使河谷加深、加长的作用。其强度主要受纵坡降、水量、河床的岩性及流水含砂量影响。下蚀作用可产生各种侵蚀地形："V"型峡谷、跌水瀑布与壁龛、向源侵蚀与袭夺、河曼滩与河谷阶地。下侵基准面为海（湖）平面。

(2) 侧蚀作用：河水以自身的动力及携带的碎屑物对河床两侧进行破坏的作用。其结果使河床弯曲，形成蛇曲与牛轭湖，谷坡后退，河谷加宽。

2) 地下水剥蚀作用

地下水剥蚀作用，一般称潜蚀作用，是指由于地下水的运动使岩石遭受破坏的作用，包括机械与化学两种方式。

(1) 机械剥蚀作用：赋存于地下松散沉积物和岩石空隙中的地下水，由于空隙大多细小，无论在水平方向抑或垂直方向上，流量分散，流速缓慢（一般<0.1mm/s），故其机械冲击力很小。

(2) 化学潜蚀作用：地下水中可溶有较多的 CO_2，有的甚至溶有 HCl、H_2SO_4 等，成为一种较强的溶剂，能够较快地分解可溶性岩石，使岩石的空隙或裂隙逐渐扩大，形成峰林与溶洞的喀斯特地形。可溶性岩石有石灰岩、白云岩及膏盐类岩石；透水性的岩石即裂隙发育、空隙通透性较好的岩石，并多发育在气候湿热的可溶性岩石分布地区。

3) 冰川剥蚀作用

冰川的剥蚀作用是指冰川及其挟带的岩石碎块对冰床基岩的破坏作用。因以机械破坏为主，故又称刨蚀作用，其方式有挖掘与磨蚀两种。

(1) 挖掘作用：冰川在运动时，将与冰川冻结在一起的冰床基岩碎块拔起带走的过程。结果使冰床加深，其强度受冰劈作用的控制。

(2) 磨蚀作用：又称挫蚀作用，是指冰川以其冻结搬运的岩石碎块为工具对冰床岩石进行纵向与横向的挫磨，并在冰床两侧和底部留下光滑的磨光面及"丁"字形擦痕。当冰川消融后，遭受磨蚀和挖掘的基岩若被保留下来，则成为羊背石。

冰川剥蚀作用结果形成各种冰蚀地形。冰蚀地形主要有冰蚀谷（"U"形谷及悬谷）、冰斗（三面陡壁的围椅状洼地）、鳍脊（两坡陡峻山顶尖薄的山脊）、角峰（岩壁陡立的金字塔形山峰）以及大陆冰川形成的冰蚀洼地。

4) 湖海剥蚀作用

近大陆水体称海，远离大陆的水体称洋，海和洋总称为海洋。湖泊是陆地上较大的积水盆地。海洋和湖泊是地球表面最主要的沉积场所，但其对沿岸及底部岩石的破坏作用亦十分强烈。海（湖）剥蚀作用，亦称海（湖）蚀作用，其方式有机械的、化学的和生物的3种，这3种方式一般是共同作用，但以机械作用为主。机械的海蚀作用主要是海水运动产生的动能引起的破坏作用，海水运动主要有海浪、潮汐、洋流和浊流等方式。

海蚀作用主要发生在海水较浅的海岸地带，往往在岩石组成的海岸地区形成海蚀穴或海蚀凹槽、海蚀崖、波切台，还可形成海穹、海蚀柱等地形。

海蚀作用，一方面形成了大量的碎屑物质和溶液，为搬运和沉积作用创造了条件；另一方面形成了一些特有的地形时，可成为观光旅游的景点。

5) 风的剥蚀作用

风是作用于地球表面的常见的地质营力之一。风蚀作用是指风以其自身的力量和所挟带的沙石对地表岩石、松散沉积物的破坏作用。按作用方式分为吹蚀作用和磨蚀作用。

(1) 吹蚀作用：是指风力将地表的松散物质吹离原地的过程。吹蚀的对象主要是黏土和粉沙级的松散颗粒。吹蚀中，碎屑粒径（d）与起沙风速（u）呈正比关系（表2-12）。风速大时常引起扬沙和尘暴。

表2-12 碎屑粒径与起沙风速的关系

u (m/s)	0.25	0.6	1.5	3.0	4.0	5.0	6.0	7.5	10~11	11~15	20~30
d (mm)	0.03	0.05	0.12	0.25	0.32	0.40	0.50	0.60	0.60~1.0	1.0~2.0	2.0~4.0

(2) 磨蚀作用：是指在风沙流动过程中所携带沙粒对地表岩石的冲击、摩擦，使岩石破坏的作用。磨蚀作用最显著的范围是离地面30cm的高度内。

风蚀作用的产物有风棱石、蜂窝石、风蚀蘑菇石、风蚀洼地、风蚀谷、风蚀残丘。

风蚀作用的下限是当风蚀洼地切过地下潜水面时会有地下水流出，并在洼地内储集形成风蚀湖，也可形成水草丰茂的绿洲，如甘肃酒泉的月牙湖。此时风蚀作用趋于停止。

6) 沉积成岩作用

上述各种发生在地球表面的外动力地质作用，尽管作用方式不同，所形成的产物不同，都遵循着破坏（风化与剥蚀）、搬运、沉积和成岩这一地质作用序列，而且该序列中的各个阶段彼此虽然不同，但彼此不能截然分开，即在破坏的同时会产生搬运，在搬运过程中会发生沉积。由各种外力地质作用形成的松散沉积物，在漫长的地质历史时期里，逐渐堆积，最终经过成岩作用变成沉积岩。

沉积物的成岩作用，是使在一定条件下，松散的沉积物转变为坚硬的岩石过程称为成岩作用。在成岩过程中，沉积物中的水分逐渐排出，孔隙度减少，密度加大，松散颗粒被胶结或发生重结晶作用，形成固结的岩石。成岩作用的主要方式有压实、胶结、重结晶3种。

(1) 压实作用：是指松散沉积物在上覆水体和沉积物的负荷压力下，水分排出，孔隙度降低，体积缩小转变为固结的岩石过程。随埋深加大，沉积物承受静压力也不断增大，孔隙中水分不断排出，孔隙度下降，孔隙连通性变差，渗透率降低，颗粒间的连接力增强，使岩石固结。在通常情况下，压实极限深度小于 5 000m，并与其他成岩方式相配合。

（2）胶结作用：是指从孔隙溶液中沉淀出的矿物质，将松散的沉积物颗粒胶结在一起，转变成固结的沉积岩过程。在胶结过程中，胶结物多为钙质（$CaCO_3$）、硅质（SiO_2）、铁质[Fe_2O_3 Fe$(OH)_2$]、黏土质或地下液化熔质，被胶结物是砂、砾、岩屑、生物碎屑。

（3）重结晶作用：是指深埋于地下的沉积物，在一定的压力、温度影响下，其碎屑颗粒部分（边缘）溶解和再结晶，使非晶质变成结晶质，小颗粒变成粗粒晶体，从而使疏松沉积物固结成岩的过程。如非晶质 $CaCO_3$ 结晶为方解石，小颗粒方解石因压溶再结晶成粗粒方解石组成的石灰岩。松散沉积物经过压实、胶结或重结晶作用形成固结的岩石以后，原有的结构、构造特点以及可能所含的生物遗体、遗迹保留在沉积岩中，经石化而形成化石，可作为成岩地质年代划分和岩浆岩及变质岩的区分标志。

第三节 生物作用

我们知道，构成生命的基础——蛋白质的主要成分是氨基酸分子。它是一种有机分子，虽然现在还未在太空中直接观测到氨基酸分子，但人工合成氨基酸的所有材料在星际分子云中是大量存在的。在茫茫宇宙空间，除了恒星、恒星集团、行星、星云等天体之外，在星际空间充满了各种微小的星际尘埃、稀薄的星际气体、各种宇宙射线以及粒子流。在 20 世纪 60 年代又发现了大量有机分子云，云中含有各种复杂的有机分子。1968 年天文学家用大型射电望远镜在银河中心先后发现了氨（NH_3）和水（H_2O）的分子，它们的数量很多，在尘埃云的后面形成了巨大的"分子云"。不久，天文学家又发现了一种比较复杂的有机分子——甲醛（CH_2O），它的分布十分广泛，不仅在银河中心区域有，在猎户座大星云和其他区域也有。此后，人们在宇宙太空又陆续发现了更多的星际分子，其中有无机分子，也有有机分子。例如羟基、一氧化碳、氰化氢、甲醇、乙醛、丙炔、腈、甲胺等。迄今为止，已发现的星际分子有 50 多种，有些星际分子在地球环境中找不到，甚至在实验室中也无法得到。

这些星际分子云中的有机材料，只要有适当的环境，它们就有可能转变为蛋白质，进一步发展成为有机生命。

生命生存在一个由发光恒星（太阳）和一个不发光行星（地球）的精细组合之中。科学家们认为，离地球 1 亿千米的地方，许多原子核在过去的 50 亿年中不停地碰撞。在日地组合中，生命的进化是分阶段性的。最简单的生命 40 亿年前就出现在地球上，约在 35 亿年的时间里仅有细菌和微生物的存在。只有在距今 53 500 万年这个阶段，突然地甚至是爆炸性地出现了比微生物大的生物。这个时期恰好是在寒武纪，所以就称为"寒武纪生物大爆炸"。我国云南省澄江县的帽天山是生物的真正开山鼻祖。在寒武纪海相地层中发现了 30 多个门（动物之间最大区别叫"门"）。现在世界上只有 25 个门，可是生物进化是从复杂到简单的，这主要是动物必须演化而不是生来如此，演化才是进化的关键（达尔文的进化论是从简单到复杂，从小到大），进化就是一种审判。宇宙选的物种能否拥有自己的后代，要看它们如何适应地球生态环境，能否适应仍需要运用达尔文的"物竞天择"的原则，适者生存，不适者灭亡（淘汰）。我们应该庆幸的是，有一种叫"云南虫"的节肢动物，最终造就了我们这个庞大的脊柱动物群。我们身上的最原始的基因，就是来自这个长不足 3cm、一天游不到几米的小虫子。

在我们研究生命的时候，它的基本组织都是由碳-氢-氧组成的分子构成的，其中碳元素起着主导作用。这种分子在组成时，需要能量（光子）激发它们的链结，而链结好后又必须保护这种链结。太阳光中有许多射线，其中紫外线对早期的生命分子的链结起了决定性的作用，但这种射线同时又破坏链结好的分子，所以地球上必须有这样的地方：分子能在能量中尝试各种组合，而一旦组合出生命的雏形又能够躲开组合过它们的能量，这个地方就是海洋。水对于生命是至关重要的，同时，地球的生命是唯一能够制造氧气的机器，然而地球上的氧气是后来才有的。因为有了生命活动才有了氧气，丰富的氧气还能形成臭氧层来保护生命免受紫外线侵害。

在地球 40 亿年的生命进程中，无数存在过的生命尸体构成了我们立足的基石——$CaCO_3$。地球早期尚无生命，只是一个充满 CO_2 的星球。地球有过的 CO_2 是今天的 20 万倍。这就意味着地球早期的气温比现在高 100 多摄氏度，但生命的特点就是吸收 CO_2，而阳光就是像它们能够消化 CO_2 的酵母片，在阳光作用下 CO_2 被分解成早期生命需要的碳和不需要的氧。正是这种简单的分离，40 亿年后宇宙中的智慧生命就诞生了。生命吞噬的 CO_2，如今都成为石灰石（$CaCO_3$）遍布世界。

在这里，还不能忘记月亮对地球生命系统的功劳：月亮的引力制动着地球的转速，平均每天使地球转速减少 0.02 秒；月亮还使地球旋转姿势稍有偏斜，使地球有了季节的区别；月亮在夜晚起到照明作用，人人皆知；月亮给人类的最大贡献就是它有一个最稳定的月壳，从不向地球喷洒东西，给地球一个平安环境；月亮使地球转速减缓使得地球对月亮的控制，在 30 亿年前月亮离地球只有 10 万千米，再过大约 10 亿年后，月亮将彻底脱离地球而去，届时地球的夜晚就真正黑暗了。今天，月面直径与太阳视角直径相同，故在日蚀时，人们可以细测太阳，人类制造的氢弹就是从太阳能量机制中得到启发的。

生物数量虽少，但在地质作用的过程中起着重要的作用。生物可风化和破坏地表岩石，改造地貌。生物的新陈代谢活动，可促使某些分散的元素或成分富集，并在适当条件下形成矿产，如铁、磷、煤、石油，还可形成有机宝石，如珊瑚、珍珠、琥珀、象牙、煤精等。因此，生物活动既参与了对岩石圈、大气圈和水圈的改造，又参与了地质历史时期的成岩、成矿过程，以及对宇宙星辰的探索。生物的出现，是天地造化，如古人云"天地之大德，曰生。阴阳构精，万物化生"。在地球表面有两个生态系统，一个是陆地，另一个是海洋。在生态环境里，生命的存在和演变是阳光的积累，光合作用是地球上一切生命的基础。生物是形成有机宝石之母。

第四节 人工作用

一、人类起源

从有了人类开始就形成了人类社会。人类从何时出现的呢？首先应知道"人是什么"或"什么是人"。我们从中国汉字"人"字的结构，可以看出人是由两腿直立行走的动物进化而来的。生物进化是个十分漫长的过程。根据考古发掘，科学家将人类进化划分为原始人类和现代人类两个发育阶段。因此，人类的起源就有两个含义，一是原始人的起源；二是现代人的起源。

现代人的起源有两种理论：一种是"单一地区起源说"，认为现代人是某一地区的早期智人"侵入"世界各地形成的，近年来认为这个地区为非洲南部；另一种是"多地区起源说"，认为亚洲、非洲、欧洲各地区的现代人，都是当地的早期智人以及猿人演化而来的。

1. 古猿

从地质古生物学研究得知，地球在距今大约5亿年的寒武纪时期发生了"生物大爆炸"，出现了种类繁多的生物种群，在云南省澄江县天帽山寒武纪地层中发现的长不足3cm、一天爬行不足几米的"云南虫"，是人类最早的祖先，经过数亿年的进化，终于在上新世距今1 400~800万年间变成了一种古代灵长类动物——森林古猿。这是一种从树上来到地面生活的古猿，长期在森林边缘、湖泊、草地和林地边活动，为直立行走创造了条件，这是人类形成过程中的第一个阶段，恩格斯称之为"攀树的猿群"。发现于肯尼亚特南堡的古猿，它们会将石块用作工具来砸骨吸髓，并初步用两足直立行走，定名为"腊玛古猿"，这是人类从猿类中分化出来的第一阶段，恩格斯称之为"正在形成的人"。这类古猿化石在我国的禄丰、开远以及土耳其、匈牙利也有发现。

在1924年，南非金伯利以北，人们发现了一个幼年古猿的骨头，后来在南非、东非又有所发现。他们的牙齿、头颅、腕骨等和人相似，与猿类有较大的差别，已会使用工具和直立行走。古人类学家将此称为"南方古猿"。南方古猿至少有粗壮型和纤细型两种。粗壮型是疏食者，已经灭绝；纤细型是杂食者，肉类在食物中占有很大比重。一般认为，纤细型则是人类的祖先。南方古猿生活在距今500万年至150万年之间。研究南方古猿，对于掌握人类的起源问题具有重要意义。

2. 猿人

1901年荷兰籍医生、解剖学家杜布阿在爪圭梭罗河边发现了一种已灭绝了的生物的遗骨化石，它具有人和猿的双重生理构造特征，把它叫做"直立猿人"，认为这是从猿到人的过渡阶段的中间环节之一。这一发现和命名立即在全世界引起了一场关于人类起源的激烈争论，这场争论一直到1929年12月裴文中教授发现了中更新世"北京猿人"（距今约69万年）才告结束。我国科学家将同一进化程度的人类化石称为"猿人"。

猿人分为早期猿人和晚期猿人。属于早期猿人的人类化石（发现于东非肯尼亚），他们生活在距今170万年至300万年之间。属于晚期猿人的有我国的元谋人、蓝田人、北京猿人、栾川人（图2-27），以及印尼的爪哇直立人、莫佐克托人、欧洲的海德堡人等，生活在距今50万年至200万年之间。猿人是从猿到人的过渡阶段的中间环节之一，他们不仅会直立行走，已懂得用火，并以洞穴为家，生活十分艰苦，使用比较粗糙的石斧和其他类型的砍砸器，已知用燧石、蚌壳等用作装饰品。所以恩格斯称之为"完全形成了的人"。

图2-27 栾川人牙齿化石

3. 智人

生存在距今 30 万年至 5 万年内的智人，在体质上的发展已与现代人极为相似。智人有早期智人和晚期智人的区分。早期的叫古人，晚期的叫新人，他们是现代人类最近的祖先。属于早期智人阶段的人类化石在欧洲各地发现，有尼安德特人和中国的马坝人（广东）、丁村人（山西）、长阳人（湖北）等。他们不仅会使用天然火，可能已会人工取火。他们穿衣服，吃熟食，过集体生活，共同采集和狩猎。属于晚期智人的人类化石遍布全世界。在我国有山顶洞人、柳江人、河套人、资阳人、许昌人。现在地球上活动着的各种肤色、特征不同的人类，就是晚期智人在世界各地因地理、气候等因素影响发展而成的。

4. 劳动创造了人

"人类是怎样进化的？""工具制造在进化中到底发挥了哪些作用？"这是千百年来人们一直在寻求答案的问题。我们现在模糊地知道，大约在 500 万年前，最初的人科动物已同猿类分别开来。那时地球环境发生了巨大的变迁，地中海盆地是干涸的，生态环境有了很大变动，许多哺乳动物生存在热带草原的边缘地区和大森林中，其中包括了许多树居的灵长类动物，一些小群的灵长类动物活跃在草原和森林边地，在边地活动的灵长类可能已采用了直立行走的姿态。根据对人类近亲的灵长类动物黑猩猩和狒狒的观察研究，他们具有的那种以前臂拄地行走的方式，可能就是人类最早祖先由四肢行走状态过渡到双足直立形态的重要环节。在这种行为模式下，可以更多地利用工具进行采食和搬运食物，为了觅食和生存，直立状态为此提供了有力的手段和方便。

150 万年前，在上述人类体质适应性进化的状态下，真正的直立人出现了，他们被称为直立人。直立人的身体形态十分特殊，这种特殊形态，就可以知道人类在适应生存环境的转化中是如何进步的。他们有着原始的头部，头骨和额骨、眉骨很接近猿类，但身体部分已很接近现代人。有了极其原始的工具，这种工具的利用一直延续 100 万年。此时的人已遍布地球的各种气候带中。30 万年至 25 万年前智人出现，制造工具的目的日趋明确，生存方式有了明显的进步，他们有明确的营地，文化形态也更加完整。这一切都说明了人类首先是自然人，他们是在复杂的环境适应状态中进化而来的。人的灵巧双手在劳动中从猿的手演化而来，这一演化过程是从猿到人的重要环节。发达的大脑、奥妙的语言、火的使用、工具的制造、采集和狩猎、原始农业和原始畜牧业的出现，使人类能够通过自己的劳动来增加动植物的生产，生活有了保障，人口不断增长，自然人开始过着比较安全的生活。人类开始了"童年生活"（石器时代）：原始群是人类社会的雏形，是原始社会的最初阶段。相当于旧石器时代早、中期的人类社会组织，继之形成血缘家族，人类从原始群乱婚状态中解放出来，形成血缘家族的婚姻形式的血缘婚。它是伴随着完全形成的人出现的，相当于旧石器时代的早期和中期。随着血缘家族内部两性间的分工不同，出现了母系氏族公社与父系氏族公社。随着生产力进一步提高，私有制剥削和阶级社会产生，家庭变成了社会经济单位，家庭从父系氏族公社中脱离出来，按居住地域的关系结成新的社会经济单位组织（叫农村公社），父系氏族公社解体。由两个或两个以上具有相同或相近血缘关系的氏族或胞族联合组成社会组织的部落，每个部落都有自己的名称、活动地域，有共同的宗教信仰、风俗习惯，有相通的语言。但在部落之间，矛盾冲突甚至战争逐渐增多，为了生存安全，公社由两个或两个以上的部落联合组成了一个更大的社会组织，叫部落联盟。部落联盟的形成，扩大了各部落之间的经济和文化联系，原始宗教信仰出现了，有自然崇拜、图腾崇拜和祖先崇拜。部落联盟是更进一步的社会组织——国家形成的基础。

在人类早期的历史发展中，使用石器的时间十分漫长，将这一时期称为石器时代，经测定并根据石器制造技术的进步情况，石器时代划分为旧石器时代、中石器时代和新石器时代3个历史阶段。现在有人认为，在新石器时代后期又划出一个玉器时代。

在石器时代结束后，即新石器时代末期人类会冶铜技术并用铜制造工具，人类社会便进入了青铜时代，这时奴隶社会诞生，但有些地区尚处于氏族公社末期向阶级社会过渡阶段。当人类知道铁是陨石中的铁时，将铁视为神物，并用以制作刀具和饰物，由于铁器出现，科学家就将这一时期称为铁器时代。由于铁器坚硬、韧性高、锋利，胜过石器和青铜器，使人类的工具进入了一个全新的领域。铁器的使用，导致了世界上一些民族脱离了奴隶制的枷锁而进入了封建社会。

当代的考古学家告诉我们，原始人类的进化时间表是：古猿（1 400—800 万年前）、南猿（400—190 万年前）、猿人（170—20 万年前）。由此看来，古猿和南猿之间空缺 400 万年，南猿与猿人之间空缺 20 万年。期间进化的关键阶段至今未找到过渡种类的化石。因此，科学家们对于人类的起源产生了怀疑。

总之，到目前为止，人类的起源，生命的起源和地球的起源，是地球科学家的三大难题。这些难题，有待于 21 世纪的一代代科学工作者去破解，以促进人类社会向更高级阶段发展。

二、人工地质作用

1. 人类对矿产资源的开发

矿产是自然界产出的能被人类利用的矿物资源，是发展经济的重要物质基础。世界已知的矿产种类约 160 种，我国已发现 150 多种，其中钡、钛、锌、钨、锇、锑、锂、稀土、菱镁矿、萤石、硫铁矿、砷、重晶石、石墨、石膏居世界首位。合理开采和保护矿产资源已成为刻不容缓的事情。

矿产资源的开采，破坏了自然资源的存在状态，导致生态环境恶化、水土流失、环境污染，次生地质灾害发生。

2. 人类活动与气候变化

气候变化影响生物的繁衍，生物活动（包括人类活动）也影响气候的改变。

开始出现大量较高等生物以来的显生宙（5.7 亿年前至现代），生物发展演化分为古生代、中生代和新生代 3 个阶段。在古生代早期是海生无脊动物繁盛的时代，到古生代晚期又出现了鱼类及两栖动物，陆生植物群蓬勃发展，为成煤提供了良好的物质基础；中生代是爬行动物空前繁盛的时代，而且鸟类、哺乳类动物开始逐渐形成，植物以裸子植物占统治地位，到中生代末期，则是地球上生物演化的巨大变革时期之一，盛极一时的恐龙类爬行动物和海洋中极为繁盛的菊石、箭石类软体动物，几乎同时全部灭绝；新生代是"近代生物"的时代（0.65 亿年前至现代）、哺乳动物大发展期，绝大部分生活在陆地，也有生活在海洋与天空中的动物。人类出现在新生代晚期，这是地球上生物演化史中一次最重大的飞跃。

人类活动对氮循环和环境的影响，也日趋严重。自工业化社会以来，随着开发利用自然资源的规模越来越大，化石燃料的消耗量剧烈增加，化学合成氮肥的数量迅速上升。豆科植物的栽种面积也在陆续扩大，人类的固氮活动使活化氮的数量大大增加，估计到2020年其数量将增加60%，达到年均2.24×10^{11} kg。全球人工固氮所产生活化氮的增加，虽有助于农产品产量提高，但也会给全球生态环境带来压力，使与氮循环有关的温室效应、水体污染和酸雨等生态环境问题进一步加剧。

以 NO 与 NO_2 为主的氮氧化物是形成光化学烟雾的一个重要原因，汽车尾气中的氮氧化物与碳氧化合物经紫外线照射发生反应形成的有毒烟雾（称光化学烟雾）具有特殊气味，刺激眼睛，伤害植物，并能使大气可见度降低。另外氮的氧化物与空气中的水反应生成的硝酸和亚硝酸是酸雨的成分。大气中的氮氧化物主要来自化石燃料的燃烧和植物体的焚烧，以及农田土壤和动物排泄物中含氮化合物的转化。2012年12月至2013年3月以来，我国中、东部广大地面发生的雾霾天气，使空气严重污染，起因亦与此有关。

另外，水体中过量的氮会使水体造成污染。当进入水体中的氮的含量增加时，会造成水体的富营养化，导致藻类"疯长"，并迅速地覆盖在水面上。水体中的氮主要来源于工业废水、生活污水和农田灌溉以及水产养殖所投入的饵料和肥料等。人类大量使用煤、石油和天然气等化石燃料，其中含有硫元素，这些燃料燃烧时除了产生 CO_2 之外，还有 SO_2，排放到空气中的 SO_2 在氧气和水蒸气的共同作用下形成酸雾，随雨水降落就成为酸雨。酸雨给人类带来种种灾害，严重威胁着生态环境。酸雨会使湖泊的水质变酸，导致水生生物死亡。酸雨浸渍土壤，会使土壤变得贫瘠。长期的酸雨侵蚀会造成森林大面积死亡。酸雨对人体健康也有直接影响，如酸雨渗入地下可使地下水中的重金属元素含量增加，饮用这样的水会危害人体健康。

人类的出现，加速了地球表层的物质转移、地形改造、大气污染。特别是18世纪以来的工业革命和人口爆炸，大气中积聚了超前的二氧化碳和二氧化硫，产生愈亦严重的温室效应，自然灾害屡屡发生，冰川消退、暴雨狂风、海面上升、干旱沙化、山崩、滑坡、泥石流等不仅改变了生态环境，而且也严重地影响着人类的健康与生存。因此，保护和修复生态环境，现已成为全人类十分关注的重大课题。

本章习题

1. 宇宙是怎样形成的？
2. 为什么说地球是一颗既普通又特殊的行星？
3. 太阳对地球有什么样的影响？
4. 地球有怎样的结构？
5. 大气运动有什么规律？
6. 地球上水是如何循环运动的？
7. 地壳是由什么组成的？
8. 矿物是怎样形成的，它有哪些物理性质？
9. 岩石分哪几种类型，各有何特点？
10. 何谓地质作用，分哪几种类型？
11. 生物可形成哪些有机宝石？

第三章 宝石矿床

宝石矿床是指由地质作用或生物作用形成的质和量都达到经济要求并具备开采条件的宝石的聚集地段。虽然人类约在 5 000 年以前就开发利用各种宝石资源，但真正形成研究和开发热潮则是在 20 世纪 70 年代以后。世界上除前苏联外，各国对宝石矿床学研究尚缺乏足够重视。自 20 世纪 80 年代后期，我国开始重视这方面的研究。特别是自市场经济实施以来，一些地质院校和地矿系统相继开展了宝玉石的找矿工作，先后找到了十余处金刚石矿床、十余处蓝宝石矿床、上百个金银矿床，以及发现了橄榄石、碧玺、石榴石、水晶、软玉、岫玉、硅质玉、汉白玉、丁香紫玉，等等，尤其是我国东部沿海一带蓝宝石、金刚石、金矿的发现，为我国宝石资源开辟了美好的前景。许多科研教学单位开始对一些宝石矿床的成因、成矿规律进行研究，尽管目前研究程度不高，投入力量不够，但还是取得了一些成果。为满足人民日益增长的生活需求，不仅有必要对已知宝石矿床进行深入研究，根据我国地质成矿条件找寻更多的成矿远景区，找到更多的宝石资源，还应加强人工宝石的实验研制工作，增加宝石资源量。

第一节 矿床概念

金银珠宝是矿产资源的一个组成部分，虽然在自然界存量十分稀少，但其经济价值极高。为更好地认识这些资源，需要对有关矿产的基本知识有所了解。

地壳主要是由岩石组成的，岩石是由矿物组成的，矿物是由元素组成的。如果有用的矿物或元素在岩石圈或地壳表面富集到一定程度可供人们开发利用时就成为了矿产。也就是说，一切蕴藏在地下或地表的可供人类开采利用的天然矿物及有机物资源可泛称为矿产。矿产按其性质及其主要用途可分为金属矿产、非金属矿产、可燃有机矿产和地下水资源矿产等。其主要用作珠宝首饰的矿产可细分为贵金属矿产、宝石资源矿产、玉石资源矿产和有机宝石资源矿产。还有，摆设在厅堂楼阁以供欣赏的千姿百态的观赏石或称奇石、雅石，也可称作宝石资源。

一、矿床

各种矿产大都是从不同岩石的矿床中开采出来的。矿床是在一定的地质作用下，在地壳内部或在地球表面特定的地质环境内，质和量达到工业要求且具备目前开采条件的有用矿物的聚集地段。

矿床的概念不是一成不变的，随着生产力的不断发展进步和科学技术水平的不断提高，人们对矿产的认识和使用能力也在提高，矿床的范畴在不断扩大，过去认为不是矿床的，现在就成为矿床了，而现在认为不是矿床的，将来也可能成为矿床。如贵金属铂，18 世纪刚发现时作为废物被抛弃,直到19世纪中叶,发明了炼铂技术,才开始利用,并成为极为重要的金属。铂用来制作首饰是在20世纪后期。钯也是如此,钯用作首饰更是21世纪初的事。

矿床学,是专门研究矿床成因与开发的地质科学主题学科,因此矿床学又可细分为成因矿床学与工业矿床学两个学科。前者主要是研究成矿条件、成矿作用、矿床分布规律和找矿方向;后者主要根据矿产资源用途研制工业类型、勘探工程、矿山开采及环境保护。

二、矿体

矿体是指赋存于地壳中具有一定的形状、产状和大小的矿石自然聚集体。矿体是矿床的基本组成单位,是达到工业要求的含矿部分,又是开采的直接对象。一个矿床可以由一个或多个矿体组成。

1. 矿体形状

矿体的形状可以从3个方向量取,根据3个方向发育的情况,矿体的形状可大致分为3个基本类型。

(1) 等轴状矿体 ($X=Y=Z$),在3个方向上均衡发展的矿体。包括矿囊、矿巢等,直径达几米到几十米。

(2) 板状矿体 ($X=Y\neq Z$),向两个方向延伸而第3个方向很不发育的矿体,这类矿体最为常见的是矿脉和矿层,或称脉状矿体和层状矿体。

(3) 柱状矿体 ($X>Y\sim Z$),向一个方向延伸,而其余两个方向不发育的矿体,如矿柱、矿筒。

此外,还有不规则矿体,形态各式各样,如树枝状、网状、串珠状等(图3-1)。

2. 矿体产状

(1) 产状要素。主要是用来确定矿体的空间位置,其表示方法是走向、倾向和倾角3个要素,对于一些特殊产状矿体(柱状、透镜状)还要测量其侧伏角和倾伏角。

①走向:是指矿层面与水平面交线(走向线)的延伸方向,是表示矿层(或岩层)在三维空间中水平延伸的方向。走向线有两个延伸方向,因此同一矿层有两个方向相反的走向值(相差180°)。

②倾向:是表示矿层层面上垂直走向线向下所引的直线(倾斜线)在水平面上投影所指示的方向。倾向是表示矿层在三维空间中朝下倾斜的方向。倾向值只有一个,与走向的数值相差90°。

③倾角:倾角是指矿层层面上的倾斜线与其在水平面上投影线之间的夹角。倾角是层面与水平面之间的最大锐角,倾角值为0°~90°。

④侧伏角:这是指非层状矿体的最大延伸方向(矿体的轴线)与矿体走向线之间的夹角。

⑤倾伏角:倾伏角是指矿体最大延伸方向与其水平投影线之间的夹角(图3-2)。

(2) 矿体与围岩的关系。矿体与其相邻岩石的关系是指矿体产于哪种岩石中,是平行围岩的片理或层理产出,还是截穿围岩。

(3) 矿体与侵入体(岩浆岩体)的空间关系。这是指矿体是产于侵入体中,还是产于围岩与侵入体的接触带,或是产在离开接触带的围岩中。

(4) 矿体埋藏情况。系指矿体是出露在地表的可见矿体还是隐伏在地下的盲矿体,以及盲矿体的埋藏深度如何。

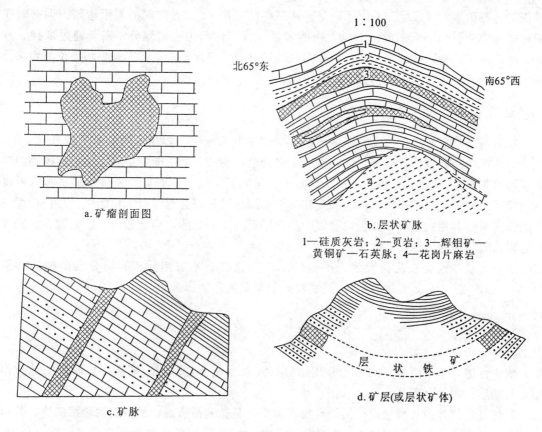

图 3-1 矿体形状类型

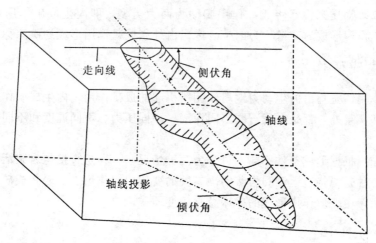

图 3-2 矿体产状要素示意图

三、围岩

围岩，是指矿体周围的无经济价值的岩石。围岩有两种情况，一种是提供矿体中成矿物质来源的岩石叫母岩，或叫成矿母岩，矿体与母岩间的界限不明显，往往呈过渡状态。另一种围岩，与矿体无"亲缘"关系，只是矿体赋存的"床"，二者之间的界限清楚。但有时在成矿过程中会引起围岩的成分变化，叫围岩蚀变。矿体与围岩的划分，需要通过取样、分析。随着选矿、冶炼技术水平的提高和国家对资源需求程度，对最低工业平均品位的要求是可以降低的，矿体的范围被扩大，矿量增加。

四、矿石

矿石是指在现有经济和技术条件下，由矿体中开采出来，能从中提取有用组分（元素、化合物或矿物）的自然矿物集合体。矿石由多种矿物组成，其中能提供有用组分的矿物叫矿石矿物（宝石），而矿体中目前没有用途的矿物叫脉石矿物。脉石矿物还包括那些本身可提供有用元素或其他有用矿物，但因含量甚微而不能单独开采者称综合利用组分，还包括那些有用而可综合利用的组分，如金伯利岩中的金刚石为矿石矿物，而金云母、镁铝榴石、铬铁矿、橄榄石等则称为脉石矿物。

矿石的质量通常以品位表示。矿石的品位是指矿石中有用元素、组分或矿物的含量（以%，g/t，g/m^3，g/L等表示），是衡量矿石质量的主要标志。

第二节 成矿作用

成矿作用，是指使岩石圈中的有用组分（元素或化合物）相对富集形成矿床的地质作用，是地质作用的一部分。

矿物是自然界中各种地质作用的产物，而宝石是达到最美观、最耐久的珍稀矿物，其形成的地质条件十分复杂而严格。一个矿床的形成，由于受到成矿物质的来源、温度、压力、地层、岩浆岩及地质构造等各方面条件的制约，矿床的产出情况也不相同。矿床学家根据成矿地质条件和成矿物质来源，将成矿作用归纳为两大类型，即内生成矿作用与外生成矿作用。由内生成矿作用形成的矿床称为内生矿床，由外生成矿作用形成的矿床称为外生矿床。

一、内生成矿作用

内生成矿作用，是指由内生动力地质作用所引起的成矿作用。内生成矿作用，除了能到达地表的火山和温泉外，都是在岩石圈不同深度、不同压力、不同温度和不同构造的条件下进行的。

内生成矿作用根据形成条件不同，可分为两种情况，一种是直接与岩浆活动有关的岩浆成矿作用；另一种是与构造运动和岩浆活动有关的变质成矿作用。由岩浆成矿作用形成的矿床总称岩浆矿床，由变质作用形成的矿床总称为变质矿床。

（一）岩浆成矿作用

岩浆成矿作用，是指岩浆在上侵过程中由于地质环境的变化，使成矿物质在不同的岩浆演化阶段分别富集的成岩成矿作用。根据其成矿的物理化学条件不同可分为岩浆（结晶分异）成矿作用、伟晶成矿作用、接触交代成矿作用、热液成矿作用、火山成矿作用。

1. 岩浆结晶分异成矿作用

岩浆结晶分异成矿作用是指岩浆中各种有用矿物组分按其熔点高低及成矿浓度等物理化学条件，依次从岩浆中直接结晶出来，并在重力和动力影响下在岩浆熔融体中发生分异和聚集的过程。

在岩浆结晶过程中，一些贵金属矿物如自然铂族矿物和非金属宝石矿物如金刚石、橄榄石、辉石、蓝（红）宝石、基性斜长石以及一些稀有金属矿物等，较早地从岩浆中结晶出来，这些有用矿物在重力作用以及岩浆内部对流作用影响下，密度大的下沉，密度小的上浮。因此在岩浆底部或下部形成了宝石和金属矿物的富集，就形成了早期岩浆矿床。由于成矿物质来自母岩（岩浆岩），因此，矿体和母岩没有明显界限，呈渐变过渡关系。由于矿物是在活动熔融体中结晶出来的，所以该阶段结晶出来的矿物，呈自形晶体或半自形晶体分布于矿石中。矿体也多呈矿瘤、矿巢或凸镜体、似层状等分布于岩体的底部或边部。由岩浆结晶分异作用形成的矿床叫岩浆分结矿床。

当早期矿物产出后，残余的某些尚未结晶的成矿元素在相对数量越来越多的挥发组分的作用下，熔点降低了，结晶时间延缓了，它们在大部分硅酸盐类组分结晶成为岩石之后，仍以熔体存在并具有很大的活动性。它们在岩浆阶段晚期，才从岩浆中结晶出来，充填在早期结晶的硅酸盐矿物颗粒之间，在动力及挥发组分产生的内应力作用下，以贯入等方式在母岩或其围岩的裂隙中形成晚期岩浆矿床。贯入式矿体与围岩界限一般明显，常呈脉状和凸镜状。矿物自形程度低，多呈他形晶，矿体附近围岩也常出现蚀变现象（如绿泥石化）。如产在超基性岩中的铂族金属矿床，产在基性岩中的含钒、钛磁铁矿矿床，含铂族元素的硫化铜镍矿床等。这类矿床的工业价值一般都很大。

2. 岩浆熔离成矿作用

岩浆熔离成矿作用是指较高温度下，一种均匀的岩浆熔融体当温度和压力下降时分离成两种或两种以上的不混溶的熔融体的作用。在这个过程中，由于含矿岩浆的密度较大，下沉集中形成的矿床叫熔离矿床。例如铜镍硫化物矿床的形成。由于硫化镍在基性岩浆中可以溶解2%，当温度压力降低，溶解度也随之降低，这就促使过饱和部分呈液体小滴的形式从岩浆中分离出来，富集于岩浆底部成为矿床。如果金属硫化物的熔点比硅酸盐低，当硅酸盐结晶后，金属硫化物（包括许多贵金属硫化物矿物）还是熔态，在动力作用下它可以贯入到母岩或围岩的裂隙中形成脉状矿体，这类矿床在我国有铜、镍硫化物矿床，磷灰石-磁铁矿矿床等。

3. 岩浆爆发成矿作用

岩浆爆发成矿作用是指岩浆在经过结晶分异作用和熔离作用后，熔体内部聚集了大量的挥发分和有用组分（矿物或元素），随着岩浆的不断上升和温度不断降低，当上升到距地表浅处（1~2km），由于内压力不断增大，使上覆围岩盖层无力抵抗岩浆的冲力，岩浆便开始猛烈爆发爆炸作用，将所携带的矿物和元素甚至炸碎的围岩捕掳体一起送入到因爆炸形成的空洞和裂隙中，从而形成矿床，这种成矿作用称之为岩浆爆发成矿作用。

岩浆爆发成矿作用形成的矿床，与珠宝首饰业有关的矿床有爆发角砾岩型金刚石矿床和金矿床。如我国辽宁省瓦房店金刚石矿床，河南省嵩县祈雨沟金矿床。

（二）伟晶成矿作用

岩浆成矿作用因末期的残余岩浆卸去了岩浆成矿作用和岩浆成岩作用形成的矿石和岩石，使长期处于未结晶的成矿组分和高温溶液挥发分，在地表以下1.5~6km，温度范围在400~700℃，压力处于围岩压力大于内部压力的封闭环境条件下发生的成矿作用，称之为伟晶成矿作用。

伟晶作用的过程，一般可分为两个阶段：结晶作用阶段和交代作用阶段。

1. 结晶作用阶段

结晶作用阶段发生在伟晶作用的第一阶段。由于伟晶岩浆温度降低，使组成伟晶岩的主要矿物（如长石、石英和云母），从伟晶岩岩浆中逐渐结晶出来，在比较稳定的封闭环境中，在挥发分的参与下，随着结晶作用的进行产生分异，形成完整的带状构造。

2. 交代作用阶段

伟晶岩矿床演化到后期，由于挥发组分相对富集，在温度、压力进一步降低的条件下，气态溶液同早期形成的矿物发生强烈的交代作用。从伟晶岩发育的早期到晚期，从岩体边缘到内部，常表现为白云母化、钠长石化和锂云母化的顺序，这种交代作用对含锂、铍、铌、钽、铷、铯等矿物的形成起着重要的作用。

伟晶成矿作用形成的有工业价值的矿床类型有稀有金属伟晶岩矿床和晶洞伟晶岩矿床等。天然宝石大多形成于伟晶成矿期。

（三）接触交代成矿作用

接触交代成矿作用，主要是指酸性、中酸性-中基性岩浆同围岩（碳酸盐岩类或基性-超基性岩类）相接触时，因含矿气水溶液进行交代作用而形成矿床的过程，称为接触交代成矿作用。

接触交代成矿作用按交代方式，可分为接触淋滤交代成矿作用和接触扩散交代成矿作用两种主要类型。

1. 接触淋滤交代成矿作用

接触淋滤交代成矿作用，是由含矿气水溶液沿着被交代围岩的裂隙渗滤引起的交代成矿作用。是由深部上升的含矿溶液在运移过程中通过渗滤，把下层的组分带到上层来，并与之发生交代作用（图3-3）。接触淋滤交代成矿作用形成的矿床叫矽卡岩矿床，按围岩成分可分为钙矽卡岩矿床、镁矽卡岩矿床和超基性岩交代岩矿床。

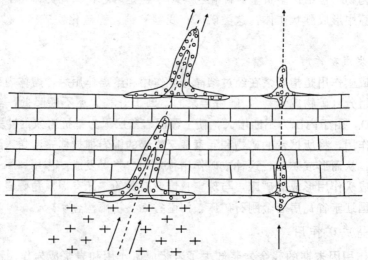

图3-3 沿裂隙接触淋滤交代作用形成矽卡岩

（引自袁见齐，1993）

裂隙穿过石灰岩及硅酸盐质岩石（白色部分）

2. 接触扩散交代成矿作用

接触扩散交代成矿作用，又叫双交代成矿作用（图3-4），是由含矿溶液沿着两种物理化学性质不同的岩石接触带扩散引起的成矿作用，称之为接触扩散交代成矿作用。如岩浆岩中的粒间溶液为二氧化硅、三氧化二铝所饱和，接触带的碳酸盐岩石的粒间溶液被氧化钙或氧化镁所饱和，当在上升含矿热液作媒介时，破坏了原有的平衡，使碳酸盐岩石与岩浆岩侵入体中的成分相互彼此扩散，在接触带上就发生有用矿物的生成，富集而成矿床。

上述两种接触交代成矿作用，常常互相伴随，且配合形式多种多样，形成各种矽卡岩型矿床。

矽卡岩型矿床的形成，一般经历两个阶段：矽卡岩化阶段和热液硫化物阶段。

1) 矽卡岩化阶段

矽卡岩化阶段，即矽卡岩的形成阶段。主要是气-液在高温气液阶段与围岩（主要是石灰岩或白云岩）发生反应，形成最早的不含水的矽卡岩矿物石榴石、透辉石、硅灰石等，组成所谓的"干矽卡岩"。在矽卡岩化阶段末期，温度逐渐降低，气水溶液中的 FeO 与围岩受热时所分解出来的 CO_2 反应，形成磁铁矿和赤铁矿，若气水溶液中含钨时可形成白钨矿。

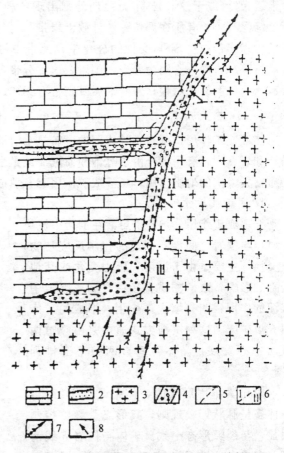

图3-4 溶液沿花岗岩类及石灰岩之接触面流动时的双交代作用图解

（引自袁齐见，1993）

1—石灰岩；2—石灰岩中之砂岩层；3—花岗岩；4—矽卡岩带；5—矽卡岩带中原来的接触面；6—各区的界线；7—溶液流动方向；8—发生反应之惰性组分扩散方向

Ⅰ、Ⅱ—系双交代作用为主；Ⅲ—接触淋滤交代作用占优势

2) 热液硫化物阶段

在矽卡岩形成之后，继续在围岩中运移的气液，随着温度的降低逐渐转变为液态，于是（OH）、CO_2 和 H_2S 等矿化剂发挥作用，首先形成含（OH）根的绿帘石、角闪石、阳起石、绿泥石等矿物，组成所谓的"湿矽卡岩"，其次形成大量金属硫化物如辉铜矿、黄铁矿、黄铜矿、方铅矿、闪锌矿、磁黄铁矿等的沉淀。形成矽卡岩型钼矿、铜矿与铅锌矿矿床。如世界上最大的钼矿床——栾川钼矿。

上述两个阶段是同一次气液渗滤交代，温度逐渐降低的活动过程。因此，各阶段距离侵入体由远到近矿物的分布也不相同。一般情况是：在接触带靠近侵入岩体部分常常形成辉石类和石榴石类干矽卡岩矿物以及符山石、电气石等高温含挥发组分矿物，其所在部位称"内矽卡岩带"（或干矽卡岩带）。再向外则出现各种含氢氧根的硅酸盐类矿物如角闪石、绿帘石、绿泥石等，其所在部位称"外矽卡岩带"，再往外则为碳酸盐岩围岩只受热力影响而出现的大理岩带或受 SiO_2 交代的硅化带，此带中可形成各种宝石矿物，如和田玉、蓝宝石、尖晶石等。再向外，则为原来的围岩。这种分带现象控制着不同的矿产分布。如内矽卡岩带常有铁、钨等矿产赋存；外矽卡岩带则常有钼矿、铜矿、铅矿矿产赋存。

（四）热液成矿作用

热液成矿作用，是指各种成因的含矿热水溶液在一定的物理化学条件下，在各种有利的构造和岩石中，有用组分由于过饱和而沉淀或是由于热水溶液与围岩发生化学反应而使有用物质富集成矿的地质作用。热液成矿作用有充填成矿作用和交代成矿作用两种形式。

1. 充填成矿作用

充填成矿作用是指含矿热液在围岩中流动时，与围岩之间没有明显的化学反应与物质交换，主要是由于温度、压力变化或其他因素的影响，成矿物质直接在空洞或裂隙中沉淀的作用，叫充填成矿作用。形成的矿床叫充填矿床。这种沉淀方式通常是由裂隙两壁向中心发展，晶体常垂直两壁平行排列（图3-5）。

由充填作用形成的矿体常具如下特点：矿体多呈脉状，较规则，其形态受裂隙控制明显，与裂隙形态一致。矿体与围岩界线清楚，在成分上表现为突变。矿石常具梳状、晶簇状、对称条带状、角砾状等构造。

2. 交代成矿作用

交代作用是指在一定的温度和压力条件下，热液与围岩中某些矿物成分发生化学反应，将其溶解并由热液组分沉淀生成新的矿物，即热液与围岩发生置换作用，促成有用组分聚集的过程叫交代成矿作用。由交代成矿作用形成的矿床称交代矿床或称热液交代矿床（图3-6）。

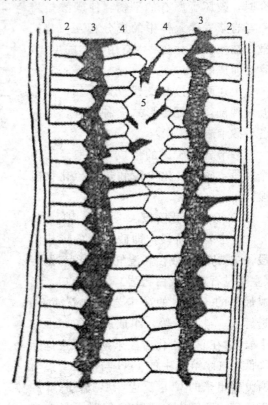

图3-5 充填脉中矿物的生长情况
（引自袁见齐，1985）
1—脉壁；2—石英晶体；3—闪锌矿；
4—紫水晶；5—晶洞

交代作用是在固体状态下进行的，围岩中原有矿物的溶解和新矿物的生成同时进行，交代后的新生矿物仍保持旧矿物的外形，交代前后总体积不变，交代作用形成的矿体外形不规则，不完全受裂隙形态控制，矿体和围岩界线不清楚，呈过渡关系。

自然界中的矿床，往往是充填作用和交代作用同时出现在同一矿床之中，只不过其中一种起主导作用，另一种起从属作用，没有绝对交代成因或充填成因的矿床。

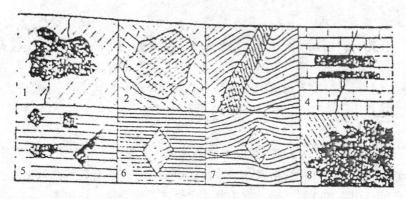

图 3-6 交代作用的特征
（引自袁见齐，1985）
1—矿体中呈悬挂状的围岩碎块；2—矿体中保留围岩的层理；3—保留原来围岩的褶皱构造；
4—矿体切割围岩的层理；5—晶形很好的晶体；6—切割层理的黄铁矿晶体；7—非交代成因的
黄铁矿（与 5、6 比较）；8—矿体的不规则锯齿状外形

3. 热液来源

1）岩浆热液

炽热岩浆在上侵过程中由于温度和压力的逐渐降低而不断发生相变。即在岩浆的主要成分——硅酸盐和氧化物大部分结晶以后，由岩浆中分泌出大量的气体和含矿气水溶液，继续沿着裂隙上升，并与围岩发生充填、交代作用，在适当的部位冷凝沉积形成热液矿床。根据温度高低，可将岩浆热液分为高温、中温、低温 3 种。

①高温热液：温度在 500～300℃，呈高温气化热液状态，具有相当大的活动性，它常常与围岩发生交代作用，使围岩在成分上和结构上发生变化，称之为围岩蚀变。这种气液如与花岗岩类岩石发生作用，岩石中的长石在高温下分解为白云母和石英，形成云英岩，往往形成多种宝石，如海蓝宝石、萤石、烟晶、黄玉晶簇以及金属矿物黑钨矿、锡石、辉钼矿、辉铋矿、磁铁矿等，常常形成钨、锡、钼、铋、铍等矿产。

②中温热液：指温度在 300～200℃ 时的岩浆热液。中温热液中挥发组分的作用已不明显，形成的矿体多位于距离侵入体较远的围岩中。形成的矿物主要有黄铜矿、方铅矿、闪锌矿及石英、方解石、重晶石等，常形成重要的铜、铅、锌、银等多金属矿床。

③低温热液：其形成温度在 200～50℃。这时形成的矿物除石英、方解石、重晶石以外，主要为典型的低温热液矿物，常形成锑、汞、砷等矿产，矿体多位于距离侵入体很远的围岩中，且距地表较近。

2）非岩浆热液

这些热水溶液与岩浆活动无直接关系，主要是赋存于埋深 1.5km，压力 $(3～5) \times 10^7 Pa$ 以下的沉积岩中的封存水（原生水或结晶时释放的水，或是岩层空隙水或液相沉积物在成岩压实过程中释放出的热卤水）以及大气降雨下渗水循环热液和变质作用形成的变质热液。这些热液的温度在 200～50℃ 之间，又叫超低温热液。

这些热液通过与岩石的相互作用以及充填或交代的方式，将有用组分聚集起来。主要金属矿产有铅、锌、汞、锑、砷、金、银、铀、钒、镍、钼、钛等，主要宝石矿产有哥伦比亚的大型祖母绿矿产，以及在世界各地都有分布的脉状水晶矿产等。

(五) 火山成矿作用

火山成矿作用，和岩浆侵入作用、沉积作用及变质作用都有密切关系。在火山成矿作用过程中，携带成矿物质的介质可以是岩浆，也可以是喷气和热液，其中火山热液在成矿作用中起了最积极的作用。根据火山成矿作用的阶段不同，可划分为火山-岩浆成矿作用，火山-次火山气液成矿作用，火山-沉积成矿作用 3 种。

1. 火山-岩浆成矿作用

火山-岩浆成矿作用，是指岩浆在由深部向浅部的上升过程中进行的分异作用形成某些有用组分在岩浆体内富集的特殊熔浆，然后经火山喷溢作用将含矿熔浆带到地表或火山喉管中冷凝而成矿的作用。如我国河南省桐柏县破山银矿，智利拉科铁矿等。

2. 火山-次火山气液成矿作用

在火山喷出作用的晚期或间隙期，强烈活动的火山喷气和热液将通常含有很多有用组分在一定的地质和物理化学条件下与围岩或海水相互作用，使有用组分聚集和沉淀的过程，称为火山-次火山气液成矿作用。这种成矿作用可分为以下几种。

1) 火山喷气作用

火山喷发时常伴有大量气体和重金属化合物，当它们与围岩相互作用或自身升华或由不同性质的气体之间相互反应，在火山口、喷气孔及其周围形成有用矿物堆积。由火山喷气作用形成的矿床叫火山喷气矿床。

2) 火山热液作用

火山喷出的大量含矿气体，由于外压力大于内压力（如在深海盆地中）或由于温度降低而凝聚成含矿热液，热液与围岩发生作用而沉淀出有用组分或热液直接充填在火山气孔或裂隙空洞中，或热液与海水及地下水相互作用而发生有用物质的沉淀，这种作用称火山热液成矿作用。由此形成的矿床叫火山热液矿床。

火山热液矿床是火山成因矿床的主要成矿类型，是世界宝石级玛瑙矿床的唯一来源，是盛产紫晶、欧泊的主要矿床类型。如我国的昌化、巴林的鸡血石、汝州的梅花玉以及美国火山岩晶洞的黄玉就是火山热液矿床形成的。它也是形成铜、金、银、铅、锌、铁等金属矿产和部分非金属矿产的主要成矿类型。

3. 火山-沉积成矿作用

火山喷出物中经常富集着大量成矿组分，这些有用组分呈固态或质点状，随岩浆或岩屑一起进入水盆（海水、湖水）后，与水体中一些组分发生作用并沉淀下来而成矿床的过程，称火山-沉积成矿作用。由此形成的矿床，叫火山沉积矿床。如各种形式的湖底或海底的铁、锰、铜、铅、锌等矿床。宝石矿床有紫晶矿及伴生的方解石、重晶石等。

（六）变质成矿作用

变质成矿作用的主要因素是温度、压力和化学活动性流体。变质成矿作用可分为接触变质成矿作用、区域变质成矿作用和混合岩化成矿作用。

1. 接触变质成矿作用

接触变质成矿作用，主要是指由于岩浆侵入而引起围岩温度增高所产生的变质作用，它的影响范围较小（几十米至几百米），压力对其影响较小，成矿作用为重结晶作用和重组合作用。如石灰岩变为大理岩，煤变为石墨。由此种变质作用所形成的矿床叫接触变质矿床。

2. 区域变质成矿作用

在区域构造运动的影响下,广大地区的岩石、矿石在高温、高压及岩浆活动的共同作用下使其矿物组成、结构、构造上发生强烈变化,而且可使某些成矿组分在变质热液或混合岩化交代作用下发生迁移富集。由此种变质成矿作用所形成的矿床叫区域变质矿床。如富铝的原岩在不同的物理化学条件下,可重组合、重结晶,分别成为红宝石、蓝宝石、矽线石、蓝晶石及石榴石等矿产。我国49%的铁矿,占世界铁矿总储量的60%来自区域变质矿床,部分金矿、锰矿、铀矿、磷灰石矿以及许多非金属矿产也来自于区域变质矿床。

3. 混合岩化成矿作用

混合岩化成矿作用,发生于区域变质作用的高级阶段,是由深部上升的流体或由岩石部分熔融所产生的"混浆"与不同类型的原岩经过一系列相互作用形成的。其成矿作用分为两期,即早期以碱性交代为主的成矿时期和中、晚期以热液交代为主的成矿时期。

在早期交代阶段,随着各种混合岩及花岗质岩石的形成,在一些含矿原岩中有红宝石、蓝宝石、石榴石、云母、磷灰石等宝石矿床及某些非金属、稀有金属伟晶岩矿床的形成。

到了混合岩化中晚期阶段,分异出来的热液与围岩发生交代作用,形成混合岩化热液矿床,如硼镁铁矿床。

产在变质岩中的红宝石矿床类型有:缅甸抹谷、阿富汗的格达列克、前苏联帕米尔、巴基斯坦的罕萨等。产于强变质层状斜长杂岩体中的红宝石矿床有澳大利亚的哈茨山。产于片麻岩、变粒岩、云母片岩中的红宝石矿床有新疆阿克陶红宝石矿床等。

二、外生成矿作用

外生成矿作用主要指在太阳能的影响下,在岩石圈上部、水圈、大气圈、生物圈的相互作用过程中,导致在地壳表层形成宝石矿床的各种地质作用。外生成矿作用基本上是在常温、常压下进行的。它包括风化成矿作用和沉积成矿作用等。

1. 风化成矿作用

风化成矿作用是指含矿岩石在冰川、水、空气、太阳能作用下发生机械破碎和化学变化的作用,导致有用组分在一定的物理化学条件下形成矿产的过程。风化成矿作用按其因素和性质分物理风化成矿作用、化学风化成矿作用,如风成砂矿、淋滤矿床。

2. 沉积成矿作用

风化产物(碎屑物质、黏土物质和溶解物质)除部分残留原地组成风化壳堆积成矿外,大部分被搬运走。并在新的环境条件下沉积下来,经分异作用、压实作用、压溶作用、重结晶作用和交代作用形成矿床的过程,称沉积成矿作用。如砾岩型矿床、砂岩型矿床、黏土型矿床、化学沉积型矿床等。

三、生物成矿作用

生物成矿作用是指通过生物形成矿产(宝石矿物)的作用。是一种分布广泛,形式多样的常见现象。从细菌中的磁性体到牡蛎、珊瑚、象牙和牙齿、生物体作为天然建造师将硬物质(无机材料)与软物质(有机材料)组合在一起,形成了具有特殊功能的生物矿物材料。这些生物矿物具有强而不脆、硬而柔韧,质轻却足以支撑组织,强度高却呈现多孔形貌,稳定却在不断再生的特征。这些看似矛盾却通过生物矿物材料在生物体的奇妙组合中产生了一种从分子到宏观的生物活体。这种跨越无机界和有机界里生物成矿作用,是真正的多科学大领域。

在生物圈中,生物所有五大界(细菌、微生物、植物、动物、人类)均有矿化的组分。这些生物能够形成60余种不同的矿物(至今尚未查清),有些生物矿物在生物圈内能形成巨大的规模,以致于对海洋化学有重要的影响,并且是海洋沉积物及其最终产物——许多沉积岩的重要组成部分。生物矿物的功能之一是使骨骼硬体部分和牙齿提高机械强度。

(一)生物成因矿物种类

在已知的生物成因矿物中,磷酸盐约占25%;就结晶程度而言,非晶质矿物占20%,结晶质矿物占80%。

在已知的55个门类的生物成矿中,37种矿物由动物形成,10种矿物由始生类形成,24种矿物由原核生物形成,11种由纤管植物形成,10种由真菌形成(表3-1)。

表3-1 单核生物界和原生物界中生物成因矿物

大类	矿物	主元素	大类	矿物	主元素
碳酸盐	方解石	Ca	铁氧化物	磁铁矿	Fe
	文石	Ca		针铁矿	Fe
	六方球方解石	Ca		纤铁矿	Fe
	一水方解石	Ca		水铁矿	Fe
	原白云石	Ca、Mg		非晶质铁氧化物	Fe
	非晶质含水碳酸盐	Ca		非晶质钛铁矿	Fe、Ti
	水白铅矿	Pb			
磷酸盐	羟磷灰石	Ca	锰氧化物	钙锰矿	Mn
	八钙磷酸盐(OCP)	Ca		水钠锰矿	Mn
	碳氟磷灰石	Ca	硫化物	黄铁矿	Fe
	碳羟磷灰石	Ca		水草硫铁矿	Fe
	$Ca_3Mg_3(PO_4)_4$	Ca、Mg		闪锌矿	Zn
	白鳞钙石	Ca、Mg		纤锌矿	Zn
	鸟粪石	Mg		方铅矿	Pb
	透钙磷石	Ca		胶黄铁矿	Fe
	非晶质焦磷酸盐	Ca		马基诺矿	Fe
	非晶质磷酸钙(ACP)	Ca	金属	硫	——
	ACP(碳羟磷灰石先体)	Ca	柠檬酸盐	水柠檬酸钙石	Ca
	ACP(透磷钙石先体)	Ca	草酸盐	水草酸钙石	Ca
	ACP(白鳞钙石先体)	Ca		草酸钙石	Ca
	ACP(酸氟鳞灰石先体)	Ca		草酸镁石	Mg
	非晶质含水 Mg.Ca 磷酸盐	Mg、Ca		$MnC_2O_4 \cdot 2H_2O$	Mn
	非晶质含水 Fe^{3+} 磷酸盐	Fe、Ca		$CuC_2O_4 \cdot nH_2O$	Cu
	$K、Na_3(Fe_{15}Mg_{2.5})(PO_4)_3(OH)_3$	Fe		草酸钙(未定)	Ca
	蓝铁矿 $Fe_3^{2+}(PO_4)_2 \cdot 8H_2O$	Fe	其他有机晶体	尿酸钠	Na
卤化物	萤石	Ca		尿酸	——
	非晶质萤石	Ca		石蜡羟	
	方氟硅钾石	K		石蜡(长链)	
硫酸盐	石膏	Ca		酒石酸钙	Ca
	天青石	Sr		苯果酸钙	Ca
	重晶石	Ba			
	黄钾铁矾	K、Fe			
氧化物	蛋白石	Si			

注:"先体"是指一种非晶质相加热至500℃时转变为规定的结晶相。

在生物成因矿物中，碳酸盐是被利用最广泛的生物无机组分，磷酸盐、氧化硅和铁氧化物的分布也极为广泛。依其形成的数量，碳酸盐和蛋白石无疑是最丰富的。然而，生物成因的磷酸盐和铁氧化物，尤其是磁铁矿，在生物圈中也是大量地通过生物而形成的。

在生物成矿作用过程中，通过无机作用形成的矿物是极少数的，许多生物成因矿物是由生物在其无机对应物通常不沉淀的环境中形成的。这种生物成因矿物在形态上常常不同于无机成因矿物。当然，它们在生物体系（结构或超微结构）中有序排列，一般来说与其在无机界中的形成方式是不一样的。

生物成因的形成，据目前已获得资料，大多数与矿化组织的"骨架"和"酸性"大分子有关，所有这些组织都含有酸性糖蛋白和/或蛋白多糖，其中可能还有钙质藻——仙人掌属（Halimoda），在它几乎不受控制的条件下形成文石晶体（Weiner，1986）。说明在生物成矿作用中这些酸性大分子起着重要的作用。大分子自身如此高载荷的事实，意味着它们积极地参与调节矿物的形成。骨架大分子的主要作用不在于对该组织自身的成矿作用，而是影响所形成产物的力学性质。如软体动物"砗磲"（双壳纲）和"凤螺"（腹足纲），它们都形成极大的坚固壳，壳内具有相当数量的骨架组分。这些大软体动物通过剪切物质而不是通过建造优质特性的物质达到其最佳力学性质。

1. 硬体矿物

生物用来形成矿物硬壳部分的矿物和大分子几乎具有相当大的多样化。我们知道，软体动物仅凭它们非凡造壳能力就能成为造矿能手而享有盛名，软体动物是生物成矿作用中最重要的动物群之一，它们可以形成21种不同的矿物，具有约17种不同的功能。这些矿物包括非晶质矿物（非晶质氟化物、碳酸钙、磷酸钙、焦磷酸钙和二氧化硅）和许多结晶质矿物（草酸钙石、碳酸钙、重晶石、磁铁矿、纤铁矿和针铁矿等）。如草酸钙石，通常病理性地形成于脊椎动物中，有些腹足类动物中病理性地利用软的草酸钙石形成杆状凸起物（胲面）覆盖于胃的内表面，用以破碎被捕的有壳食物。石鳖属（chiton）的一个牙齿就会有两种过渡矿物生成3种不同的成熟矿物。除了较熟悉的许多矿物组织功能外，软体动物还用许多生物成因的矿物作用为浮力装置、活盖门、卵壳和交尾针等。多种生物矿物的晶体形态，大小结构排列和组织部位在整个软体动物表现中极其多种多样。

棘皮动物的成矿作用与软体动物的不同。它们也用矿物质来实现许多功能，但与软体动物相反，它们基本上使用相同的矿物来达到不同的目的。而软体动物却不是这样，它们没有能形成其所有矿物组织找出不同的解释。如石鳖"外壳"由8个特征是发育了一个厚厚的肉质带围绕骨板，这种肉质物是外套膜的一种衍生物，通常矿化文石质的针状棘也存在于内质物边缘的皮下层。普通石鳖目的每个成熟的齿都会有3种以上的矿物，分占不同的部位：磁铁矿（$Fe^{2+}Fe^{3+}O_4$）分布在用于挖掘岩基的齿的周缘以及齿的整个后表面；纤铁矿 [$r-F_2O(OH)$] 沿磁铁矿的内表面形成一薄膜；碳羟磷灰石即碳磷灰石 [$Ca_5(PO_4CO_3)_3(OH)$]（有些种内是碳氟磷灰石，即氟化物）充填在齿中心的核部及大部分齿的前表面。Crypotochiton属的齿内核充填了含有微量非晶质二氧化硅（蛋白石）的非晶质含水磷酸铁，而不是石鳖目齿中心的碳羟磷灰石和纤铁矿成分。研究揭示，齿完全被一层紧紧连结上的表皮细胞围住，这些细胞导演了齿形成的整个过程：铁来源与血流中的铁酸盐，经过还原和溶解，然后运送到上层表皮细胞，在齿自身矿化以前，在那里以铁酸盐的形式暂时储存着。齿形成可分以下5个阶段。

第 1 个阶段，在矿物进入齿的构造之前，发生有机骨架的建造。

第 2 个阶段，最先沉淀有机骨架的矿物是水铁矿。水铁矿是以浓缩可溶物的形式转移到齿器官的，即由细胞内的铁蛋白石衍生而来的。其颜色由浅棕色到微红色。

第 3 个阶段，磁铁矿通常形成于水铁矿沉淀内的最后淡棕色的齿中。磁铁矿表面总有一层水铁矿。在行齿中可见水铁矿转化为磷铁矿，转化之后磷铁矿可聚集相当长时间。

第 4 个阶段，纤铁矿呈狭长片状，沉淀在磁铁矿层的内表面，甚至在磁铁矿于后齿表面上继续聚集时，纤铁矿就开始形成了。水铁矿很可能就是纤铁矿的前身。在 Crypotochiton 属内，具有微量蛋白石的非晶质含水磷酸铁是在该阶段开始形成并继续贯穿第 5 个阶段。

第 5 个阶段，非晶质磷酸钙（ACP）是石鳖目其余齿中最后沉淀的矿物相。ACP 具有许多非晶质矿物的特征，即为均匀的球体。大致在 13 行齿之后，ACP 才开始转换为结晶质碳羟磷灰石或碳氟磷灰石。有意义的是，这些结晶矿物的 C 轴具有选择的方面，它们大体上与已矿化层内侧的有机基板呈同向排列。结晶程度继续增加，直到齿的矿化完成。

除磁铁矿以外，非晶质的磷酸铁迄今仅见于冷水或温带水的种内。温水域中的纤铁矿和碳磷灰石替代了非晶质的化合物，而且在温水域中，齿上矿物的磁铁矿成分显著减少了。可见，齿上矿物的差别与环境温度的变化有关。

2. 硬壳矿物

对于软体动物头足纲等壳的形成，与多板纲的齿的形成有所不同。壳由外套膜、角质层、外壳 3 部分组成。

外套膜是形成外壳的器官，它是衬套在外壳内表面的一层薄纸状组织，由缔结组织分隔的两层上皮层构成。最明显的区别是矿化层的超微结构特征。这个矿化层从一个类群到另一个类群均有所不同。紧靠壳内壁的外套膜的外表皮层的细胞是那些最直接参与成矿作用的细胞。它们合成和分泌大量的大分子，这些大分子自己集中在细胞之外，并通过这些大分子促使结晶。外表皮细胞的外套膜从血淋巴处得到钙质和重碳酸钙。外套膜的边缘是壳沉淀最活跃的场所。生长激素也促使外套膜边缘的钙和固钙蛋白质高度集中，但并不影响细胞间基质的形成和壳体表面的钙化。

角质层是一种原始蛋白质层，位于软体动物外套膜边缘的沟槽内。这是外套膜边缘角质层的功能之一，是可作为成矿作用开始的基本层，又在成矿作用中可作为半导体把离子集中在内表面，这可促使最初形成的晶体聚集。角质层还有一个更积极的作用，是它参与了文石棱柱体的形成。

软体动物的外壳是一个典型的层状构造，它由方解石或两者兼有的形式含少量有机物质（0.01%～5%）的碳酸钙组成。在两种碳酸钙的多形体都存在的外壳内，它们总是分为不同的层，彼此超微结构不同（约 50 个类型和亚类型），控制结晶厚度及其度量的过程有所不同，被挤压的结晶面可有 3 种类型的薄片层，最普通的晶面类型是（104）晶面，此面是稳定的方解石菱形解理面；交错微层构造多由文石组成，其基本特征是由两组长条晶体组成，每组都与壳体表面呈一定角度倾斜。这种结构特征可联想到脊椎动物牙齿的珐琅质，它包含了两组主要定向晶体及第三组发育差的晶体。珐琅质中，晶体组间的相对方向部分是由成矿作用中活跃的表皮细胞末端的特定形态决定的。

生物的晶体形成过程中，一般认为是先形成一个有机物超细胞骨架，然后晶体才能在骨架空间中形成。壳的有机质之所以是真正的"基质"，就在于它主要作为晶体生长其上的基底或晶体生长在其中的晶膜。基质是由许多不同的大分子组成。

(二) 生物成因矿物的特殊功能

生物生长发育过程中，矿化硬体部分的功能通常是不言而喻的。然而，植物界、始生界和动物界3个真核生物界，为了生存，它们力图以特有的形态和矿物显示它们履行特殊的功能。

1. 重力感受功能

自然界有重力感受的生物十分广泛，特别是具有重力感受功能的固着生物和高度活动生物的生活方式（表3-2）。植物是固着生物重要的一类，它们的重力传感是在它们的根系中并具有根尖向下进入土壤空间生长的功能，这种现象叫向地性。具有重力传感的固着动物水螅虫类（棘皮动物门），它的支撑点本身以根状"固着器"进入泥中。

表3-2 重力感受器中的矿物学

门	低级分类	位置	硬体部分	矿物学	生活方式
始生界	Spirogyra	假根	平衡锥	重晶石	固着底栖
联合叶植物门	Chara	假根	平衡锥	重晶石	固着底栖
轮藻植物门					
植物界	普遍的	假冠	淀粉体	淀粉*	固着
动物门					
棘皮动物门	水螅纲	平衡囊	平衡锥	非晶质 Ca-Mg 磷酸盐	浮游生物
	钵水母纲	平衡囊	平衡锥	石膏	浮游生物
	立体水母纲	平衡囊	平衡锥	石膏（?）	浮游生物
腕足动物门	Lingula	平衡囊	平衡锥	未定	底栖
环节动物门	多毛类	平衡囊	平衡锥		
	Arenicola	平衡囊	平衡锥	具似几丁质包覆的碎屑微粒	底栖、空居
软体动物门	头足纲	平衡囊	平衡锥	文石和非晶质磷酸盐	自游生物
节肢动物门	甲壳纲	平衡囊	平衡锥	碎屑微粒	自游生物
	糖虾纲	平衡囊	平衡石	萤石、球霞石	底栖游移生物
	桡足纲	平衡囊	平衡锥	未定钙矿物	自游生物
	等足纲	平衡囊	平衡锥	未定	底栖游移生物
棘皮动物门	海参纲	平衡囊	平衡锥	未定	底栖游移生物
脊勃动物门	圆口类	听胞	耳石和耳锥	非晶质磷酸盐	自游生物
	板鳃亚纲	听胞	耳锥	文石、方解石-水方解石	自游生物
		听胞		非晶质磷酸盐	
	真骨鱼次亚纲	听胞	耳石和耳锥	文石、方解石、球霞石	自游生物
	两栖纲	听胞	耳锥	文石、方解石	自游生物
	爬行纲	听胞	耳锥	文石、方解石	自游生物
	鸟纲	听胞	耳锥	方解石	高度活动
	哺乳动物纲		耳锥	方解石	高度活动

*在重力感受器中淀粉履行矿物的功能。

所有已知具有重力传感的残留生物都是活动的动物，它们利用重力场作为骨骼定向的参考。在高度活动的动物中，它们的感受系统一般归属于前庭器官，如头足类内壳式动物（墨鱼、章鱼）和脊椎动物。

所有已知的生物重力传感系统，都是通过特殊形成的"重"体发挥向下的重力力量，通过周围的组织进行侦察。整个生物运动是通过与重体的重力力量有关的这些组织并根据方向的变化察觉和判断进行的。为了改进它们的效能，重体一般是被矿化的，而植物是利用淀粉颗粒。生物用于重力感觉的矿物，目前尚未查清。它们特有的重力范围从石膏的2.2到重晶石的 4.5。关于它们的构造及其形成知之甚少，但由动物形成的用于重力感受的所有矿物几乎都是钙质矿物。能够辨识的重力传感器官有 3 种类型。

（1）"重体"运动的探测作用是通过没有纤毛和与周围神经细胞没有任何联系的细胞。而是胞内淀粉颗粒，如植物。

（2）平衡囊是一个充满流体的洞室，它与所有似乎完全相同或不易区分的别的纤毛感受器细胞相同。纤毛以探测重体的运动，如复足类 Aplysia。

（3）传感器是一个高度分化的特殊系统。其功能既用作重力传感器又用作线性和角形加速的传感器。毛状细胞作为运动的传感器向中心神经系统传送信号。如大鼠的耳石（重体），其大小变动范围很大，它们是按照大小疏松地排列成"致密的"构造而履行特殊功能，经电镜照相显示它们是被含有酸性糖蛋白质有机物所覆盖的多晶体。小鼠的耳石也是多晶体：水母体 Auralial 的平衡锥由单钙硫酸盐晶体（石膏）组成多晶集合体；硬骨鱼耳囊有 3 个耳室：珠囊、小囊和瓶，其中球囊的耳石由文石组成，小囊具有一个文石耳石，最小的耳室——瓶则总是由六方球方解石组成，但太阳鱼的所有房室都含有六方球方解石耳石。在两栖动物中，两种房室（球囊和瓶）和内淋巴囊有文石耳石，第三种耳室（小囊）中是方解石耳石。在蜥蜴类中，Podarcis sicula 小囊和瓶含有方解石，球囊有一个具有方解石痕迹的文石耳石。文石的晶体也产生在内淋巴囊（Marmo 等，1981）。在上述的例子中观察到的矿物上的差异包含了碳酸钙全部的多形变体，而在大多数情况下，在耳室之间观察到的矿物学上的差异被非常完好地保存着。矿物学上的差异是功能性的，但极少可能是晶体生产环境的不同，以一种多形变体形态代替另一种。

2. 磁性感受功能

软体动物体内有一种趋磁细菌能够形成磁铁矿，使生物具磁性感受。用磁力仪就可测出下列生物中有磁铁矿：蜜蜂、各种甲壳动物、橙褐色大蝴蝶，两栖动物和爬行动物，许多臭蝙蝠、鲸目动物，灵长目，可能还有人类。磁铁矿总是某磁场感受器一个不可缺少的部分。磁铁矿已经在趋磁细菌的一个种，藻类的一个种，甲鳖属牙齿，鱼和通讯鸽中直接测定。

已知生物利用磁铁矿主要有 3 种不同的功能。

（1）通过某些降铁细菌形成代谢作用的最终产物。

（2）石鳖属牙齿外表面常常变硬使它能够为了采掘岩内食物而耙刮岩石。

（3）磁铁矿晶体常用于察觉地球的磁场。

每个形成磁铁矿晶体线状链的趋磁细菌均具有鞘并通过具有蛋白质的双层类脂物连在一起。整个构造称为磁体。晶体是多种多样的，通常具有特定的种形，其大小范围总是在 0.1um 左右，最终形成单畴晶体。整个磁体起着一个"磁棒"的作用，磁体的功能是让细菌沿磁体起着一个"磁棒"的作用，使细菌沿着磁力线排成一行，然后利用鞭毛推动自己朝着自己更喜欢的方向移动。因此，在北半球内趋磁细菌朝北，而在南半球内趋磁细菌朝南。然而，生活在泥土中并且有导磁系统的细菌能够追踪倾斜的磁力线，以致使它们能够朝它们的最佳生存环境移动。这发生在氧压较低的泥土中的一定深度，也是最有助于形成无机成因磁铁矿的环境。

含有磁铁矿的眼虫藻，也利用它们的磁体作为磁导系统生活在与趋磁细菌形似的环境中，而且也是活动的。

具有磁场感受器官的动物大部分具有共同的特性：已知它们具有相当长距离航行的能

力。磁场强度的变化，可反映在生物习性的变化上，如鱼能够探测地球磁场，蜜蜂能够感受地球磁力线的方向自身定位，但不能够辨别极性。

3. 铁蛋白的储铁功能

铁是现代生物不可缺少的元素，而游离铁是可能有毒的。细胞需要储存铁，在动物、真菌和植物界中，这种功能是通过铁蛋白实现的。铁蛋白是由一个外径约12.5nm多亚单位蛋白质所组成，它环绕一个含铁矿物的内核。细菌也有一个称做细菌铁蛋白的类似的分子。细菌铁蛋白的铁核在化学上是由铁——氧羟——磷酸盐复合体组成，核的矿物是一个微晶质的水铁矿，核的组成以非晶质区共生的单畴结晶度为主，磷酸盐似乎不是有序晶畴的部分，核的结晶度与磷酸盐的含量成反比。

4. 控制冰晶的功能

有机体通常不允许在它的组织中存在冰晶，但生活在寒冷环境中的各种生物必须学会控制冰晶的形成。如某些植物细菌为了破坏植物组织和提供一个有助于自身生长的环境，故意促使冰晶的形成。生活在极地或近极地海洋的鱼已经演变成能从它们的组织中阻止冰晶形成的能力。

生物控制冰的形成是生物成矿领域的一部分。通过细菌活动使冰成核是大气圈冰核来源之一。在0～10℃之间开始向冰状态转变，在这一温度范围内有活动力的核一个来源是来自主动的分解植物植被，这些细菌（Pseudomonas Syringae、Pseudomonas fluorescens 和 Erwinia herbicola）也具有冰成核的作用，它们分布在土壤中，植物叶面上及覆盖层中。对冰成核活动起作用的是位于细菌膜外部的一种蛋白质，这种蛋白质包含122个不完整的重复的同感多肽 Ala-Gly-Gly-Thr-Leu-Thr，它们有一个预测功能的重要构造，在这个重复的8个氨基酸中的4个部分呈侧部链状构造的羟基团，仅有的其他氨基酸序列是一种与成矿关系密切的蛋白质，也是一个重复的构造。实验表明，重叠的构造可以想象折叠成一种能够拟冰的六方构造。重叠的构造对于产生一种有效的"高温"冰核基质确实起着配合作用。

通过植物细菌可诱导冰晶，但极地鱼的血液通过糖蛋白能抑制冰晶的形成。在南极鳕血液中防冻糖蛋白质摩尔重量范围在2 600～33 700之间。防冻糖蛋白质阻止晶体生长的机理，可能是它们吸附早期的冰核并阻止进一步生长，而且增加了它们再溶解的机会。

有趣的是，细菌冰核蛋白质和鱼的防冻蛋白质二者的羟基团似乎是关键的功能性的配位体，当然，均具有冰自身的构造。可是控制碳酸钙和磷酸钙矿化的蛋白质完全被羟基配位体所支配。

（三）生物成因矿床

生物成矿作用，不仅可以自身直接形成石油、天然气和煤炭等有机矿产，而且还可以微生物及其产生的有机质对某些金属离子的风化、迁移、富集、沉淀产生重要影响并造成金属离子在富含有机质沉淀物中相对集中，和/或由细菌对硫酸盐的还原作用所产生的H_2S与金属离子结合生成硫化物，造成金属离子在有机质沉积物中相对富集，形成许多金属矿床。

生物成矿作用主要体现在两个方面，即微生物及其产生的有机质对某些金属离子的风化、迁移、富集、沉淀有重要影响并造成金属离子在富含有机质沉淀物中相对集中；其次是细菌对硫酸盐的还原作用所产生的H_2S与金属离子结合生成硫化物。造成金属离子在有机质沉积物中相对富集的原因可归结为以下几点。

（1）与某种有机配位基结合的金属存在于所有活的生物体中并有可能形成并异常富集，

当生物死亡后，这些金属有机化合物至少有一部分能够抵抗细菌的作用，从而在固结的沉积物中出现生物成因的金属与含碳物质的组合。

(2) 溶解在天然水中的金属离子，可以通过与适当的有机配位基反应，在沉积盆地中集聚，而后直接进入沉积物中，或者被黏土或其他比表面积大的矿物所吸附而后沉淀。

(3) 金属离子同可溶的胶体状和粒状的有机物质的相互吸引作用。

(4) 微生物进行的各种呼吸和发酵反应导致环境的物理化学条件的变化，从而改变其中发生的矿化作用过程。

细菌对硫酸盐的还原作用，也是生物成矿作用的重要方面。实验证明，在低温条件下，硫酸盐还原细菌能够产生足够的 H_2S，从而与金属离子结合形成硫化物矿床。大多数微生物和植物都能将硫酸盐还原为 H_2S，而且在天然水中，有机质的存在是细菌对硫酸盐还原程度的主要控制因素。

现已查明，许多贵金属或贱金属矿床，尤其是层控矿床，多与生物成矿作用有关。

1. 有机矿产

众所周知，有机矿产由有机生命体形成，有关石油中生物标记物（残烃累）的研究，使我们能够恢复石油形成和迁移的各种条件。在石油和保留有初始化合物的特有构造烃类中，已确定了300余个生物标记物，其中约1/3正广泛地使用于地球化学对比。这些烃类属于各种类型：烷烃类、环烷烃类和芳烃类。具有异戊间二烯型构造的化合物在这里起着重要作用。这些生物标记物（即原始有机质类型、深成作用程度、沉积相等）研究可为地球化学、石油勘探服务。

石油、天然气和煤炭、油页岩、页岩气是人类广泛开发利用的可燃有机矿产，其衍生生物亦应用于社会经济的多个产业部门。此外，生物，尤其是动物和植物还可形成多种有机宝石，如动物成因的有机宝石有象牙、珊瑚、珍珠等，植物成因的有机宝石有煤精、琥珀等。

2. 有色金属矿产

铅锌矿是生物成矿作用的典型矿产，关于铅锌矿的生物成矿作用问题，主要有下述几个事实。

(1) 富含有机质的黑色页岩中 Pb、Zn 是主要富集元素之一，而作为主要铅锌矿床类型的海底热液喷气矿床，绝大部分的母岩是富含有机质的细碎屑岩，泥质岩或碳酸盐岩，有的矿床有机质含量高达5%。

(2) 另一种重要的铅锌矿床类型（MVT）的母岩常常是富含生物的生物礁灰岩或藻白云岩。无论在围岩或矿石中，沥青质十分常见，气液包体中常有碳氢化合物出现。

(3) 细菌硫酸盐还原作用所形成的 H_2S 可能是大多数层控铅锌矿床的主要来源，这类矿床大量硫同位素研究结果也证明了这一点。

过去对这类铅锌矿床的研究，主要集中在后生成因的产于碳酸盐岩中的铅锌矿床即MVT矿床方面，而对同生的海底热液喷气沉积矿床涉及得较少。近些年来，同生喷气成因铅锌矿床的生物成矿问题，由于这类矿床是经济意义最大的铅锌矿床类型之一，国内外开展了广泛的深入研究。它们虽具同生的海底热液喷气成因，但矿化围岩一般均富含较高的有机质，并常见有丰富的成岩期形成的草莓状黄铁矿和黄铁矿化生物躯体。矿床的 $\delta^{34}S$ 组成特别是黄铁矿的 $\delta^{34}S$ 离散范围大，显生宙矿产中重晶石 $\delta^{34}S$ 的平均值接近于同期海水的 $\delta^{34}S$，这些特点都标志着有机质可能参与成矿作用，Williams（1978）认为麦克阿瑟河矿床中具有草莓状特点的黄铁矿,是在早期成矿阶段通过生物硫酸盐还原作用所形成的,矿石中有机碳含量高（0.428%）,S/C 比具有单峰的频率分布特点,中值为 0.25~0.5。后人又在该矿床中发现,母岩中的干酪根在组成上类似于高挥发性烟煤,并在其中找到了有机质细胞构造。

对于 MVT 型铅锌矿床研究表明,当以有机络合物形成参与搬运金属并形成矿床时,溶解的成矿金属最低浓度必须 $\geqslant$ 10ppm（约 10^{-4} mol）。而且要求矿液中所有络合物的相对和绝对稳定性应当能够成功地争夺各种搬运金属的有机配位体的成矿金属。而与含硫和氮的配位体有关的络合物对金属的搬运可能起到很重要的作用,如金属有机硫化物络合物,盆地卤水和烃类等,对金属的搬运都起到了重要作用。

3. 贵金属矿产

科学家们已用生物与胶体无机物颗粒凝结从而形成并沉淀出富含金属集合粒的作用,解释金属在极细粒粉砂质泥中富集的原因。实验表明,当细胞悬浮体与含金水溶液混合时,颜色发生变化,标示着自然菌落在凝结胶态金微粒的能力差别很大,根据沉淀物褪色和沉淀作用,除了细菌的活性种外,微生物与金微粒反应微弱,与金强烈反应的是 Bacillus 属培养样。当其所占比例为 49% 时,包括活性和非活性的综合培养样中,聚集金的能力提高了。亲金属微生物适应某一特定的事实表明,这种微生物具有较强的凝结胶态金属微粒和把这种金属从真溶液中吸附出来的能力。有时,金属从溶液中析出,胶态相形成于溶液表面;而在另一些情况下,形成不溶化合物的胶状颗粒;还有一些情况,金属离子被细胞吸附。

根据自然微生物对金属表现出很强的选择性,可以模拟自然界金的变换、迁移和聚集,尤其自然界中发现了金以氯化物形式存在之后。这种培养液很容易与离子状态的金和胶态金发生反应,表现在细胞晕中有较高的浓度系数 K。

属于这种类型的贵金属矿床,许多国家均有发现,与海底火山喷发有关的热液喷出的金——多金属硫化物矿床（俄罗斯乌拉尔,中国甘肃的银厂、江苏铜井等）,与碳质娟英片岩型金银矿床（河南省桐柏围山城,美国卡林、霍姆斯塔克等）,黑色页岩型金矿床（俄罗斯叶尼塞山脊,中国陕西、四川）,炭质大理岩型金矿（河南省镇平县坦头山）。

4. 其他金属矿产

除了锰,细胞也能吸附金属。如:在 $CuCl_2$ 溶液中也能形成含有铜化合物的分散相,同时,由细胞形成凝聚体;在铜和钴的溶液中,所有细胞都变黑,金属围绕着细胞表面上的一定中心富集。

5. 磷钒铀矿产

产在黑色页岩中的 P、V、U 矿产,在我国分布广泛,并形成有经济价值的矿床。这类矿床,北起河南,南至云南,中经湖北、湖南、广西、四川、重庆及贵州诸省、市、自治区。而且在河南、湖北还有绿松石矿。

四、人工成矿作用

人类在长期的生产实践中,已知自然界有 4 000 多种矿物,每种矿物都具有一定的化学成分、内部结构和物理性质。其中有些矿物因色泽亮丽、晶莹剔透、坚固耐久、稀少罕见而加工成装饰品,便可成为身价倍增的宝石。这些宝石级矿物约有 200 种左右,按其成因可分为天然宝石、天然玉石、天然有机宝石三大类。

矿物学家和宝石学家,对每一种已知的宝石进行了详细研究,特别是美丽的宝石形成机理和其再造过程。到目前为止，许多天然珠宝玉石已能在人工条件下生产出来。这就是人工成矿作用的结果。

人工宝石的诞生，是因可用资源在地球表层储量有限，而人类的需求又日益增加，使得本来就十分稀少的宝石资源日趋枯竭，远不能满足人类社会日益增长的需求。聪明的科学家和工程师们，在对自然界宝石资源生成机理研知的基础上，采用各种先进技能试制社会发展需求的工业矿物、工业岩石和各种人工宝石。

经过千百年的发明创造，天然形成的珠宝玉石现今已能仿制出来，其美观性和装饰性效果可与天然宝石媲美。同时还可将有这样或那样缺陷的天然珠宝玉石进行改造，使之成为物美价廉的饰品。

矿物学家经过长期观察和实验研究，已经了解了矿物的形成方式有4种，即气相→结晶固相、液相→结晶固相、非晶固相→结晶固相和一种结晶固相→另一种结晶固相。其中液相可以是溶液或熔体。结晶固相形成的第一步是形成晶核，成核是一个相变过程。为此，人工宝石的生成工艺，是在人工控制的条件下用制造与改造方法促使物质发生相变或变象（变型）形成人工合成宝石、人造宝石、拼合宝石、再造宝石和改善宝石。具体方法有以下几种。

1. 焰熔法

焰熔法是法国的维尔纳叶（Verneuil）于1890年改进以往技术获得成功的，故又称"维尔纳叶法"。它是将原料粉末在氢氧火焰中熔融结晶生长成宝石晶体的方法。该法是合成宝石和人造宝石的主要生产方法之一。

2. 水热法

水热法是一种将矿料放在高压釜内的过饱和溶液中生长出晶体材料的方法。类似于自然界热液矿床成因的矿物结晶过程。

3. 助熔剂法

助熔剂法生长晶体材料在一定程度上模拟了自然界的岩浆分异结晶成矿过程。是一种在常压高温下，借助助熔剂的作用，在较低温度下加速原料的熔融，并从熔融体中生长出宝石晶体的方法。许多天然宝石可用此法合成，另外市场上出现的一些人造宝石，也可用此法生产。

4. 晶体提拉法

晶体提拉法是由T·丘克拉斯基首先发明的，故又称"丘克拉斯基法"。这是一种直接熔化宝石原料，然后利用籽晶与晶体提拉机构从熔体中提拉出来宝石晶体的方法。该方法既可生产合成宝石，又可生产人造宝石。

5. 区域熔炼法

区域熔炼法又称浮区法，是将原料逐区熔融并结晶出宝石晶体的方法。可以生产多种合成宝石与人造宝石。

6. 熔体导模法

熔体导模法由斯切帕诺夫（Ctiepanof A.F.）提出，故该法又称"斯切帕诺夫法"。它是模具和籽晶从熔体中提拉出宝石晶体的方法。其特点是可以生产出形态各异的丝、管、杆、片、板以及特殊形状的晶体。

7. 冷坩埚熔壳法

该法又称熔壳法，其原理与熔体法接近，但具体方法及工艺过程较为复杂。目前主要用来生产合成立方氧化锆（CZ）晶体。

8. 高温超高压法

自然界有许多矿物晶体是在地壳深处的高温超高压下形成的,如金刚石、桐柏矿（Cr_3C_2）等,高温超高压法就是模拟这种环境条件在人工控制下合成宝石（如钻石、翡翠）的方法。

9. 化学沉淀法

化学沉淀法是一种经化学反应和结晶沉淀,进而加热加压合成多晶体的方法。如合成欧泊、合成绿松石、金刚石薄膜、碳硅石等。

10. 拼合法

该法是将两块或两块以上珠宝玉石材料,用胶结剂黏结或熔接在一起,给人以整体印象,用以生产拼合宝石。

(1) 再造法。将宝石材料的碎块或碎屑,熔接或压结成具整体外观的宝石材料,这是一种扩充宝石资源的再生方法。

(2) 改善法。宝石改善品问世已久,改善手段和类型也名目繁多,主要是用来改变宝石的颜色、结构、性质及其他外观特征的一种方法。改善方法可分为优化和处理两类。属于优化的改善方法有热处理、漂白、浸蜡、浸无色油、染色（玉髓、玛瑙类）；属于处理的改善方法有浸有色油、充填（玻璃充填、塑料充填或其他聚合物等硬质材料充填）、浸蜡（绿松石）、染色处理、辐照、激光钻孔、覆膜、扩散、高温高压等。

如此种种,各类人工宝石在珠宝市场上无处不在,与天然宝石各占半壁江山。人工宝石以物美价廉的绝对优势,充分满足了社会各界的需要。

第三节 矿床类型

宝石矿床类型的划分,在矿床学上有两种：一种是分为内生宝石矿床和外生宝石矿床；另一种分法是岩浆型宝石矿床、变质型宝石矿床和沉积型宝石矿床。即所说的矿床二分法和三分法。其实对宝石矿床本质来说,都是一样的。

一、二分法宝石矿床分类

（一）内生矿床

内生矿床是由内生成矿作用形成的矿床。包括岩浆矿床、伟晶岩矿床、接触交代矿床、热液矿床、火山成因矿床和变质矿床。

1. 岩浆矿床

岩浆矿床是由岩浆（超基性、基性、中性、酸性、碱性）在岩石圈深处经过分异作用和结晶作用,使分散在岩浆中的成矿物质聚集而形成的矿床。

岩浆矿床是许多宝石的重要矿床类型。如产于金伯利岩和钾镁煌斑岩中的金刚石矿床、镁铝榴石矿床；产于碱性玄武岩的深源包体（二辉橄榄岩）中的橄榄石矿床；产于碱性玄武岩中的红宝石、蓝宝石、锆石矿床；产于流纹岩中的月光石矿床；与辉长-斜长岩有关的晕彩拉长石矿床。还有许多酸性喷出岩本身常常就是玉石,如碧玉状石英斑岩、霏细岩、酸性火山斑岩、酸性火山玻璃、黑曜岩等。还有铂族元素、铜、钛、铁等金属矿产。

岩浆中成矿物质的析出是岩浆分异作用的结果,在岩浆的分异过程中产出的岩浆矿床可分为岩浆分结矿床（铂族贵金属矿床、金刚石、橄榄石、辉石、蓝宝石等）、岩浆熔离矿床（铜镍矿床、磷灰石-磁铁矿矿床）、岩浆爆发矿床（金矿、铂矿、金刚石矿）。

2. 伟晶岩矿床

伟晶岩矿床是伟晶岩中的有用组分富集并达到工业要求的矿床，伟晶岩矿床又可分为稀有金属伟晶岩矿床（绿柱石、海蓝宝石、锂电气石、锂铯绿柱石、锂云母、祖母绿、锰铝榴石、铁铝榴石等）和晶洞伟晶岩矿床（海蓝宝石、黄玉、碧玺、黄水晶、绿柱石、祖母绿、金绿宝石等名贵宝石品种）（图3-7）。

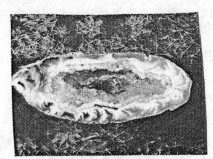
玛瑙中的水晶晶洞

矿物晶洞中的钼铅矿

生长在晶洞中的镍华

球状的沸石晶洞

图3-7 伟晶岩晶洞

3. 接触交代矿床

接触交代矿床主要是在酸性、中酸性-中基性侵入体同碳酸盐岩类（钙质、镁质）或基性、超基性岩石的接触带及其附近由于交代作用而形成的矿床。与此有关的宝玉石矿床，主要有翡翠、和田玉、钙铁榴石、红宝石、蓝宝石、尖晶石、钙铝榴石、锆石、青金石和蔷薇辉石等。此外还有压电水晶、金云母等大型矿床。

4. 热液矿床

热液矿床是指各种成因的含矿热水溶液与围岩在一定物理化学条件下，在各种有利的构造和岩石中，有用组分由于过饱和而沉淀或是由于热水溶液与围岩发生化学反应使宝石矿物富集而成的矿床。根据热液温度可分为高温、中温和低温-超低温等类型。与热液矿床有关的宝石有水晶（各种颜色）、祖母绿、方解石（冰洲石）、蓝宝石、萤石、黄玉以及金、银、铜、铅、锌、钨、钼、铋、铍等金属矿床。

5. 火山成因矿床

火山成因矿床，指与火山岩、次火山岩有成因联系的各种矿床。与此有关的宝玉石矿产有玛瑙、紫水晶、欧泊、鸡血石、寿山石、田黄、叶蜡石、黄玉、金刚石、次生石英岩以及金、银、铜、铁、钨、镍等金属矿产。

6. 变质矿床

变质矿床是指在各种地质作用下所形成的岩石和矿石。属变质矿床的宝玉石有铁铝榴石、红宝石、蓝宝石、月光石、优质碧玉、蔷薇辉石、和田玉、红柱石、蓝晶石以及金、铜、铁、稀有元素、稀土元素和云母、石棉、石墨等矿产。

(二) 外生矿床

外生矿床是由外生成矿作用形成的矿床，又可分为风化矿床、沉积矿床和可燃有机矿床。这类矿床的宝玉石有：金刚石、红宝石、蓝宝石、紫晶、黄玉、玛瑙、绿柱石；欧泊、绿玉髓、孔雀石、绿松石、翡翠、和田玉；煤精、琥珀、硅化木、化石类宝玉石以及珍珠、珊瑚等。

二分法矿床类型划分，见表3-3。

表3-3 宝石矿床类型

成因类型		宝玉石品种	典型矿床产地
内生矿床	岩浆矿床	钻石、镁铝榴石、蓝宝石、红宝石、橄榄石、锆石、变彩拉长石、贵榴石	南非金伯利，澳大利亚，中国辽宁、山东、海南与福建，泰国
	伟晶岩宝石矿床	碧玺、绿柱石、铯绿柱石、祖母绿、磷灰石、紫锂辉石、锰铝榴石、铁铝榴石、黄玉、紫水晶、独山玉、青金石、蔷薇辉石	中国阿尔泰、云南、湖南，俄罗斯乌拉尔，巴西，美国北卡罗来纳州
	接触交代宝石矿床	海蓝宝石、黄玉、橄榄石、翠榴石、红宝石、蓝宝石、尖晶石、铁铝榴石、水晶、翡翠、和田玉、岫玉、独山玉、青金石、蔷薇辉石	中国新疆，缅甸，泰国，斯里兰卡，俄罗斯乌拉尔，津巴布韦
	热液宝石矿床	紫水晶、玛瑙、黄玉、欧泊、祖母绿	巴西，哥伦比亚
	变质宝石矿床	铁铝榴石、红宝石、蓝宝石、月光石、十字石、蓝晶石、碧玉、硅化木、蔷薇辉石	斯里兰卡，芬兰，美国，乌拉尔，澳大利亚
	火山成因宝石矿床	紫水晶、玛瑙、鸡血石、叶蜡石、寿山石、天黄、梅花玉	美国，澳大利亚，中国
外生矿床	生物沉积宝石矿床	各种观赏石、珊瑚、琥珀、煤精、珍珠、贝壳、硅化木	中国，澳大利亚，波斯湾，地中海，南洋
	风化宝石矿床	绿松石、孔雀石、绿玉髓、欧泊	中国，美国，澳大利亚，伊朗
	砂矿宝石矿床	金刚石、红宝石、蓝宝石、尖晶石、锆石、绿柱石、石榴石、翡翠、和田玉、卡拉石、玛瑙	世界各国

注：摘自《宝玉石地质基础》。

二、三分法宝玉石矿床分类

按照宝玉石矿床的成矿作用不同而对矿产类型进行划分，称为宝玉石矿床的成因分类。在具体分类中，一级划分是和三大地质作用即内生成矿作用、外生成矿作用、变质成矿作用相对应的；二级划分是按照在一定地质环境下的主要成矿作用系列来划分的，如岩浆矿床、热液矿床等；三级划分则是由于各类矿床形成环境的复杂性和成矿方式的多样性，包括矿床的主要特征和标志、成矿方式、成矿环境等。详细分类见表3-4、表3-5。

表 3-4 宝玉石矿床的三级分类

成矿作用	成因类型	岩石类型	宝玉石种类	实际意义	主要产地
内生成矿作用	岩浆岩型矿床	金伯利岩型	金刚石、镁铝榴石	主要的原生矿类型	南非,中国辽宁、山东
		钾镁煌斑岩型	金刚石	主要原矿类型之一	澳大利亚
		玄武岩及其深源岩石包体型	蓝宝石、锆石、红宝石、石榴石、橄榄石	大型蓝宝石、锆石、橄榄石砂矿的原岩	澳大利亚,柬埔寨,泰国,中国
		辉长-斜长岩型	晕彩拉长石	晕彩拉长石母岩	乌克兰,巴西,芬兰
		流纹岩型	月光石	月光石的母岩	美国科罗拉多州
	伟晶岩型矿床	晶洞伟晶岩型	海蓝宝石、绿柱石、托帕石、黄水晶、碧玺、祖母绿、金绿宝石	上述宝石矿床的主要类型	巴西,乌拉尔,中国,美国
		稀有金属伟晶岩型	碧玺、铯绿柱石、紫锂辉石、锰铝榴石、铁铝榴石	可作综合利用	中国阿尔泰,俄罗斯乌拉尔
	热液矿床	交代蚀变基性-超基性岩型	翡翠、和田玉、钙铁榴石	上述宝玉石的主要矿床类型	缅甸,中国
		云英岩型	祖母绿、红宝石、海蓝宝石	祖母绿矿床主要类型	乌拉尔,津巴布韦
		深成热液型	紫水晶、黄水晶	矿床主要类型	产地多
		岩浆期后热液型	紫水晶、玛瑙、黄玉	紫水晶、玛瑙主要矿床	巴西
		远成热液型	祖母绿	祖母绿矿床类型	哥伦比亚
外生成矿作用	沉积矿床	生物化学沉积类型	煤精、琥珀	煤精主要矿床、琥珀砂矿	中国辽宁、河南
		砂矿 残坡积砂矿类	金刚石、红蓝宝石、尖晶石、锆石、翡翠、和田玉、绿柱石等	大多数优质宝玉石的主要来源	产地多
		砂矿 冲积砂矿类			
		生物成因矿床	珍珠、珊瑚、象牙、玳瑁、贝壳、化石	有机宝石	沿海地带
	风化矿床	砂-黏土质岩石和超基性岩	欧泊、绿玉髓	欧泊、绿玉髓的主要矿床类型	澳大利亚
		风化壳型,含 Cu、P 的风化壳型	绿松石	绿松石的主要矿床类型	中国湖北、河南、陕西,美国
		矽卡岩铜-铁矿床风化壳型	孔雀石	孔雀石的主要矿床类型	中国广东
变质成矿作用	接触变质矿床	变质石灰岩型	汉白玉	汉白玉的主要矿床类型	中国北京、河南
	区域变质矿床	低温变质相型	蔷薇辉石、碧玉、硅化木	砂矿主要源岩	乌拉尔,澳大利亚,美国,斯里兰卡,芬兰,中国
		中高温变质相型	铁铝榴石、红宝石、蓝宝石、月光石、红柱石、蓝晶石		

注:摘编自刘自强主编《地球科学通论》。

表 3-5 金矿成因类型划分表

一（类）	二（族）	三（型）	四（组）	五（例）
矿质来源及运移方向	矿床成因	矿床类型	矿石建造	典型矿床
Ⅰ. 由地幔熔浆溢出，侵入地壳。运移方向为脉动式上升	与岩浆侵入活动有关金矿床	岩浆熔离型	含金，铜-镍硫化物	加拿大萨德伯里
		斑岩型	含金，铜-镍硫化物	美国宾鄂巴金矿
			金-石英(-碳酸盐、硫盐)脉	中国黑龙江团结沟金矿、河南省蒲堂金矿
		花岗伟晶岩型	金-黄铁矿-石英	俄罗斯乌拉尔，美国花园谷，中国河南灵宝金矿
		接触交代型	金-矽卡岩型	美国斯普林-希尔金矿，中国河南八宝山
		热液充填型	金-石英脉	中国山东玲珑、河南南召
			金-多金属硫化物	美国特里德维尔
			金-钨(铋)石英脉 金-铀石英脉 金-锑石英脉	
	与岩浆喷发活动有关金矿床	细碧-角斑岩型	金-石英(-碳酸盐、硫岩)脉 金-多金属硫化物	俄罗斯乌拉尔，中国河南淅川、甘肃白银厂
			金-辉绿岩	中国河南淅川
		安山-流纹岩型	金-石英脉 金-黄铁绢英岩-次生石英岩 金-煌斑岩(类)	美国，中国河南灵宝
		火山颈(口)相型	金-硫化物-石英 金-硫化物-重晶石	中国江苏铜井
		爆发角砾岩型	金-石英脉 金-次生石英岩 金-黄铁绢英岩	俄罗斯"多峰"金矿，中国河南祈雨沟金矿，河南陕县申家窑金矿
Ⅱ. 由岩壳变质分异侵入。运移方向为渗析式侧向	与正变质分异作用有关金矿床	绿岩系型	金-硫化物-石英	加拿大波丘潘金矿，中国河南小秦岭金矿
		碳质娟英片岩型金银矿床	金-硫化物 金-银-黄铁绢英岩	中国河南桐柏围山城
	与副变质分异作用有关金矿床	硅化碳酸盐型	金-硫化物-石英	美国卡林金矿
			铁英岩-铅英岩-锌英岩-金	中国河南潭头山金矿
		含铁硅质岩型	金-毒砂-磁铁矿	美国霍姆斯塔克金矿
			金-硫化物	中国黑龙江东风山金矿
		变质砾岩型	金-铀-硫化物-石英	南非"兰德"金矿
Ⅲ. 由陆源风化壳析出，运移方向为搬运式沉积	与沉积成岩作用有关金矿床	黑色页岩型	金-硫化物-石英	俄罗斯叶尼塞山脊金矿
		砂砾岩型	金-残积-冲积沉积-泻湖-滨海沉积	中国黑龙江小金山金矿、河南德亭金矿
			金-风化-冰积沉积	
	与近代沉积作用有关金矿床	红土型	金-黏土建造	中国江西金坪金矿
		近代砂金型	金-重矿物-砂砾建造	俄罗斯勒拿河金矿，中国黑龙江团结沟金矿、河南荆紫关金矿
Ⅳ. 矿质来源复杂，运移方向具多向性	与动力变质作用有关金矿床	黄铁绢英岩型(构造蚀变岩)	金-黄铁绢英岩	中国山东三山岛、焦家金矿、河南洛宁金矿
			金-硫化物-石英	
			金-石英-菱铁矿-黄铁矿	中国河北乔麦冲金矿

三、矿床特征

(一) 黄金矿床

在贵金属矿床中，以金矿最为复杂。金以其地球化学特性，可在各个地质时期，不同地质单元，各种构造岩相带，形成各式各样的矿化、矿体或矿床。在我国，近五六年来一直保持世界第一产金大国的地位。目前我国黄金生产的县市一级区域达到500多个，大型、特大型矿床不断发现，其中河南省已知金矿成矿类型最多，几乎全球金矿类型河南都有，而且有近千吨储量的特大型金银矿床。

现已初步查明，金有20种同位素。如 ^{198}Au 可蜕变成稳定的 ^{198}Hg，有许多同位素可以蜕变成几种同位素铂。矿床中所见的金是单同位素，但熔离型铜镍矿中的金，热液型汞锑矿中的金，可能有一部分是铂、汞等元素的蜕变产物。这些元素在地球化学量图里是非常接近的。但就是相距较远的如铀，人们已用强大功率的重离子加速器（18万电子伏特能量）去轰击铀靶，获得了黄金和105号元素，说明贱金属元素在一定条件下可以变成贵金属的金。

同位素蜕变可导致金的生成，这也可能就是为什么金可以在多种构造岩相中集中成矿的原因。关于金矿成因类型详见表3-5。在表3-5中，除三分成因外，还增加了一个多源成因，即第四类—矿质来源复杂、运移具多向性的一类金矿床。

(二) 绿柱石矿床

绿柱石类宝石包括祖母绿、海蓝宝石与其他绿柱石宝石。这类宝石的化学代号是 $Be_3Al_2[Si_6O_{18}]$，其中 AL 均可被其他元素（如 K、Na、Mg、Fe、Li、Cs、Cr、V、Ni 等）替代，因而呈现出不同颜色的宝石。如：当 Cr^{3+} 或 V^{3+} 或 $Cr^{3+}+V^{3+}$ 代替 Al^{3+} 时，绿柱石就呈翠绿色的祖母绿宝石；当 Fe^{2+} 代替 Al^{3+} 时，就呈现出海水蓝色的海蓝宝石；当 Fe^{3+} 代替 Al^{3+} 时，绿柱石就呈现出黄色的金色绿柱石（Heliodor）；当 $Mn^{3+}+Mn^{2+}$ 代替 Al^{3+} 时，则呈红色的红色绿柱石（Bixbite）及粉色的摩根石（因其中含铯和铷）。另外绿柱石内部构造缺陷造成的色心致色可呈蓝色的 Maxixe 蓝色绿柱石等宝石。

1. 祖母绿矿床

世界上主要的祖母绿产地有哥伦比亚、巴西、津巴布韦、坦桑尼亚等。

哥伦比亚祖母绿主要产于安第斯山脉东区，考第雷拉区域的姆佐（MuZuo）、契沃尔（Chivor）、考斯科韦茨（Cosguez）和伽沙拉（Gachala）等地；巴西祖母绿主要产于巴西的米那斯格拉斯（Minas Gerais），巴西亚（Bahia）和契沃尔（Chivor）等地区的伟晶岩和云母片岩中；津巴布韦祖母绿主要产于桑达瓦纳山 Mweza 带；坦桑尼亚祖母绿颜色很好，有时带有些黄色色调或蓝色色调。

内生祖母绿矿床有3种工业类型：伟晶岩型、交代超基性岩的云英岩型和热卤水型。

1) 伟晶岩型矿床

这种类型的矿床规模较小，主要产于微斜长石伟晶岩的晶洞中，如美国的北卡罗纳州祖母绿矿及挪威奥斯隆以北的祖母绿矿等。祖母绿以浅色、浑浊晶体为主，优质晶体不多。我国新疆阿尔泰地区的花岗岩伟晶岩中有优质祖母绿产出。

2) 交代超基性岩的云英岩型矿床

这类矿床具有重要的工业意义，是祖母绿的主要来源之一。含祖母绿的云母岩经常与稀有金属伟晶岩矿床共生，是花岗伟晶岩侵入超基性岩中发生离子交换的结果。

津巴布韦祖母绿矿床的桑达瓦纳最著名，产于津巴布韦南部到东部地层的太古代结晶片岩中，接近大的稀有金属伟晶岩田，容矿岩石几乎全是透闪石片岩、云母-绿泥石片岩和蛇纹岩。原岩是苦橄玄武岩。祖母绿除赋存于透闪石片岩中外，还赋存在小伟晶岩的内接触带和边缘带。宝石级祖母绿带与片麻状钠长石-黑云母及奥长石-锂云母的一些伟晶岩枝和细脉伴生。锂辉石常是祖母绿的指示矿物。

俄罗斯乌拉尔祖母绿矿床，发生在泥盆纪角闪片岩、斜长片麻岩和角闪玢岩中发育的一些超基性岩石与花岗岩侵入体，而且超基性岩穿插许多石英闪长岩脉、花岗细晶岩脉、伟晶岩脉、含祖母绿云母岩脉、石英-钠长石脉等。对于该矿床的成因有以下观点：

①含矿云母岩本身的形成，就是由于富含水蒸汽、氟和其他挥发分的伟晶岩熔融体同超基性岩发生反应的结果，云母岩内部的斜长石体是熔融体去硅作用的最后产物。按矿物形成温度降低顺序，产出金云母带、阳起石带、绿泥石带和滑石带。祖母绿形成于金云母带。

②该区成岩成矿分四期进行，即伟晶岩期（形成原始伟晶岩脉），云英岩期形成含祖母绿的云母脉，早期热液期形成长石-白云母及萤石脉，晚期热液期形成石英脉、硫化物-石英脉等。

3) 热卤水型矿床

这一类型祖母绿矿床，目前只发现于哥伦比亚。祖母绿产于强烈揉皱破裂并发生强烈碳酸盐化和钠长石化的黑色页岩、碳酸盐岩等地表出露的沉积岩，断裂是含矿热液的通道。与祖母绿共生的矿物有碳酸盐矿物、奥长石、黄铁矿、萤石等低温热液矿物。基于上述特征，矿床学家们大多数认为是热卤水型祖母绿矿床。认为矿液是氯化物的络合物，因而能吸出围岩中的 Be 和碳质页岩中的 Cr^{3+}，矿液来自大气水。依据是：祖母绿的液相气体是 NaCl，围岩钠化并含少量石膏，说明成矿是因 pH 高，Eh 低的还原条件下进行的，成矿温度 180°C。因此，V. J. Hintze (1979) 对哥伦比亚祖母绿形成历史提出以下推断：随着海相沉积物厚度增加，它所产生的压力越来越大，这种压力和后来造山运动使层间水集中在孔洞和裂隙中（或断裂内），在海相环境下形成的黑色页岩中含 NaCl、Na_2CO_3 的浓度多于3％的封存水，与粘土矿物相遇后，在低温及适当压力条件下，伊利石等转变成钠长石和奥长石，其转变温度随 NaCl 含量的增加而下降。Be 作为阳离子与 Cl^{2-} 和 F^- 络合。这些络合物只在很小的 pH 值范围内稳定，当与含 Cr 的黑色页岩接触后就会变得不稳定，从而形成祖母绿。祖母绿主要赋存于方解石-钠长石脉中。

2. 海蓝宝石矿床

海蓝宝石主要产于巴西，美国、俄罗斯、马达加斯加和印度也都是重要产地。我国新疆、内蒙古、湖南、云南、海南等地均有发现，最近还发现海蓝宝石猫眼和水胆海蓝宝石。

海蓝宝石矿床基本上都产在花岗伟晶岩中，也可见于结晶片岩、变质灰岩、热液脉中以及它们的残坡积砂矿中。巴西米那斯吉拉斯伟晶岩中的海蓝宝石及其他绿柱石矿床是世界上最大的海蓝宝石矿床。

3. 其他绿柱石矿床

达到宝石级的绿柱石，因颜色不同而分为绿色绿柱石、黄色绿柱石、粉色绿柱石、红色绿柱石和 Maxixe 蓝色绿柱石等品种。产于巴西的米那斯吉拉斯州南部的 Maxixe 蓝色绿柱石，遇光或遇热时会骤然褪色。

纯粉色绿柱石产于巴西、马达加斯加，赋存在伟晶岩矿囊及其冲积矿中，摩根石最著名产地是美国加州圣地亚哥。金黄色绿柱石主要产于马达加斯加、巴西、纳米比亚。纳米比亚的金黄色绿柱石主要产于 Fish 河流域，与海蓝宝石和黄绿色绿柱石共生，有些黄色绿柱石因含有微量氧化铀而具放射性。在巴西米那斯吉拉斯发现一种深黄红色的绿柱石称为火绿柱石。

中国的绿柱石产地很多，其中以新疆、云南为佳，色有蓝、绿、黄等，新疆还有金色和粉色绿柱石。

这些宝石级绿柱石的地质产状和成因与海蓝宝石矿床相同，而且彼此常共生在一起。在我国曾发现云英岩型绿柱石矿床。

云英岩型绿柱石产于斑状花岗岩中顶部的钠长石化细粒白云母花岗岩。矿体由内部块体及边缘环带两部分组成，绿柱石生于内接触带约 1m 范围内。内部块体位于矿体中心，主要由石英组成，边缘环带主要由石英、白云母、绿柱石三种矿物以二元组合方式形成，故称之为石英-白云母-绿柱石集合体或伟晶岩结构的绿柱石-云英岩。该集合体因内部结构不同有对称带状与不对称带状两种。但晶洞的发育是本带在内部构造上的一大特点和使本带成为一个绿柱石矿体的主要因素。

（三）独山玉矿床

独山玉产于中国河南省南阳市的独山而闻名，是我国特有的玉石品种。其开发利用历史久远，早自石器时代，晚至今天，已有万年之余。

独山玉是以黝帘石和基性斜长石为主要成分的蚀变辉长-斜长岩类玉石。简称"独玉"。赋存于独山基性-超基性杂岩体，由次闪石化辉长岩、次闪石化辉石岩、斜辉橄榄岩（橄榄质科玛堤岩）、辉长闪长岩、次闪化角闪岩、钠黝帘石化斜长岩、糜棱岩组成。岩脉有闪斜煌斑岩。独山玉主要与蚀变的辉长岩和斜长岩密切相关，即由岩浆期后多期高温热液沿构造破碎裂隙带充填交代上述岩石而成。

独山玉由于组成矿物种类繁多，呈现出丰富多彩的色泽，这是任何一种玉石不可相比的。独山玉质地细腻，凝脂柔润、坚韧致密、硬度适中，色彩鲜艳纯正、浓淡兼备、润泽明快，抛光性好，是俏色工艺不可多得的玉石。

独山玉按主色调可分 8 大类：白独玉、绿独玉、青独玉、紫独玉、黄独玉、红独玉、黑独玉和花独玉（花独玉又称俏独玉）。品种有 40 多个，主要有透水白独玉、白独玉、乌白独玉、绿独玉、翠独玉、绿白独玉、天蓝独玉、青独玉、紫独玉、黄独玉、芙蓉独玉、褐独玉、黑独玉及花独玉等。

关于独山玉成因与矿物成分曾有多种观点。早在 1936 年李学清在其《河南南阳独山玉石》一文中，认为独山岩体为角闪岩，白玉成分是斜长石，绿玉成分是角闪石和斜长石。由于长石粒细，且常呈浑圆状，显微镜下更像石英，过去长期以来一直认为是次生石英岩（至今《地质词典》仍如故）。1960 年 A. Schuller 认为是钠长翡翠岩，原生钠长石在某种程度上已变成翡翠、透辉石翡翠、普通角闪石、黝帘石和铬云母的细粒或极细粒集合体。

1965 年河南地质 19 队和 1985 年地质四队，认为独山玉是斜长岩在构造和后期热液作用下重结晶的结果。

1989 年张建洪等提出：独山玉以高钙、高铝、贫硅为特征，以纯钙长石（An>95）为主要矿物成分；邓燕华与缪秉魁于 1990 年通过对不同品种、不同成矿阶段玉的成分、粒度及斜长石牌号、野外产状、成岩成矿阶段、成矿温度、稀土成分、X 光衍射、电子探针、同位素分析等，认为独山玉是斜长岩浆期后热液，在 350～430℃ 及低温下充填交代辉长岩和斜长岩裂隙沉淀而成，属高温热液矿床。

经过 20 多年的地质工作，结合过去地质资料，业界人士虽有不同看法，但多数认为是热液交代矿床，独山岩体在成岩成矿过程中，可分为三期：早期为超基性岩侵入围岩；中期为基性岩浆侵入超基性岩体；后期为燕山期花岗岩浆在独山岩体北侧侵入围岩。因而使独山岩体发生多期次接触交代热液与围岩中某些矿物成分发生化学反应，将其溶解并由热液组分合溶生成新的矿物，即热液与围岩发生置换作用，促成玉石组分聚集形成各种不同组合，因矿物颜色彼此不同，就造成了花色斑驳的独山玉。

（四）琥珀矿床

琥珀是一种令人感兴趣的有机宝石。早在旧石器时代（15 000 年前）已有其制品，在法-德交界处，东俄罗斯均有发掘出土的琥珀饰品。我国早在秦汉时期已有琥珀雕琢工艺品了。古称"兽魂"、"光珠"、"江珠"、"虎魄"等，它不仅是古代的殉葬品，亦是有奇特疗效的药材。

琥珀亦称遗玉，是中生代白垩纪至第三纪松柏科植物的树脂经过各种地质作用后形成的一种天然有机化合物的混合物。其主要成分具有共轭双键的树脂酸，并含有少量的琥珀酯醇，琥珀油等，属典型的多组分混合且不易分解的有机化合物。

琥珀的形成过程相当复杂。经过从天然树脂转化为柯巴树脂的聚合作用与从柯巴树脂转化为琥珀的萜烯组分的蒸发作用这两个阶段。第一阶段为树脂分子聚合阶段，古植物分泌的半日花烷（labane）型物质接触空气与阳光后发生聚合作用，最后的聚合主要发生赖伯当三烯（lAabdatriene）羟酸分子的共轭双键间，再经异构交联作用以及分子内成环作用，树脂聚合成具有多环结构的柯巴树脂。该阶段可能要经过几千至几百万年。第二阶段为萜烯组分的蒸发阶段。柯巴树脂含有大量的萜烯类挥发油，这些组分经过几百万年的蒸发作用就形成了琥珀。该过程形象地被称为柯巴树脂的琥珀化。

琥珀形成后，其主要成分为：C、H、O、N、S、Si、Na、Fe、Ca、Mg、Al 和 Co 等元素。其中 C 占 75%～85%，H 占 9%～12%，O 占 2.5%～7%，S 占 0.25%～0.35%。琥珀化学成分是一种由萜类化合物高度交叉聚合形成的树脂化石。可分为两类：一类为不溶于有机溶剂的高聚合物；一类为有机溶剂溶解成分，主要是一些有机小分子。

世界上著名琥珀产地是波罗的海沿岸的俄罗斯、波兰、德国、丹麦、挪威、罗马尼亚、意大利西西里岛，黎巴嫩产有老的琥珀，多米尼加出产黄、橙、红色品种。缅甸也是琥珀主要产地。我国的琥珀主要产在辽宁抚顺煤矿和河南西峡等地。

河南省西峡县的琥珀在古代已有开采。产于"西峡盆地"。西峡一带为一轴向北西-南东展布的中生代沉积盆地。上为一套灰绿色湖泊相和冲积相红色砾岩、砂岩类粉砂岩，总厚大于 300m。琥珀赋存于白垩系上段（K_2^3）。琥珀分为二层。一层位于该段下部的砂砾岩层中，呈透镜状、条带状、细脉状，亦有拱形、凹形、三角形、不规则状等。大小不一，大者有几十立方厘米（个别达几立方米），小者 1～2mm³，一般为数立方厘米，皆赋存于红色砂砾岩所夹的带蓝色色调的灰绿色中-细粒砂岩中。琥珀体外常包一层约 0.5～10cm 厚的绿色砂岩。另一层琥珀位于该层之上的灰绿色-灰黑色细砂岩中，呈细粒状，大者如鸡蛋，小者如米粒，当地称豆珀。

波罗的海巨大数量的琥珀可能是植物患灾难性疾病产生的（Langenheim，1909），而西峡琥珀形成，王徽枢（1989）认为在物源区成煤作用初期泥炭化阶段，有过量的水使植物树干中的树脂大量浸出，后来受造山运动、地壳上升、气候干燥等影响又使其干缩。如果地壳不断发生升降运动，造成这一环境的几次重复，就可直接富集成大量的树脂，沉积于树干体外，在空气中干缩后又经长期风化剥蚀，连同泥沙、杂质被搬运到合适环境，便集聚于砂砾岩中而沉淀。属陆相沉积类型琥珀矿床。

世界各地琥珀产出状况可分为3种：①赋存于粘土岩或砂岩中，称砂珀；②赋存在砂砾岩中，称砾珀；③赋存在煤层中，称煤珀。前两种都是树脂经搬运形成的沉积砂矿，后一种则是原地沉积产物。

本章习题

1. 何谓矿床？
2. 矿石的围岩如何区分？
3. 矿体产状要素是什么？
4. 何谓成矿作用？
5. 成矿作用有哪几种类型？
6. 列举不同成矿类型中典型宝石的种类。

第四章 宝石文化

宝石是矿产资源,但它又是一种具有双重属性的特殊资源。它既有一般矿物岩石矿产资源的实用性,又具有工艺美术的精神文化的社会属性。由它创作的每件饰品都是这双重属性的相互融合与有机统一,传达出设计者和制作者的文化风情与精湛技艺,充分满足拥有者的心理与生理需求,并在人们心目中具有神秘的崇高地位。

第一节 宝石鉴评

正确鉴定和科学评价宝石双重属性,是我们深入研究和利用宝石不可缺少的第一步;而正确选用适当的鉴定和评价手段来研究宝石,在宝石学工作中是至关重要的。

宝石的鉴评方法很多(表 4-1),有简便而基础的肉眼鉴评,也有常规的测试手段和现代化的仪器分析方法。宝石的鉴定与评价,既与矿物、岩石、矿石的鉴定评价有相同之处,但又有区别,尤其是工艺美学的鉴定与评价。就宝石本身而言,天然珠宝玉石与人工珠宝玉石又有不同。众所周知,不同种类的珠宝玉石经过不同生产工艺处理后,在原有宝石特征的基础上,又加上生产工艺的"烙印",使其物理化学性质及结构构造发生不同程度的变化,这就给鉴评工作提出了更高要求,增加了技术难度,又由于天然珠宝玉石与人工珠宝玉石存在巨大的价值差异,就显得鉴别彼此差异尤为重要。

表 4-1 宝石检验主要方法简表

测试方法 \ 检验内容	化学成分	结构、构造	晶体形貌	物理性质
化学分析	√			
光谱分析	√			
原子吸收光谱	√			
X 射线荧光光谱	√			
激光显微光谱	√			
极谱分析	√			
质谱分析	√			
中子活化分析	√			
电子探针分析	√			
扫描电子显微镜	√		√	
透射电子显微镜	√	√	√	
X 射线分析		√		

续表 4-1

测试方法 \ 检验内容	化学成分	结构、构造	晶体形貌	物理性质
红外吸收光谱	√	√		
激光拉曼光谱	√	√		
穆斯堡尔谱	√	√		
紫外-可见光吸收光谱	√			√
电子顺磁共振		√		√
核磁共振				
隧道电子显微镜		√	√	
双目立体显微镜				√
相衬显微镜			√	
光学（偏光）显微镜			√	√
热分析	√	√		
热发光分析				√
热电性分析				√
发光分析				√

注："√"表示选择。

一、检验技术

（一）检验程序

如前所述，用于制作饰品的宝石材料，包括金属与非金属矿物原料，可以是贵金属材料，也可以是贱金属（即非贵金属）材料；可以是天然珠宝玉石材料，也可以是人工珠宝玉石材料。由于饰品材料多种多样，而且都具有各自不同的属性，所以对饰品材质的鉴定和评价，饰品造型与工艺的检验与评价，彼此各有侧重。总的来说，通常是从宝石的外观特征入手，然后根据所涉及问题的性质和精度要求，再选用适宜的方法做进一步的工作。考虑到有专门的后续课程，本章仅就鉴定和评价宝石的某些主要检验项目和检验方法作简要介绍。

1. 样本采选

1）样本采集

样本采集应注意检验的目的性、典型性、代表性和系统性。样本的多少和大小主要根据宝石及其成品特征及鉴评目的而定。对具有特殊价值的珍贵样品，应小心采集，精心存放，妥善保管。

2）样本分类

根据委托单位所送检样品的检验目的要求，确定鉴定或评价宝石及成品的各种方法。再按标本种属进行分选类别。

在分类编号时，必须对样品认真观察其完整度和破损情况。然后再按宝石及其成品属性，选择有损检验或无损检验方法。这样可将样本分为金属、非金属两大类，金属再分贵金属与贱金属，非金属再分为天然与人工两类。亦可根据样本情况分为原材料与成品两大类，然后再细分。

2. 样本描述

样本采选后，对每件样本进行整体宏观观察与详尽记录，并由送检双方确认。

1) 原材料观测

对每件样品经肉眼观测，记录其颜色、光泽、透明度、大小、形状、瑕疵。为材质品级划分提供信息。

2) 成品观测

对于贵金属或宝玉石制作的首饰或摆件，应分别进行观察与描述。

(1) 贵金属饰品。应记录印记、造型、款式、工艺、质量、完整性。

(2) 宝玉石饰品。应记录名称、色泽、琢型、工艺、净度、完整性。

(3) 镶嵌饰品。应记录名称、贵金属品种、纯度、宝石品种与琢型、工艺、质量、色泽、净度、镶嵌工艺、产品质量和印记。

3) 送交鉴评检验室

经初步宏观观测后，将样品送交检验室，由质检师、工艺师进行系统观测，出具检验报告。

（二）检测方法

宝石及其饰品鉴定与评价，肉眼宏观观测是首先的、必要的重要检验程序。

肉眼宏观观测，要求从事和即将从事检验工作的人员在平时的学习和工作中，不断实践和总结积累，一个有经验的珠宝首饰检验人员凭经验可直接鉴别出上百种常见的珠宝玉石和贵金属及其饰品，而对于初学者，则可利用有关肉眼鉴别图表，系统地逐步进行检测。

肉眼宏观检测可借助简单检验工具即可简便、快速地进行鉴定，即使有时很难作出确切数据，也至少可以将待检样品缩小范围，获得必要的信息，以便选用适当的方法进一步检验。总之，在任何情况下，首先对送检样本进行肉眼观察而后鉴定都是必要的，它是鉴评宝石的基础，是珠宝首饰检验人员必备的基本技能之一。

1. 金属宝石

1) 贵金属类宝石检测项目

(1) 金及其合金，纯度。

(2) 银及其合金，纯度。

(3) 铂及其合金，纯度。

(4) 钯及其合金，纯度。

(5) 有害元素镍、铅、汞、镉、铬、砷含量。

检测方法选择见表 4-2。

2) 贱金属元素检测项目

首饰中贱金属分析方法与贵金属分析相同，只是元素种类不同，精度要求不同。一般情况下，不作质量分析。

2. 宝玉石

1) 晶体宝石检测项目

(1) 光学性质：颜色、多色性、光泽、透明度、内含物、折射率、光轴、光性符号。

(2) 密度、硬度、荧光性、电磁性、吸收光谱。

表 4-2 测定贵金属元素的方法

分析方法	浓度范围/质量分数				
	$\leqslant 10^{-9}$	10^{-9}	10^{-6}	10^{-3}	$>10^{-3}$
火焰原子吸收光谱法			√		
石墨炉原子吸收光谱法	√	√			
光度法			√		
等离子体发射光谱法			√	√	
等离子体质谱法	√	√	√		
中子活化法	√				
X射线荧光光谱法			√	√	√
激光拉曼光谱法			√		√
重量法					√
滴定法				√	√

注："√"表示选择。

2) 玉石检测项目

(1) 矿物组成、矿物种类、含量百分比（分主要、次要、少量、微量、次生矿物）。

(2) 结构：自形程度、粒度、彼此组合关系。

(3) 构造：产出状态。

(4) 光学性质：颜色、光泽、透明度、内含物、折射率。

3) 有机宝石检测项目

(1) 物质组成：有机物、矿物。

(2) 结构、构造。

(3) 物理性质：颜色、光泽、光洁度、形状、大小、折射率。

4) 人工宝石（包括合成宝石、人造宝石、拼合宝石、再造宝石、改善宝石）检测项目

基本与天然宝玉石相同，但更侧重内含物测定，因为内含物是鉴别人工宝石与天然宝石的最重要的特征。

5) 珠宝首饰检测方法

(1) 光学性质检验设备：10倍放大镜、光纤灯、卡尺、折射仪、偏光镜、宝石显微镜、偏光显微镜、二色镜、分光镜、荧光灯、滤色镜。

(2) 其他理化性质检查设备：电子天平、克拉秤、硬度计、红外光谱仪、激光拉曼光谱仪、电子探针、X射线衍射仪。对钻石4C鉴定时尚需比色石、切工比例仪、热导仪等。

二、宝石评价

在国民经济高速发展的形势下，我国已成为世界上珠宝首饰生产大国和消费大国，产销两旺，并惠及全球。目前，珠宝首饰的质量检验和价值评价（估），在市场交易过程中，已成为供需成败的基本要求，而且对珠宝市场规范化管理与建设、公平公正交易、提高饰品质量水平、诚信服务和科学消费，都是十分必要的。

一般情况下，宝石及其饰品评价，包括材质品级评价、造型设计与加工工艺质量评价、产品质量评价和价值（格）评价（估）4部分。

（一）宝石评价

宝石是用作饰品材料的贵金属和宝玉石的总称，但对贵金属与宝玉石的品质（或叫品级）的评价方法有所不同。

1. 贵金属评价

贵金属宝石在制作饰品之前，首先从贵金属矿物组成的矿石中提炼出来，再精炼出不同纯度饰材，最后铸造成型。

贵金属品质评价是指对铸造成型后的纯度及其在合金中千分含量和有害元素是否超标，按国家技术标准进行评价。

2. 宝玉石评价

对宝玉石质量品级评价，以钻石评价最为严格且其标准统一。以钻石为例加以说明。

1) 钻石评价

号称"宝石之王"的钻石是不可再生资源，如无新的发现，40年后全球钻石矿将会枯竭，而市场需求量以每年15%～20%的速度增长，迫使其价格节节攀升。据报一个1ct H色、VVS级别的圆形裸钻，自2003年至2011年，涨幅达到92.5%，几乎翻了一倍。对钻石评价分为坯钻与饰钻两部分。

(1) 坯钻（或钻坯）评价。宝石级金刚石坯石价格比同一产地平均金刚石价格要高出一倍左右。对钻坯评价要素有以下几个方面。

①原石外部特征。这是影响裸钻出成率的重要因素。

在观测钻坯外形特征时，应记录那些裂口、双晶纹、解理面等可能对成品裸钻的价值产生影响的特征。

②原石的大小。我们知道，钻石的价格是与其质量的平方成正比关系的。因此应准确测量其大小。

③钻坯的颜色。钻坯的颜色往往在加工前后有不同程度变化，应对颜色以及钻石内色带的颜色分布进行描述。

④钻坯的净度。影响钻坯净度级别的主要因素是其内含物的颜色、大小和分布位置与表面瑕疵，因为它们可对出成率的影响提供关键数据。

⑤钻坯的荧光特征。荧光性（即荧光的颜色）对钻石质量级别有一定的影响，如具蓝白色荧光特征比具有强黄绿色荧光的钻坯有更好的价值认同。

⑥估价方法。用成本法最为适合。

(2) 裸钻评价。裸钻是指切磨成型而未镶嵌的钻石。评价因素有以下几个方面。

①质量。钻石的质量与价值之间的关系主要受两个方面的影响：一是钻石质量本身；二是国际市场的供需关系。钻石的价格可以用下式表示：

钻石的价值＝钻石质量^2×单位钻石价格 K，K 为市场系数。

需要指出，钻石质量有时会产生克拉溢价。

②颜色。钻石颜色分级极为严格（不包括彩色钻石）。通常分为 D、E、F、G、H、I、J、K、M、N、<N 11级。在颜色分级时，需在标准钻石分级灯下，与比色石对比而定级。

③净度。几乎所有钻石，都具有不同程度瑕疵（现称内部特征和外部特征），关键在于瑕疵的大小。根据正常视力在10倍放大镜下观察的清晰度，分为 LC、VVS1、VVS2、VS1、VS2、SI1、SI2、P1、P2、P3，共10个级别。

④切工。优质加工的钻石,其价格较一般加工钻石的价格认同相差15%～20%。观测标准圆钻型钻石时使用全自动切工测量仪以及各种微尺、卡尺,直接对各测量项目进行测量。测量项目为:台宽比、冠高比、腰厚比、亭深比、全深比、底尖比、下腰面长度比和星刻面长度比。

比率级别分为极好(EX)、很好(VG)、好(G)、一般(F)、差(P)5个级别。另外还应对修饰度(对比性、抛光、刷磨、剔磨、建议克拉重量、超重比例)进行评价。

尚需提及,钻石的琢型各式各样,同等质量的条件下,若标准圆钻型(或叫明亮圆形)钻石的克拉单价系数为1,则以价格高低次序排列为:圆型＞马眼型＞梨形＞祖母绿型。对于花式钻石来说,市场需求变化受市场推广及潮流影响更为明显,它比标准圆钻型价格评估更为困难。

(3) 钻饰评价。对钻饰评价的要素有以下几个方面。

①钻石质量品级(详细描述4C分级结果)。

②贵金属种质(贵金属种类、含量及质量)。

③饰品类型、款式及制作工艺。

④钻石来源及有关公司的信誉情况。

⑤镶嵌钻石分级规则:颜色分8级:D、E、F-G、H、I-J、K-L、M-N、＜N。净度分5级:LC、VVS、VS、SI、P。切工分级:测量台宽比、亭深比等比率要素,对影响修饰度的要素加以描述。

⑥估价方法:成本法或市场比较法。

2) 玉石评价

玉石中,翡翠最受人喜爱,就以翡翠分级评价加以介绍。翡翠分级要素有:颜色、透明度、质地、净度4个方面,并对其工艺进行评价。

(1) 颜色分级。采用比色法,在规定的环境下对翡翠的颜色进行级别划分。

①色调:表示翡翠颜色的特性。

②彩度:翡翠颜色的浓淡程度。

③明度:翡翠颜色的明暗程度。

(2) 透明度分级。

①透明度:翡翠对可见光的透过程度。

②透过率:光线投射翡翠时,透射光通量与入射光通量之比。

③单位透过率:单位厚度(1mm)的翡翠对可见光的透过率。

④透明度分级:无色者分为透明(T1)、亚透明(T2)、半透明(T3)、微透明(T4)、不透明(T5)5个级别,绿色者分透明(T1)、亚透明(T2)、半透明(T3)、微透明-不透明(T4)4个级别。

(3) 净度分级,分无色和有色两部分。

①无色翡翠:极纯净(C1)、纯净(C2)、较纯净(C3)、尚纯净(C4)、不纯净(C5)5个级别。

②绿色翡翠:与无色者相同。

(4) 质地分级。质地是指组成翡翠的矿物颗粒大小、形状、均匀程度及颗粒间相互关系(即岩石的结构)等因素的综合特征。

①无色翡翠质地分级：极细（Te1）、细（Te2）、较细（Te3）、较粗（Te4）、粗（Te5）5个级别。

②绿色翡翠质地分级：与无色者同。

（5）工艺评价。翡翠工艺评价包括材料应用设计评价和加工工艺评价两个方面。

①材料应用设计评价：材料应用设计评价包括设计评价和材料应用评价。

a. 设计：总体要求是主题鲜明、造型美观、构图完整、比例协调、结构合理、寓意美好。

b. 材料应用的总体要求是：材质、颜色取舍恰当，翡翠的内、外特征处理得当，量料取材，因材施艺。

②加工工艺评价：加工工艺评价包括磨制（雕琢）工艺评价和抛光工艺评价。

a. 磨制工艺的总体要求：轮廓清晰、层次分明、线条流畅、点面精准，细部特征处理得当。

b. 抛光工艺的总体要求：抛光到位、平顺、光亮。

3）有机宝石

在有机宝石中，国家质检总局对珍珠制定了质量分级标准（GB/T18781—2008）。

市场上流通的珍珠，可分为天然海水珍珠、天然淡水珍珠、人工养殖海水珍珠和人工养殖淡水珍珠4种。其中99%的珍珠是人工养殖的珍珠，因此珍珠分级只是对人工养殖珍珠（简称"珍珠"）而言。

人工养殖珍珠，可分为海水养殖珍珠（商业称海水珍珠）、淡水养殖珍珠（商业称淡水珍珠）和附壳养殖珍珠。

海水养殖珍珠，根据贝种类别不同又可分为不同的子类型：马氏珠母贝海水养殖珍珠、白蝶贝海水养殖珍珠、黑蝶贝海水养殖珍珠和企鹅贝海水养殖珍珠等。

淡水养殖珍珠，亦可根据蚌种类别不同划分为不同的子类型：三角帆蚌淡水养殖珍珠、褶纹冠蚌淡水养殖珍珠和背角无齿蚌淡水养殖珍珠等。

附壳养殖珍珠，是在海水珠母贝的壳体内侧或淡水河蚌的壳体内侧特意植入半球形或3/4球形等非球形珠核而生成的珍珠，珠核扁平面一侧常连附于贝壳上。

（1）质量分级评价。因海水珍珠与淡水珍珠质量不相同，因此分别进行评价，但评价要素基本相同：颜色、大小、形状、光泽、光洁度、珠层厚度。

（2）珍珠等级。按珍珠质量因素级别，用于装饰使用的珍珠划分为珠宝级珍珠和工艺品级珍珠两大等级。

①珠宝级珍珠质量因素最低级别要求。

※光泽级别：(c)。

※光洁度级别：最小尺寸在9mm（含9mm以上）的珍珠：瑕疵（D）。最小尺寸在9mm以下的珍珠：小瑕（C）。

※珠层厚度（海水珍珠）：薄（D）。

②工艺品级珍珠。

达不到珠宝级珍珠质量因素最低级别要求的为工艺品级珍珠。

③多粒珍珠饰品中珍珠分级。

※确定饰品中各粒珍珠的单项质量因素级别。

※分级统计各单项质量因素同一级别珍珠的百分数。

※当某一质量因素某一级别以上的百分数不小于90%时，则该级别为总体质量因素级别。

※匹配性级别：很好（A）、好（B）、一般（C）。

（二）宝石饰品工艺评价

工艺评价包括造型设计评价和加工工艺评价两部分。

1. 造型设计评价

造型设计，是指专业设计人员根据适用、经济、美观的原则，运用变像和变形手法，将仿生对象的特征形象转化为超自然的悟性图案，因材施艺，以达到最佳装饰目的。

1) 造型设计

饰品造型设计历史久远，可分为经典造型和时尚造型两类。经典造型有植物型造型、动物型造型、人物型造型、几何图案造型、人物图案造型和生活图案造型等。所谓时尚造型是指现代流行的视频造型，其特点是崇尚回归、纯净简约、柔情浪漫、取材广泛、轻巧怪异、静动相济、注重装饰。

2) 设计质量

（1）根据材料的质量、形体、色泽，量料取材、因材施艺。

（2）造型应优美、自然、生动、真实、比例适当。

（3）主题突出、陪衬恰当，避免喧宾夺主，杂乱无序。

（4）造型设计应灵活适用、正确把握、重复渐变、近似对称、均衡对比，节奏的韵律协调统一，夸张得体，达到最佳效果。

（5）受消费者喜爱。

2. 加工工艺评价

加工工艺的类型，主要有贵金属饰品加工工艺、镶嵌饰品加工工艺、珠宝切磨加工工艺和玉器雕琢加工工艺等，即铸造工艺、镶嵌工艺、切磨工艺、雕琢工艺4类。

1) 铸造工艺

对于贵金属和贱金属饰品来说，其加工工艺主要是铸造工艺，即金属材料在外力作用下制作成型的工艺。

（1）传统手工工艺。包括花丝镶嵌工艺（亦叫佃金工艺）、珐琅工艺、滴胶工艺、贴金工艺、蚀刻工艺、错金工艺等。

①花丝镶嵌工艺要求插丝流畅自然，填丝均匀平衡，金线丝不歪不斜，不扭曲，不松动。

②贴金工艺要求贴紧、贴平、不留缝隙。

③蚀刻工艺要求蚀纹匀称流畅，纹路明显光滑。

（2）机械加工工艺。包括机械成型工艺、失蜡浇铸工艺、熔模铸造工艺、快速成型技术、冲压工艺、粉末冶金工艺、机链工艺、电铸工艺、冷挤压成型工艺、压铸工艺、木纹金属工艺、激光加工技术等。这些工艺是现代制作贵金属饰品的主要手段。

（3）表面处理工艺。这是金属饰品制作的最后工艺，以其来达到理想的艺术效果。饰品表面处理工艺，是利用物理的、化学的、电化学的、机械的等各种方法，改变饰品表面的纹理、色彩、质感，以防止蚀变，起到美化装饰和延长使用寿命的一种技术处理方法。表面处理工艺的方法很多，主要有錾刻、包金（银）、车花（铣花）、喷砂、镀层、涂层等。这些方法极大地丰富了饰品的装饰效果，拓展了饰品设计的可用手段，使饰品呈现出更加生动多姿的风采，为消费者提供了更多选择，同时对于提高饰品的表面效果，延长使用寿命及增加经济附加值等具有十分重要的意义。

2) 镶嵌工艺

镶嵌工艺历时已久,也是雕塑家常用的手法。如今宝石饰品的加工工艺则依宝石的形状而定。一般可分为琢型镶嵌工艺和随型镶嵌工艺两类。

(1) 琢型镶嵌。宝石琢型常见的有弧面型、刻面型、珠型及自由型等。对不同琢型的宝石,采用不同的镶嵌工艺。常见的有框角镶、爪镶、钉镶、包镶、轨道镶、无边镶、闷镶、隐性镶、蜡镶、树脂镶、微镶、纤维悬浮镶等技术。

(2) 随型镶嵌。随型又叫随意型,该造型基本上已由大自然的鬼斧神工完成了或者原石基本形状决定了。人们要做的只是把原石的棱角磨圆并抛光,以增加宝石的光洁度和特殊宝光。由于随型宝石的形状离奇古怪,天下无一相同,变化不定,风姿多彩,是其他任何琢型难能具备的特殊魅力,深受追新求异的人们所钟爱。对于异型宝石的镶嵌工艺有打孔法、包镶法,达到镶嵌牢固,美观耐久的目的。

3) 切磨工艺

宝石的切磨加工工艺,是按照饰品设计(款式设计、光学设计、造型设计、款式设计参数、工艺设计及成品指标设计)的要求而划分质量等级的。

根据宝石造型设计,可划分为刻面型、弧面型、珠型和异型4种。

(1) 刻面型。凡是透明的宝石(有色的或无色的)均适于切磨成刻面形造型(简称刻面型,下同)以充分体现宝石内在美的品质。刻面型宝石既可重点突出无色宝石的火彩和亮度(如钻石),亦可使有色宝石的色度更浓,色耀度增大,色调更加鲜艳。

刻面型特点是由许多小刻面(亦叫抛光面)按一定规则排列组合构成的几何多面体。琢型种类多达数百种,根据其形态和小面组合方式,可分为钻石式、玫瑰式、阶梯式和混合式4大类。适于刻面型加工的宝石很多,常见的有钻石、祖母绿、红蓝宝石等贵重宝石以及绿柱石、石榴石、水晶、托帕石、碧玺、橄榄石、锆石、尖晶石等。刻面琢型必须完整、准确地反映设计思想和设计要求。

(2) 弧面型。弧面型琢型对于材料没有特殊要求,一般选用半透明-不透明的宝石,如翡翠、和田玉、欧泊、绿松石、青金石、月光石、变石、石榴石、天河石、玛瑙、黑曜石、琥珀以及具有特殊光学效应的宝石等。

弧面型琢型,按其腰部外形可分为圆形、椭圆形、橄榄形、心型、矩形、方形、垫形、十字形、垂体形等。再根据弧面型宝石(或玉石)的截面形状,可分为单凸型、双凸型、凹凸型和凹型等。

对弧面型的质量要求是,突出表现宝石的颜色、光泽和特殊光学效应,观赏面尽量无裂纹、脏点及其他瑕疵,并按设计要求磨制出各种形状的截面。

(3) 珠型。所有珠宝玉石都可琢磨成造型优美的圆珠形球体。以其形态特征可分为圆珠型、扁圆珠型、腰鼓珠型、圆柱珠型和刻面型的棱柱珠型(立方体珠、正四方柱珠、正三棱柱珠和棱柱珠)两大琢型。

对珠型琢型宝石的质量要求是:

①表面光洁、润滑,圆珠无棱角,棱角棱面规整。

②色泽亮丽、均匀。

③串珠饰物的造型应统一、协调、美观。

④串珠孔眼平行珠型直径，孔径大小以穿过丝线为宜，无孔偏和崩口现象。

(4) 异型。异型可分为自由型和随意型两种。

①自由型：是指人们根据原石的自然形态、颜色、色形等刻意琢磨出的造型。自由型又可根据所使用的工具和方法分为自由刻面和雕件形。

②随意型：是指人们完全按照大自然所赋予原石的形状进行简单的磨棱去角并抛光穿孔而成。适用于低档宝石小粒碎料和中高档宝石的边角料。形状不限，但要求材料瑕疵少，质地致密，颜色鲜艳。如市场上"石头记"珠宝店主要销售此类产品。

4) 雕琢工艺

玉不琢，不成器。一块美玉只有经过创作者的巧妙构思和精湛雕琢，才能成为诗画式精美器物。雕琢工艺是玉器制作的实质性成器工序。可分为琢磨和雕刻两类。

(1) 琢磨工艺。这是设计出造型的工艺，其基本功是琢与磨。琢，是将造型中的余料切除掉。切除余料的技法有铡、摽、扣、划4种。琢工所用工具有铡、砣、錾砣。砣是用来制作玉器的工具的总称，其材料有木、铜、铁等。磨即研磨，当不能用切割（砣）方法出造型时可用研磨的方法出造型。研磨设备有轮磨、擦磨和砂磨。磨玉工序有粗磨、细磨和超细磨。

此外，在玉雕过程中，还有叠挖、翻卷、打孔、活环链等工艺，这些往往跟琢磨一起进行。

(2) 雕刻工艺。该工艺世称"东方艺术"。鬼斧神工，技法多种，大体可分为雕与刻两类。

雕工可分为圆雕、浮雕、镂空雕、凹雕、内雕、山子雕和钻孔7种。刻，即刻画，用刻刀刻出各种纹饰图案。其手法有线刻、阴刻、阳刻、双沟阴刻4种手法。

(3) 特殊雕琢工艺。在玉雕产品制作过程中，除了琢磨雕刻操作工艺，还有许多特殊的玉雕制作技法。这些技法可改瑕为瑜，斑驳陆离，光彩夺目，尽显玉美。如俏色工艺、薄胎工艺、压丝嵌宝工艺、环链工艺、内画工艺、装潢纹饰等。

玉器雕琢工艺总的质量要求是：

①做工应精细，做到大面平顺，小面利落。

②叠洼、勾砌、顶撞要合乎一定的厚度要求。

③造型完美不走样。

④抛光要做到光洁度强，滋润平展，大小地方一致，没有伤痕和破损。

3. 饰品质量评价

1) 贵金属饰品

饰品品种按装饰部位和功能可分为头饰、面饰、项饰、胸饰、手饰、腰饰、脚饰和装饰等。

贵金属饰品装饰性的好坏，主要取决于首饰外观质量的优势。质量要求如下：

(1) 造型按设计要求，造型美观，主题突出，立体感强。

(2) 图案纹样形象自然，布局合理，线条清晰。

(3) 表面光洁，无挫、刮、锤等加工痕迹，边棱夹角处应光滑，无毛刺，不扎不刮，外观没有气孔、夹杂等缺陷。

(4) 浇铸件表面光洁，无砂眼，无裂痕，无明显缺陷。

(5) 焊接牢固，无虚焊、漏焊、砂眼及明显焊疤，无接缝，无焊药，整体色泽一致。

(6) 装配件应灵活、牢固，弹性配件应灵活有力。

(7) 表面处理色泽一致，光亮无水渍。

(8) 印记准确、清晰，位置适当。

2) 珠宝饰品

珠宝饰品质量评价的主要因素包括材料品质、设计质量、加工工艺质量和抛光质量，并按相应比例作出整体综合评价。

质量分级：极好、很好、好、一般、差5级。

3) 镶嵌饰品

镶嵌饰品是采用镶、锉、捶、焊等多种工艺手段，将不同色彩、形状、质地的珠宝玉石与各种贵金属或贱金属两种或多种材料相结合制作的首饰与摆件。对其质量评价要求如下：

(1) 宝石镶嵌端正、平服、牢固、空位均匀、对称、合理，无掉石现象。

(2) 宝石与齿口吻合无缝，边口高矮适当，俯视不露托底。

(3) 镶嵌工艺达到技术要求。

(4) 宝石镶嵌牢固、美观、无破损；烧蓝的色泽协调、厚薄均匀，无崩蓝和惊蓝现象。

(5) 印记准确、清晰，位置适当。

4. 价值评估

珠宝首饰的价值评估是人们按照一定的价值标准对其价值进行比较判定的过程，这个过程包括对珠宝首饰的认知和对珠宝首饰价值的认定，它既由社会必要劳动决定，同时又受社会供求关系影响。

珠宝首饰价值，是对人的效应，即它的存在对人的需要、利益及其发展变化的作用与意义。

珠宝首饰评估是指注册资产评估师（珠宝）依据相关法律法规和资产评估标准，在对珠宝首饰进行鉴定、分级、分析的基础上对珠宝首饰的价值进行分析、估算并发表专业意见的行为过程。在这个过程中，所谓"价值"是指在特定的交易行为中，特定的买方和卖方对商品交换价值的认可，以及提供或支付的货币数额。认可方法有以下几种：

1) 收益法

亦叫收入法，收益现值法。该法适合靠租赁、展览形式等获取收益的珠宝首饰价值的评估。其计算方法如下：

$$v = V \cdot r$$

式中：v 为年收益；V 为一件首饰的价值；r 为折现率。

2) 成本法

亦叫重置成本法。该法的基础是替代原则，即被评估物是可以替代的或者说它是可以重新制作的。也是评估珠宝饰品的重要方法之一。评估步骤如下：

(1) 饰品清洗、称重。

(2) 饰品材质种类及品质分级评价。

(3) 造型设计、制作工艺质量评价。

(4) 查询多种价格指南求出其成本价及有关成本。

(5) 把金属、宝石和劳动力三部分的成本归总合计，即其制作成本。

3) 市场比较法

该法又称市场法，它是通过市场调查，选择与被评估物相同或相似的饰品作为对比参照物，分析参照物的成交价和交易条件，并就影响价格的因素进行对比调整，从而确定被评估饰品价值的一种方法。

市场比较法应用范围较广，只要市场条件具备，该法可用于各种资产评估，也适宜于任何珠宝首饰的评估，特别适用于附加值高的珠宝首饰。

4）评价报告

评估结果，编写评估报告。评估报告内容，主要由正文和附件两部分内容组成。根据我国财政部在 2007 年《资产评估准则——评估报告》规定，报告一般应包括以下基本要素：

（1）委托方、产权持有者和委托方以外的其他评估报告使用者。
（2）评估目的。
（3）评估对象和评估范围。
（4）价值类型及其定义。
（5）评估基准日。
（6）评估依据。
（7）评估方法。
（8）评估程序实施过程和情况。
（9）评估假设。
（10）评估结论。
（11）特别事项说明。
（12）评估报告使用限制的说明。
（13）评估报告日。
（14）评估机构和注册资产评估师签字。

第二节 珠宝工贸

金银珠宝饰品是天籁物华，在人类历史上流传了几千年，在人们的心目中具有神秘的崇高地位。虽然它不是一种生活必需品，却是人们的基本物质生活需要得到满足后可用来满足心理需求的特殊商品。它不同于其他商品，在市场流通的过程中，金银珠宝给人印象最深的是它具有明显的属性异常：既是一种让人捉摸不定的高价商品，亦是一种可作为交换的商品，可用于鉴赏、收藏和储备的商品；既是一种具有历史价值和科学研究的商品，又是一种具有丰富内涵的人文商品。总之，只有深刻理解了金银珠宝的异常属性，才能真正感受到它的价值。

古往今来，珠宝始终见证着人类对"美"的认识。无数能工巧匠凭借自己的心灵感悟和奇妙构思创造了无数技艺精湛的金银珠宝饰品，它们与人类的生活密切相关，因此，金银珠宝的加工制作和经济贸易就成为永不衰落的朝阳产业。

由于地球上宝石资源分布极不均匀，各国经济文化发展很不平衡，不同民族不同地域的宗教、历史、习俗又有所差异，就导致了人们对金银珠宝的爱好不一，对金银珠宝制品的加工设计、收藏与贸易也各不相同。这种差异，即使是在经济全球化进程中，仍将不同程度地存在。但无论古今中外，为了"美"而活着的人们，精心守护着关于珠宝的秘密，以精湛的工艺、不变的热情、百年如一日地传承着华美、精致与典雅、张扬与个性、简约的艺术血脉，品牌的传奇轶事与高贵华美的珠宝杰作相映成辉，最完美的工艺传承，最嚣张肆意的时尚态度与最热情洋溢的珠宝之美，让我们产生某种憧憬、慰藉与感动。

一、宝石加工

"自有匠心施砥砺，应教顽石作琳琅"这一楹联是对珠宝加工重要性的如实写照。

金银珠宝饰品的美学价值和艺术效果，取决于造型设计，制作工艺，以及材料选择与搭配。因此，金银珠宝饰品从原料选择到艺术品形成，需要经过设计与加工两大工序。设计工艺包括以料取材、以材赋形的造型设计和设计款式的质量管理；加工工艺包括因材施艺的加工方法、方式，尽显质美和工艺质量检验。

（一）造型设计

金银珠宝饰品的造型设计，是指首饰专业设计人员根据适用、经济、美观的三原则，运用变像和变形手法，将仿生对象的特征形象转化成超自然的悟性图案，因材施艺，以达到最佳装饰目的。

所谓变像，是指为达到装饰效果，把仿生物象（如动物、植物、晶体等）的个性、特征及规律性转化为悟性图案的过程。悟性图案既保留有自然形象的特点，又比自然形象更美，更典型。所谓变形，是指为了达到装饰目的，将仿生对象抽象转化，超脱自然，达到一种源于自然而非自然的艺术境界。

任何一件珠宝首饰的造型，都是由线和面组成的，线是造型中最富表现力的因素，如形体的轮廓线，面的转折线，结构的分割线，装饰线等。不同的线型具有不同的感性色彩，如，直线表现刚直、理性、简洁，曲线表示丰满、含蓄、活泼，竖线显得高直、挺拔，横线表示稳定、恬静，斜线表现运动、倾向，微曲线意味着含蓄、柔和，而大曲线则彰显飘逸、动荡。面由线组成，决定首饰造型的风格特征，寄托着设计者的愿望。如，祖母绿型象征规矩和秩序，保守而不呆板，适宜于工作有条理，性格稳重而理智的人；鸡心形是爱的象征，表示感性融合、爱情忠贞，椭圆形适宜文静和中庸个性的人佩戴，它有圆滑的曲线，线条流畅，富有进取感；圆形，含义"无限"，表示万物的始终如一，无始无终，往复不止，永葆青春，最适合温和稳重、循规蹈矩的人佩戴；梨形是在圆形基础上起伏变化，适宜于生动活泼而又端庄秀丽的女性佩戴；橄榄形，兼具鸡心形和梨形的特点，曲线在其两端有极大的曲率变化，显得激烈而冲动，它是追求突出，富于冒险精神的男子汉乐于选用的；三角形，则给人以锋芒显露、魅力无穷的感觉。总之，不同造型的首饰款式适合于不同性格的人佩戴。

首饰造型，体积虽小，但内涵丰富，其仿生设计对象上自日月星辰的浩瀚宇宙，下到人间万物的陆海空三界，真可谓"小首饰，大艺术"。

在现代市场上，首饰造型有两种类型：既有传统的经典造型，又有崇尚自然、张扬个性、简约纯净，动静相济的时尚造型。

在改革开放的社会主义市场经济条件下，我国珠宝首饰造型设计、款式风格，应在传承优秀经典造型的同时，吸收西方设计元素，创造风格多元、观念更新、构图精炼的时代作品，以丰富的色彩、独特的款式、蕴含各种文化风情的饰品引领世界潮流。

珠宝首饰既然是商品，成功销售就是厂商的目标。珠宝首饰能否成功销售，关键在于工艺质量佳、外观造型美和色彩配衬得体。

在我国，中老年人比较喜欢经典造型的金银珠宝饰品，如植物型造型、动物型造型、人物型造型、吉祥图案型造型、生活图案造型和几何图案造型；青少年男女大多偏爱流行的时尚造型，但不乏优美的人物型造型，如常说的"男戴观音，女戴佛"。活跃的市场，造就了"造型丰富、各有所爱"的欣欣向荣局面。

（二）加工工艺

"玉在山涧与石同，精雕细琢成精灵"。《三字经》中进一步提出"玉不琢，不成器"的铭言。

珠宝是质与美的艺术，它不仅是艺术品，还必须拥有功能美，但只满足功能的珠宝，亦非完美的珠宝。珠宝美，美在材质美、造型美、工艺美、装饰美。其中材质美和造型美是工艺美的条件，装饰美是工艺美的表现。所以，珠宝界常言道"设计是皮，材料是肉，工艺质量是骨"，说明了加工工艺的重要性。

金银珠宝饰品的加工工艺，主要有贵金属饰品的铸造工艺、贵金属与宝玉石相结合的镶嵌工艺、珠宝切磨工艺和玉石雕琢工艺四大类。饰品的加工工艺水平是影响饰品美观性、鉴赏性、收藏性和科学性的重要因素。

1. 铸造工艺

对于贵金属和贱金属饰品来说，铸造工艺是金属材料（包括单质与合金）在外力作用下制作成型的工艺。

铸造工艺是一种古老的工艺，它包括传统手工工艺和机械加工工艺两类。

1) 传统手工工艺

流传至今的传统手工工艺，主要有：花丝镶嵌工艺、珐琅工艺、滴胶工艺、贴金工艺、蚀刻工艺、错金工艺等。

在我国，花丝镶嵌工艺是我国手工工艺史上一种独门绝技。它起源于商周时代，兴盛于汉朝，明清发展到鼎盛时期。以花丝和镶嵌两种主要工艺为代表，用金、银、铜金属细丝经盘曲、掐花、填丝、攒丝、焊接、堆累、编制的传统技法等多种手段将金属片做成托和爪子型凹型，再镶以珍珠、宝（玉）石制作成型的细金工艺。现已被国务院列为国家级非物质遗产名录。花丝首饰纤细、精巧、富有内涵，近视效果极好。几千年来该工艺一直为古代皇家珠宝首饰的御用技艺。每一件精美的花丝镶嵌作品，非能由一人完成，而需要每道工序制作者的高超工艺水准来共同完成。

错金工艺始于商代晚期，盛行于战国中期至西汉，在中国工艺美术史上具有重要的地位。它主要用于错镶铭文，即在铸造的青铜器上用金银细丝或金银片镶嵌成各种花纹、图像、文字等，然后用错石把表面磨错光平，使器物显示纹彩。

贴金工艺，主要用于寺庙神像的服饰及其他建筑、匾额、屏风和一些工艺品。它是工匠们把金（银）子夹在乌金纸中，再在乌金纸外套上皮筒，均匀锤击，黄金（白银）在乌金纸中延展成箔。一克黄金可以打制55张3寸见方的箔。南京是我国也是世界上最大的金箔生产基地。

2) 机械加工工艺

机械加工工艺，是近现代首饰制作的重要工艺技法。随着科技发展，新的机械加工工艺种类在不断涌现，水平也在不断提高。

现在珠宝首饰生产企业常用工艺，主要有机械成型工艺、失蜡浇铸工艺、熔模铸造工艺、快速成型工艺、冲压工艺、粉末冶金工艺、机链工艺、电铸工艺、冷挤压成型工艺、压铸工艺、木纹金属工艺、激光加工工艺等等。

机械成型工艺，主要用于结构简单的饰品，直接加工成型。常用的方法有机床加工成型与电火花成型。而失蜡浇铸工艺由商代青铜器的铸造工艺发展而来，是现今贵金属首饰制作的重要工艺，最适合那些凸凹明显首饰形态的生产。它可分为真空吸铸、离心铸造、真空加压铸造与真空离心铸造等。熔模浇铸工艺由失蜡浇铸发展而来，是现代首饰制作工艺的主要方法。

快速成型技术，是20世纪90年代发展起来的高新技术，可大大缩短新产品的研发周期。目前新技术已有十余种不同的成型系统，对制作首饰来说，主要有激光固化成型、融积成型和数控精雕等方法。尤其是数控精雕技术，它是传统雕刻技术和数控技术相结合的产物，它秉承了传统雕刻精细轻巧、灵活自如的操作特点，利用数控加工中的自动化技术，将二者有机地结合成一种先进的雕刻技术。它不仅可以快速生产新产品，也可快速复制出尺寸精确、结构精细的原型产品，适用范围广，可批量生产。

对于金属制品来说，如何使合金的颜色均一，长期以来是个老大难的问题，近年来研制成功的粉末冶金工艺，可以制作出颜色和成色均匀、连续变化的各种工件，可将两种或多种难以固熔的材料组合到一起，并能将合金材料压制成最终尺寸的压胚。尤其是对同一形状且数量多的产品，可以大大地提高生产效率，明显缩短生产周期，从而降低生产成本。

激光技术运用于首饰制作，进一步提高了首饰制作的速度、精度，目前用于生产的主要有激光焊接、激光快速成型、激光打标和激光雕刻等技术。无论是金属首饰或珠宝玉器，均可应用。特别是激光加工技术应用于钻石加工后，出现了许多新的琢型。利用激光切磨奇硬无比的钻石原石，可使其损耗率达到最小，几乎完全避免了钻石的碎裂问题。钻石激光切割机，具有高速、高精度和高适应性的特点，而且噪音小，切磨过程易实现自动化控制，有效地提高了钻石加工业的自动化程度，极大地降低了人力成本。

3）表面处理工艺

该工艺是使金属饰品达到理想艺术效果的最后制作工艺，是利用物理、化学、电化学、机械等多种方法，改变饰品表面的纹理、色彩、质感，以防止蚀变，并起到美化装饰和延长使用寿命的一种技术处理方法。

表面处理工艺方法很多，常用的有錾刻工艺、包金（银）工艺、车花（铣花）工艺、喷砂工艺、镀层工艺、涂层工艺、抛光工艺、化膜工艺、拉丝工艺等等。其中比较新颖的有喷砂与化膜工艺。

喷砂工艺，是将金属首饰件表面的局部喷砂成砂面，使抛光面与砂面形成鲜明的对比，增加饰品的艺术美感。

化膜工艺，是指金属离子在特定的物理、化学条件下在饰品表面沉积成膜，以改善饰品表面物理化学性质的方法。化膜工艺有两种，一种是金属离子呈液态沉积在饰品表面成膜，另一种是金属离子呈气相沉积在饰品表面成膜。

这些表面处理方法，极大地丰富了饰品的装饰效果，拓宽了饰品设计的可用手段，使饰品呈现出更加生动多姿的风彩，为消费者提供了更多的选择，同时对于提高饰品的表面效果、延长使用寿命及增加经济附加值等具有十分重要的意义。

2. 切磨工艺

切磨工艺，主要是对晶体宝石加工成饰品的工艺。切磨工艺是按照饰品设计（款式设计、光学效果设计、造型设计、款式参数设计、工艺设计及成品指标等）的要求而进行的。宝石加工过程分取样工艺阶段、成型工艺阶段和成品工艺阶段3个阶段，在加工过程中又分为工艺设计、胚工、细工、精细装饰、抛光、整理6个工序。

根据宝石造型设计，可分为刻面型、弧面型、珠型与异型4种。

1）刻面型

刻面型又称棱面型、翻光面型，其特点是由许多小翻面按一定规则排列组合构成的几何多面体。凡是透明的有色或无色宝石均适于切磨成刻面形琢型，以充分体现宝石内在美的品质，既可突出无色宝石的光彩和亮度，亦可使有色宝石的色彩更浓，色耀度增大，色调更加鲜艳。

适于切磨成刻面型的宝石种类繁多，市场上常见的有钻石、祖母绿、红宝石、蓝宝石，此外还有绿柱石、石榴石、水晶、托帕石、碧玺、橄榄石、锆石、尖晶石以及一些人工宝石。

2）弧面型

弧面型琢型对材料无特殊要求，一般选用半透明-不透明的宝玉石，如翡翠、和田玉、岫玉、独山玉、绿松石、孔雀石、青金石、变石、月光石、石榴石、天河石、玛瑙、珊瑚、琥珀、红（蓝）宝石以及具有特殊光学效应的宝石等。

弧面形琢型，按其腰部外形，可分为圆形、椭圆形、橄榄形、心形、矩形、方形、垫形、十字形、垂体形，等等。另可根据弧面形琢型的截面形状，又可分为单凸型、双凸型、凹凸型和凹型等。

单凸型琢型，当弧高与底面宽之比为1:1或大于1:1时叫高凸型；弧高与底宽比为1:3至1:5时，则叫低凸型。双凸型是两面均为凸面；凹凸型是在单凸面的琢型基础上，底部向上挖一个凹面。

3）珠型

珠型也是常见的宝石琢型之一，多以各种简单的几何形态为主，如圆珠型、椭圆型、扁圆珠型、腰鼓型、圆柱型和棱柱型（立方体珠、正四方柱珠、正三棱珠和棱柱珠）等。

通常适用于透明、半透明或不透明的中、低档宝玉石制作的链珠、耳坠、链坠等首饰或工艺品。

珠型宝石的组合，是由同一琢型或不同琢型的珠型连接而成，既展现了宝石艳丽的色泽，又具有几何造型的优美，是目前市场上销路很好的饰品之一。

4）异型

异型可分为自由型和随意型两种，这是随着人们审美观念和情趣的改变而悄然兴起的一种时尚造型。这种琢型，可以充分发挥设计者的想象力和加工者的娴熟技术，在尽可能利用和保留原石形态的基础上予以修琢，既可保留原石的自然形态美，又能显示其内在的光彩。

自由型：是指人们根据原石的自然形态、颜色、色形等刻意琢磨出的造型。自由型还可以其加工工具和加工方法不同分为自由刻面型和雕件型。

随意型：简称随型，是人们完全按照大自然赋予原石的形状进行简单的磨棱去角并抛光穿孔而成，多用于中高档宝玉石的边角料，形状很不规则，但要求瑕疵少，质地致密，颜色鲜艳，也用于一些低档宝石的小粒碎屑。

近年来，国内外在宝石琢型设计中还出现了一些新趋势，打破传统平面切磨的常规，而采用新的形状和技术，把雕刻琢磨工艺与平面切磨工艺相结合，使宝石更加璀璨夺目，美丽动人。新的设计理念，与社会、文化的发展以及设计师的精神内涵有着密切的关系，使宝石的质美与形美更好的结合，有效地提高了宝石的美学价值和商用价值。

3. 雕琢工艺

雕琢工艺是中国古老的传统制玉工艺，被世界誉为"东方艺术"。因传统用于玉器制作，故亦称玉雕工艺，它是一种复杂的造型艺术，施工于玉石材料的三度空间，雕刻琢磨出可视而又可触的主题造型实体——玉器。玉器属造型艺术品，是以造型和纹饰来表现主题的实体。它不仅造型精美绝伦，而且具有文化寓玉、玉寓文化的特殊风格，这种玉文化是中华文化和中华文明的重要组成部分。玉器制作，须经过辨玉构思、造型设计、雕琢加工和精细修饰等工序，才能成为灵秀传神的各种器物（首饰与摆件）。

雕琢工艺是玉器制作的实质性成器工序，分为琢磨与雕刻两类。

1) 琢磨工艺

琢磨工艺是设计出造型的工序，其基本功是琢与磨。琢是将造型中的余料切除掉。切除余料方法有铡、摽、划、扣4种。而所谓"磨"，即研磨之意。当不能用琢的方法出造型时，可用研磨方法出造型。磨玉设备有轮磨、擦磨和砂磨。磨玉工序有粗磨、细磨与超细磨（抛光罩亮、过油上蜡）。

2) 雕刻工艺

雕琢工艺，技法多种。大体可分雕与刻两类。雕又分为圆雕、浮雕与镂空雕等。刻，即刻划，用刻刀刻出各种纹饰图案，其手法有线刻、阳刻、阴刻、双沟阴刻等4种。

3) 特殊工艺

在玉器制作过程中，除了琢磨与雕刻操作工艺，还有许多特殊的技法，如，俏色工艺（点俏、线俏、面俏）、薄胎工艺、压丝嵌宝工艺、环链工艺、内画工艺、激光工艺、装潢与纹饰等等。新近研发的激光工艺，是用激光技术在宝玉石内呈像的工艺，类似内画工艺，但又不同于内画工艺，内画工艺需要将宝玉石内部掏空，用勾笔作画。

4. 镶嵌工艺

镶嵌工艺也是一种古老的传统工艺，已有近4 000年的历史。我国有一种习惯叫法，称之为"金镶玉"，这是一种金属材料与宝玉石琢型相结合的制作首饰的工艺。如今的饰品镶嵌工艺主要依宝玉石形状而定，一般分为琢型镶嵌工艺与随形镶嵌工艺两类。

1) 琢型镶嵌

用于镶嵌的宝石琢型常见的有弧面型、刻面型、珠形及自由型，对不同琢型的宝石，可采用不同的镶嵌方法。镶嵌方法有：框角镶、爪镶、钉镶、包镶、轨道镶、无边镶、闷镶、隐性镶、蜡镶、树脂镶、微镶、群镶、纤维悬浮镶等。

2) 随型镶嵌

由于宝（玉）石形状离奇古怪，变化不定，常表现出大自然的鬼斧神工和丰姿多彩，在镶嵌前，先将原石棱角磨圆滑和抛光。对于异型宝石的镶嵌工艺有：打孔法和包镶法两种。

随型镶嵌的饰品，具有其他宝石造型所难以具有的特殊魅力，颇受追新求异的人们钟爱。

二、宝石贸易

珠宝是有价商品，商品是要进行交换的。交换的方式有两种：收藏与贸易。在交换过程中，首要是珠宝估价。

金银铂钯与珠宝玉石及其产品,既是物质产品,又是精神产品;既有一般商品属性,又具有普通消费产品的特性。由于珠宝首饰是不具比拟性的特殊商品,无论是收藏,还是流通过程,都将受到当时的经济基础、文明程度与消费意识、民族习惯与社会风情、经济发展与社会稳定以及资源条件等制约和影响,作为奢侈品的珠宝首饰,在流通过程中,其价格估算一般应由资产评估机构和注册珠宝评估师来承担。评估方法常用的是收益法、成本法、市场比较法。

(一) 收藏

俗话说:"乱世黄金盛世藏",收藏是一种物质上、精神上高雅的享受和情趣。人的兴趣各不相同,收藏的物品更是五花八门,几乎无所不及、无奇不有。但归纳起来,凡是具重要性、奇特性、美观性或能佐证一段历史等等的物品,都是收藏的对象。其中珠宝、玉器、印章、砚台、金银器物是兼具各种特色的最主要的收藏品,这些不仅质美、形美或具有文史价值,还由于绝大多数金银首饰和珠宝玉器的物理化学性质稳定,不存在保质问题,其颜色、光泽、折光性、特殊光学效应等既显示着大自然的造化,又使人感觉诡秘与神奇,加上许许多多的神话与历史传说,更使其蒙上一层层神秘的面纱,因而成为世界上最重要、最受欢迎的收藏品。但由于珠宝玉器的稀少昂贵,往往仅为少数权贵阶层所拥有。在我国,收藏者大多深藏不露,仅供自己欣赏,但西方的收藏家却希望尽量与别人分享珠宝之奇美。一旦某人自己的同一种藏品数量增多,而他人拥有自己钟爱的藏品,交换或贸易自然就会应运而生。

收藏是保存、深入人类物质与精神劳动成果的一种延续性文化活动。收藏活动可以说是一种"文化式的休息"和"知识型的娱乐",对人们的工作、生活和身体、人格等可起到良好的正面作用。收藏又是一项综合性的学科,可造就各方面的人才,在丰富、充实知识的同时,也可积累财富——精神财富和物质财富(罗献林、卢焕章语)。

收藏家收集藏品,来之不易,经历几多岁月,付出几多劳动。收集藏品,必须具备欣赏能力和鉴别能力,这不必讳言。收藏也是一种投资手段,看准时机,可以放到拍卖行或拍卖会进行拍卖,获得高额收益,否则不知真伪收藏,定会赔本的。因此,收藏的标准必须要高,这是收藏家质量控制的基本原则。如果真旧和假旧不分,真新与假新不分,把俗不堪耐的现代工艺品当做珍品,而把稀世之宝视为垃圾,刀斧相加,这种收藏者,一是缺失市场知识,二是没有经过长期审美训练的头脑和一双敏锐的眼睛。收藏,就是网罗美,艺术本身就是审美。正如一句名言所道:"取法于上,得乎其中,取法于中,得乎其下。"世界上没有不藏而怀藏技的天才,更没有脱离市场,脱离收藏实践的"鉴定专家"。深入实践,相信自己,不迷信经典,不迷信专家,是收藏者藏有所成,藏有境界的不二法门。

随着收藏市场的日益火爆,大量的赝品流入市场,一时鱼龙混杂,令人难辨真伪。收藏者应睁大一双慧眼,一要"懂行",二要"慎淘",三要"心悟",四要"求品"。收藏爱好者在收藏过程中应将学、赏、藏相结合,练就一双"火眼金睛",丰富自己的收藏人生。

(二) 贸易

珠宝贸易,除了传统的宝石资源开发、加工、批发、零售等贸易方式外,在近现代,珠宝贸易与其他商品贸易一样,出现了拍卖、展销及网上交易的全新贸易方式。随着社会改革开放和经济技术发展,在市场经济条件下,时尚化、个性化的新潮款式冲击着珠宝市场,人们的思想观念必须顺应潮流的发展,才能尽快冲出传统的束缚,使珠宝贸易走向未来,走向世界，走向繁荣。

1. 珠宝首饰展

珠宝首饰展是珠宝贸易的重要途径，是珠宝贸易久盛不衰的重要原因之一。它是由珠宝协会、珠宝商会经常定期举办，融商业性、学术性、趣味性与普及教育功能于一体的宝石——矿物——化石——首饰展销会。展销会名目繁多，规模大小不一，会期长短不同。与之相伴的还有眼镜——钟表——珠宝展，服装——珠宝展，珠宝——仪器展；等等。展出内容丰富多彩，花样翻新，每次展销会的参观人数往往达数万人次以上。

2. 典当与拍卖

典当与拍卖，是珠宝贸易的古老形式之一，二者还有所不同，典当者常将好的说成差的，让出售者贵买贱当；而在拍卖行里，拍卖家凭借三寸不烂之舌能把死的说活，使旧货成珍品，让参加拍卖会的人控制不住自己的钱包，事后大呼上当。有些信誉差的拍卖行，以假乱真、以劣充优，极尽欺诈之能事。当然也有世界知名的拍卖行，数百年盛而不衰，拍卖家长期受行业风气熏陶，并经专门的培训，练就成善于察言观色、口才出众，并极富幽默的表演家，是体力充沛的运动员和常人难及的推销员。

3. 网上交易

20 世纪 90 年代以来，Internet 在全球掀起了一场网络革命，国际互联网是 Internet 提供的一种流行的信息检索服务媒介。可以用来把放在多台计算机中的文本或图像方便地联系起来，形成有机的整体，从而使遍布世界各地的计算机组成 Internet 的信息海洋。

国际上，珠宝销售除了传统的批发与零售店的运作，参加展销会、博物馆兼营、拍卖等方式外，国际互联网络上新兴的珠宝贸易，已成为珠宝销售的重要途径，珠宝业为之而面貌一新。近几年，互联网络的运用已迅速扩展到我国的珠宝行业。

据 2012 年 9 月 8 日第九届全球网商大会首次披露，我国网络卖家情况：在淘宝集市个体店中，超过八成"掌柜"是"80 后"和"90 后"，而中国"触网"的农民有 171 万人。这些"小人物"和他们的小网店，构成了中国网络新经济的基本图谱。截至 2012 年上半年，中国网络商数量已超 8 300 万家，网络购物用户已超 2.14 亿人，占网络用户总数的比例超过了 42%，2011 年电子商务服务业整体营业收益 1 200 亿元，电商服务企业突破 15 万家，快递、金融、代运营、IT 服务、网店装修、网模等新兴产业快速发展，支撑超过了 3 万亿元的电商交易额。预计到 2015 年，电子商务服务业整体营业收入将突破 1 万亿元。2012 年上半年调查，大量兼职卖家占整体网店掌柜人数近 70%，其中不乏白领、在校学生、待业青年、家庭妇女、农民甚至退休老人，他们将农产品、手工制品、地方特产等纷纷放到网上叫卖。在卖家中，事业型卖家、体验型卖家、投机型卖家几乎"三分天下"。事业型者普遍学历较低，以男性为主，开店作为事业来经营；体验型卖家学历相对较高，以女性为主，不是为了赚钱，而是体验一种生活方式，经营的商品更有个性；投机型者，则将其作为投机机会，有更好的机会就离开淘宝网。其中专职卖家主要经营服饰美容、休闲文化、家居用品、汽车配件等大众化商品，而兼职者则主要经营二手闲置、个性创意、投资收藏品等小众而具有个性创意的商品。

小批量生产、小规模经营、个性化服务，将会是电子商业的重要趋势。在中国，网商生态将更加多样化。

4. 博物馆兼营

由于金银珠宝玉器是财富与艺术的载体，不但具有保值增值功能，还具有文物性和投资性，从而形成了珠宝文化。因此，在世界上涌现出了一批珠宝首饰城（加工、贸易中心或会展中心）和著名的珠宝博物馆，如安特卫普钻石城、特拉维夫钻石城、米兰金饰城、伊达尔-奥伯施太因宝石城、孟买钻石城、东京白金城、图森国际宝石城等。国内的深圳、揭阳、南阳、潍坊、东海、诸暨等地是比较集中的珠宝集散地。

博物馆是收藏名贵物品，供教育和研究用的场所，世界各国都有规模不一的博物馆。博物馆的建设，可谓是利在当代，功在千秋的伟业。如今，美国可谓博物馆之国，大大小小，各种类型的博物馆共 6 000 多家。英、法、德、意、日、荷兰、比利时、加拿大等国也十分重视博物馆建设，我国有国家级、省部级、地县级各类博物馆近百座。世界著名的博物馆有以下几座：金伯利钻石博物馆、伊达尔宝石博物馆、克里姆林宫钻石馆、波哥大金饰博物馆等等。博物馆有公立的、私立的，吸引着一代又一代国内外人群前往参观。有的博物馆还出售地学标本、珠宝玉石、古董、字画，并多设有礼品店。"博物馆就像一种生物，需要不断的、体贴的照顾"，19 世纪末大英博物馆馆长 William Flower 如是说。博物馆的展品、藏品应经常更新，否则会门庭冷落，只有长年累月地通过展销会或其他途径，猎取新奇的石品，才能成为吸引大众的博物馆。

三、鉴赏

"登昆仑兮食玉英，与天地兮比寿，与日月兮齐光"，屈原都想借美玉长生成仙，何况我们百姓呢！宝石之美，如普林尼所言："在宝石的微生空间里，包含着整个壮美的大自然，仅一颗宝石就足以展示天地万物之精美。"

驻步博物馆，映入眼帘的是万紫千红的晶体：光芒四射的钻石、一母同胎的红蓝宝石、翠碧如春的祖母绿、变色猫眼的金绿宝石、红瓤绿皮的西瓜碧玺、令人神往的萤石夜明珠、桃园三结义的翡翠、中华瑰宝的和田玉、碧空蓝天的绿松石、色泽艳丽的孔雀石、奇光异彩的欧泊石、少女泪滴的珍珠、洁白如玉的象牙、五彩缤纷的硅化木、异同天地的人工宝石，无不让人惊心动魄、念天地之伟大、人生之美好。

打开万卷长书，游览珠宝市场，那些天人合一、鬼斧神工的金银珠宝饰品，琳琅满目，金光闪烁，让人误以为进入极乐世界、玉皇天宫、佛国净土、七宝圣地、王母瑶池，令人心神向往，流连忘返。

对于玉雕作品的鉴赏，不仅涉及玉石本身的特性研究，还广泛涉及到中国的儒道哲学、华夏美学、宗教习俗等众多的社会人文科学领域，很难从单一角度诠释作品的优劣。评价一件玉雕作品的难点并不是玉质鉴定和玉质本身的商业价值评判，而是对作品的认识，对作者创意的解释，对群体审美观的认同与敏感。

玉雕作品不同于玉雕产品，玉雕作品的鉴评具有特殊性。因为玉雕作品在创作、制作过程中包含了体力劳动和手工技艺，故对其总体评价的切入点主要有两个。一是对作品载体的材质鉴赏，即材料品质与材料合理利用。材料品质取决于其形体与色彩，材料使用指能否最大限度地合理使用和充分发挥，巧妙运用。二是作品意境的鉴赏，即对作品造型艺术的表现形式和体现内容的鉴赏。意境是中国古典传统美学的一个重要范畴，是一种情景交融的境界，意境中既有作者的情，又有从现实中升华的景，还有内在含蓄、意味深长的意。

对于玉雕的鉴赏和评价,从经济学上供需平衡的角度分析,通过玉雕实物,创作者制造和提供了"美",而观赏者需求和接受了"美"。所以鉴赏活动是一个高级的、复杂的审美再创造的过程。在鉴赏过程中,对艺术鉴赏要根植于材质和外观形式的评价,根植于对作品内容的理解、联想、想象、情感、体验等一系列思想活动,鉴赏者通过感知、认同、欣赏等情感体验达到顿悟、共鸣等精神升华。

鉴赏者通过大量的观察,生活体验越丰富,认知能力越深刻,对相似题材和作品表达含义的背景知识越了解,其鉴赏能力就越高。

现转载数款,以供鉴赏(见附图)。

主要参考文献

崔钟雷.地球未解之谜[M].长春:吉林美术出版社,2010.
崔钟雷.地球之最[M].长春:吉林美术出版社,2010.
邓燕华.宝(玉)石矿床[M].北京:北京工业大学出版社,1991.
郭德海.和田玉玩赏[M].天津:百花文艺出版社,2012.
何雯梅,沈才卿.宝石人工合成技术[M].北京:化学工业出版社,2007.
黄云光.首饰制作工艺学[M].武汉:中国地质大学出版社,2005.
金永春,程连生.自然资源和资源保护[M].北京:地质出版社,1987.
李德惠.晶体光学[M].北京:地质出版社,1997.
李建平.红宝石蓝宝石[M].北京:地质出版社,1999.
李鹏.珠宝的历史[M].哈尔滨:哈尔滨出版社,2000.
刘东瑞,刘浩.文物鉴赏丛录[M].北京:文物出版社,1997.
刘瑞等.宝石学基础[M].北京:地质出版社,1997.
刘自强.地球科学通论[M].武汉:中国地质大学出版社,2007.
路凤香,桑隆康.岩石学[M].北京:地质出版社,2002.
吕新彪,李珍.天然宝石人工改善及检测的原理与方法[M].武汉:中国地质大学出版社,1995.
罗献林,卢焕章.中外宝玉石[M].北京:地质出版社,2005.
牛秉钺.珍珠史话[M].北京:紫禁城出版社,1994.
丘志力等.珠宝首饰系统评估导论[M].武汉:中国地质大学出版社,2003.
丘志力.珠宝市场估价[M].广州:广东人民出版社,2000.
邱东联.中国古代玉器(上、下册)[M].长沙:湖南美术出版社,2001.
施健.珠宝首饰检验[M].北京:中国标准出版社,1999.
孙书刚.海洋的故事[M].西安:陕西科学技术出版社,2007.
孙书刚.世界未解自然之谜[M].西安:陕西科学技术出版社,2006.
孙燕,刘辉.考古与宝藏之谜[M].北京:京华出版社,2010.
王根元.珠宝名品历史鉴赏[M].武汉:中国地质大学出版社,1997.
吴瑞华等.天然宝石的改善及鉴定方法[M].北京:地质出版社,1994.
忻迎一.宇宙与人[M].北京:中国电影出版社,2001.
徐湖平,马久喜.古玉[M].济南:山东科学技术出版社,1997.
杨伦等.普通地质学简明教程[M].武汉:中国地质大学出版社,1998.
余平.翡翠商贸实务[M].武汉:中国地质大学出版社,2009.
袁军平,王旭.流行饰品材料及生产工艺[M].武汉:中国地质大学出版社,2009.
曾广策等.晶体光学及光性矿物学[M].武汉:中国地质大学出版社,2006.
张蓓莉等.珠宝首饰评估[M].北京:地质出版社,2000.
张广文.玉器史话[M].北京:紫禁城出版社,1992.
赵其强.宝玉石地质基础[M].北京:地质出版社,1999.
赵珊茸等.结晶学及矿物学[M].北京:高等教育出版社,2004.
赵永魁.中国玉器概论[M].北京:地质出版社,1989.
周树礼等.玉雕造型设计与加工[M].武汉:中国地质大学出版社,2009.
珠宝玉石及贵金属饰品标准汇编[M].北京:中国质检出版社,中国标准出版社,2012.

附 图

经辐射处理后的彩钻光彩照人
（据詹姆斯E·希格利等1994）

通用电气公司合成的钻石
（据詹姆斯E·希格利等，1994）

五颜六色的稀土玻璃戒面

俄罗斯合成的钻石
（据詹姆斯E·希格利等，1994）

美国的红色绿柱石（左）和哥伦比亚的祖母绿（右）

天然方柱石晶体
(马达加斯加产)

紫水晶晶簇

绿色金刚石，$d=1$ cm
产于湖南沅水金刚石砂矿
（据郭克毅等，1996）

辽宁天然金刚石
上：$d=1$cm（d为宝石粒径，下同），
晶面有侧三角蚀角
下：$d=1.5$cm，八面体与菱形十二面体聚形
（据郭克毅等，1996）

缅甸红宝石刻蚀晶体，
重196.1ct
现藏美国洛杉矶
自然历史博物馆

美丽的紫水晶簇，中心是小玛瑙，
就象一朵盛开的玫瑰花，产于巴西

蒙山一号，重119.01ct
棕黄色，八面体晶体
山东蒙阴王金刚石矿
（据栾秉璈，1989）

天然磷灰石晶体
墨西哥产

蓝宝石：双锥状天然晶体，$d=0.9cm$
产地：斯里兰卡
（引自郭克毅等，1996）

月光石的变彩效应
上：月光石原石正面抛光；
下：月光石动物雕件——野牛
（罗献林藏石）

天然托泊石（黄玉）晶体

斯里兰卡的红、蓝星光宝石

虎睛石猫眼产于河南淅川

清代金累丝嵌东珠镂空云龙舍林
（据布衣，2002）
现藏台北故宫博物馆

用于现代各种礼仪场合的珍珠冠
（据柳剑，1997）

世界特大珍珠——老子珠
重6.35kg（据苏金琥，1995）

天然深红色珊瑚树
（据《中国宝石》，1994）

牙雕"簪花仕女"
中国工艺美术馆藏

红珊瑚艺术品（据《中国宝石》，1994，No.4）

附 图

蓝宝石(重318ct)
雕成的林肯总统头像

元代"渎山大玉海"大型玉雕
其周围饰满海龙、海马等13种瑞
兽，现存放在北京北海团城

殷墟出土的商代玉龙
(据张燕燕，1993)

伴鸟(独山玉)
Twin Birds(Dushan Jade)
镇平八玉节玉神大奖赛参展作品
镇平县玉神工艺品有限公司提供

白菜(独山玉) Cabbages(Dushan Jade)
(15cm×8cm×5cm)
镇平县华艺玉雕有限公司出品并提供
售价：0.5万元

九龙晷(独山玉) Nine Dragons Sundial(Dushan Jade)
(199cm×110cm×80cm，重500kg)
吴元全、宋中、徐明设计，全厂30余人集体制作
南阳市玉器厂出品并提供
河南省人民政府赠给澳门特别行政区政府庆回归礼品
Presented as a Gift to Macao SAR by the People's Government of Henan Province

晷（guǐ）：日影，比喻时间。日晷，系古代按照日影测时的仪器。

本作品正面雕有九条形态各异相互缠绕的盘龙，紧紧环绕在中间的"日晷"周围，形象生动，栩栩如生。在红木底座四周雕有：牡丹、荷花、荷叶和浪花、样云图案；与主体玉雕部分相互辉映，浑然一体。龙，象征着自强不息的中华民族精神。"晷"即"日晷"，取"晷"之谐音"归"，表达澳门回归祖国，普天同庆之意。九条盘龙环绕"日晷"，表达了九州华夏儿女紧密团结，同时表达了"九九归一"之意。整个作品寓意民族团结；国家晶盛；祖国统一，表达了河南9千万人民喜迎澳门回归之深情。

妙算（独山玉） Wonderful Foresight(Dushan Jade)
获2002年中国南阳首届玉雕节展评会一等奖
Gained the First Prize at the an Appraisal Exhibition of the FIrst Jade Carving's Day of Nanyang City in 2002

蓬莱仙境（独山玉）
Fairyland Penglai(Dushan Jade)
南阳市玉器厂出品并提供

盆花（独山玉）
Potted FLower (Dushan Jade)

附　图

秋菊（独山玉）
Autumn Chrysanthemum
(Dushan Jade)
南阳市玉器厂出品并提供

荣华富贵（独山玉）
Wealth and High
Honor(Dushan Jade)
南阳市玉器厂出品并提供

李海奇创作
蜀汉三英雄：刘备（三国时蜀汉建立者，即蜀汉昭烈帝）、关羽（三国时蜀汉大将，被称为"关公"）和张飞（三国时蜀汉大将）。
桃园三结义（独山玉）
The Swom Brotherhood of the Three "Shu Han"
Heroes in teh Peach Garden (Dushan Jade)
获2001年河南省玉雕晨评会金奖
Gained the Golden Prize at the an appraisal
Exhibition of Jade Carving of Henan Province in 2001

山村早时晨（独山玉）
Morning in a Mountain Village (Dushan Jade)
镇平八玉节玉神大奖赛参展作品
镇平县玉神工艺品有限公司提供

嫦娥奔月（独山玉）
The Lady in the Moon
(Dushan Jade)
南阳市玉器厂出品并提供

嫦娥：又称恒娥。我国神话人物。传说她是后羿（yi亦）的妻子，因偷吃了丈夫的长生药奔上月宫，成为仙女。

奔马（独山玉）Horser Galloping
南阳市玉器厂出品并提供(Dushan Jade)

风尘三侠（独山玉）Three Swordsmen (in Olden Times) of
Wind and Dust (Dushan Jade)
镇平八玉节玉神大奖赛参展作品
镇平县玉神工艺品有限公司提供

春色（独山玉）
Spring Scenery
(Dushan Jade)
南阳市玉器厂出品并提供

逗趣儿（独山玉）
（H46cm×W32cm）
Setting People Laughing
(Dushan Jade)
镇平八玉节玉神大奖赛参展作品
镇平县玉神工艺品有限公司提供

凤樽（独山玉）
"zun" with Phocnix (Dushan Jade)
南阳市玉器厂出品
黄德一提供